践行低碳生活的指导手册

你不可不知的低碳
生活方式

周游 宇琦 编著

低碳时代，要求人人健康
低碳时代，人人追求健康

中国华侨出版社

图书在版编目(CIP)数据

你不可不知的低碳生活方式 / 周游,宇琦编著.—北京:
中国华侨出版社,2010.6

ISBN 978-7-5113-0476-6

Ⅰ.①你… Ⅱ.①周…②宇… Ⅲ.①节能—普及读物
Ⅳ.①TK01-49

中国版本图书馆 CIP 数据核字(2010)第 101203 号

你不可不知的低碳生活方式

编　　著 / 周游　宇琦

责任编辑 / 梁兆祺

责任校对 / 王京燕

经　　销 / 新华书店

开　　本 / 787×1092 毫米　1/16 开　印张/19　字数/330 千字

印　　刷 / 北京建泰印刷有限公司

版　　次 / 2010 年 9 月第 1 版　2010 年 9 月第 1 次印刷

书　　号 / ISBN 978-7-5113-0476-6

定　　价 / 33.00 元

中国华侨出版社　北京市安定路 20 号院 3 号楼　邮编:100029

法律顾问:陈鹰律师事务所

编辑部:(010)64443056　　64443979

发行部:(010)64443051　　传真:(010)64439708

网址:www.oveaschin.com

E-mail:oveaschin@sina.com

前　言

"低碳"是一种生活哲学

　　长期来的高碳排放,产生了大量的温室气体,破坏了臭氧层,导致全球气候变暖,威胁着我们赖以生存的家园。如果说保护环境,保护动物,节约能源这些环保理念已成行为准则,低碳生活则更是我们急需建立的绿色生活方式。它代表着更健康、更自然、更安全的生活,同时也是一种低成本、低代价的生活方式。

　　"低碳生活"虽然是个新概念,解决的却是世界可持续发展的老问题,它反映了人类因气候变化而对未来产生的担忧,世界对此问题的共识日益增多。全球变暖等气候问题致使人类不得不考量目前的生态环境。人类意识到生产和消费过程中出现的过量碳排放是形成气候问题的重要因素之一,因而要减少碳排放就要相应优化和约束某些消费和生产活动。尽管仍有学者对气候变化原因有不同的看法,但由于"低碳生活"理念至少顺应了人类"未雨绸缪"的谨慎原则和追求完美的心理与理想,因此大多数人都"宁可信其有,不可信其无","低碳生活"理念也就渐渐被世界各国所接受。

　　在提倡健康生活方式的今天,越来越多的人追求"更低":低脂、低盐、低糖、降压。而为应对全球变暖又创的"新低"——"低碳",则使低能量、低消耗、低开支的生活方式得以迅速传播,并受到时尚人士的热捧。低碳生活与地球上每一个人都息息相关,每个人都有责任和义务,率先树立低碳生活新理念,从现在做起,从我做起。比如,多坐公交少开车,减少排放;家用电器

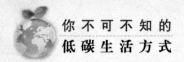

随用随关,节约能源;使用节能灯,提高效能;节约每一张纸,尽量做到双面使用;饮食中少吃肉;不乱丢废弃物;废旧电池不随便乱扔,避免二次污染;节约用水,提倡循环用水等。

低碳生活的出现不仅告诉人们,你可以为减碳做些什么,还告诉人们,你可以怎么做。在这种生活方式逐渐兴起的时候,大家开始关心,我今天有没有为减碳做些什么呢?减碳是每个人的责任。对我们来说,生活方式描绘了每个人的"碳足迹",低碳生活就是简约的生活方式,从衣、食、住、行都可体现低碳生活。

倡导低碳生活方式,就要牢固树立低碳生活理念,这样才能逐步改变自工业化以来形成的生产消费理念,特别是消费至上的消费文化。当我们每一个人都能把"适度吃、住、行、用,不浪费,多运动"牢记于心,形成以低碳生活为理念的主旨,并在这一理念指导下培养良好的消费习惯时,我们就能为保护地球、保护全球气候作出应有的贡献。

做低碳族并不意味着就要放弃对生活的享受,而是我们要在享受生活的同时做到多节约、不浪费。简单地理解,"低碳"是一种自然而然地去节约身边各种资源的习惯,只要我们每个人愿意主动去约束自己,改善自己的生活习惯,那么每个人都可以在无形中成为一个"低碳族"。低碳生活,对于我们许多普通人来说,是一种态度,而不仅仅是能力。很多看似不经意的举动,在日积月累后都会为抑制全球变暖作出贡献。为了地球,为了子孙后代,让我们行动起来,从现在做起,从生活的点点滴滴做起,尽我们所能,让天更蓝,水更清,家园更美丽。

目 录

第一章 你真的了解"低碳"吗？
——关于"低碳"的前世今生

> 随着全球人口和经济规模的不断增长，能源过度使用带来的环境问题不断地为人们所认识，大气中二氧化碳浓度升高将带来的全球气候变化，也已被确认为不争的事实。在此背景下，"低碳经济"、"低碳技术"、"低碳发展"、"低碳生活方式"、"低碳社会"、"低碳城市"、"低碳世界"等一系列新概念、新政策应运而生。为了更好地实践"低碳"生活理念，就应该将其融合进我们的日常生活中，而更好地了解地球上的能源状况，进而了解"低碳"的前世今生则是为了更好地实践"低碳"生活理念所必需的理论准备。

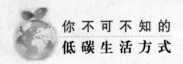

第二章 吃出环保也吃出健康
——从今天开始选用低碳食品

　　人类生活离不开衣食住行，而实践"低碳"生活理念首要的是从人类的食用食品和食用方式上开始。食用低碳食品不仅仅能为我们带来健康的身体，更是关乎全球环境发展和人类可持续发展的大事。但究竟怎样吃，吃什么样的食品才合乎"低碳"生活的理念却是困惑很多人的难题。这一章，我们将一一为大家揭示"低碳"食品的奥妙，除了告诉大家食用哪些食品合乎"低碳"生活的理念，也告诉大家一些食用"低碳"食品的窍门。

第三章　花销更少，环境更好
——购物狂不妨一试的"低碳"购物

　　人类的生活离不开购物，而选购合适的物品是每个人生活所必需的基本技能。现代社会提倡绿色消费的理念，这符合"低碳购物"的理念，是关系到个人健康和社会发展的大事。因此我们购物时要注意尽量购买大包装的商品，买东西时自带购物袋。但低碳购物更多的体现在人类生活的一项必需品——衣物的选择上。这就需要我们弄清我们的服装会产生哪些污染，进而合理地选择服装材质，如果有可能，尽量选择有环保生态标志的服饰，这不仅仅有利于环境的保护，更是关系到我们自身的健康。

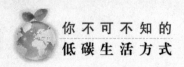

第四章 打造低碳"宅"生活
——居家过日子中的低碳细节

家居生活中离不开电、气和水的使用,而电、气和水的使用不仅仅消耗的是资源,消耗我们的钱包,甚至破坏着我们的生存环境,因为家居生活中电器等的使用是空气中二氧化碳的重要来源,是与"低碳"生活的理念相违背的,但我们毕竟不是古人,我们是崇尚现代文明的现代人,因此我们不可能完全杜绝电器的使用,那么是否这样我们就没办法实践"低碳"生活呢?事实则不然,只要我们在日常家居生活中多注意一些细节之处,尽自己最大的努力节约用电,节约用水,节约用气,那么我们也是在用自己的方式实践着"低碳"生活的理念,也是在尽自己的一份力,为全球环境的维护作出自己的贡献。

第五章 朝九晚五也能过得低碳
——格子间中的绿色工作法则

　　对于朝九晚五的上班族来说，实践"低碳"生活的理念更主要的是体现在工作中的绿色工作法则。这是需要企业和个人共同努力才能实践的"低碳"工作理念，这种工作理念对于企业和个人来说有时只是举手之劳，比如说工作时自带一份工作午餐既环保又经济实惠，下班时随手关掉电脑，随手拔掉身边的

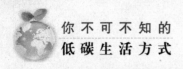
插头这些小动作就可以为办公室节约下用电量，打印复印投影时多注意一些细节就可以省电，出差时的交通和住宿多注意一点，就可以做一个新时代的环保商旅人士。

低碳产生在循环之中
——生活中的"再利用"小招数

对于大多数人来说，"低碳"生活理念并不是一件难以践行的事。日常生活中的一些不经意的、微小的细节也许就符合"低碳"生活的理念，其中生活中的再利用就是践行"低碳"生活理念的一个不可缺少的小的细节。况且日常生活中一些物品尤其是常用物品的再利用，不仅可以节约日常消费，而且便捷有利，因此大多数人很容易就能接受，并且很容易就能践行，这样一来，掌握生活中的一些"再利用"的小招数便成为大多数人所期待的事。这一章，我们介绍了日常生活中常用物品的一些"再利用"的小招数，希望做到急众人之所急，为大家指点一些迷津。

目 录

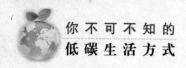

第七章 家居不可无"低碳"
——挑选家装建材中的低碳智慧经

家是温馨的港湾,是疲惫之人的避风港,拥有一个温暖舒适的家是很多人的梦想。然而,温暖的家首先要有一个良好的环境,这样的家离不开舒适清洁的居室,这就使得居室的装修和居室环境的维护成为萦绕大多数人心头的大事。居室的装修和维护符合环保标准,住进去便多一分舒适,更多一分安全。现在流行的是"低碳"装修,这样的居室才更环保健康。那么究竟怎样的装修,选择什么样的装修材料,选择什么样的家具才符合"低碳"装修的理念也成为困惑很多人的难题。而装修后怎样维护居室的环境才能让你的居室少一点碳,多一分清洁也日益引起人们的关注。

第八章 乘用绿色交通工具
——低碳出行的 N 种可能

行是人类生活的一个重要的方面，人类的生活离不开行，然而行这一人类的生活方式造成的污染也是不容忽视的。基于此，人类不得不关注自身的出行方式，因此，什么样的出行方式产生的污染最少，并最终有利于人类自身的健康便成为直接关系到人类切身利益的问题。现在，社会上倡导的低碳出行方式无疑是有利于环境保护和人类自身健康的出行方式。因此，每一个热爱生命的人士，都应该尽量选择低碳出行方式，出门时尽量乘用绿色交通工具，做低碳出行的先行者，为保护环境，贡献自己的一份力量。

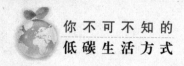

第九章　人人之力举手之劳
——你也可以成为"低碳"功臣

想要做"低碳"生活的先行者其实并不是一件很难的事，很多时候，往往只需要我们的举手之劳就可以做到。也许，你只是参加一次低碳旅游，也许你只是参加了一个环保组织，也许你只是利用假期做做环保义工，也许你只是在饲养自己的宠物时多注意一点点，也许你只是基于自身的健康成为一名"食素"的低碳人，又或者你只是无聊时种棵树或者在家种植一些绿色植物等等，然而这些微不足道的小事却也使得空气中的二氧化碳少了一些，你也因此在践行着"低碳"生活，为"低碳"的实现贡献出一份力量。

第一章

你真的了解"低碳"吗？

——关于"低碳"的前世今生

随着全球人口和经济规模的不断增长，能源过度使用带来的环境问题不断地为人们所认识，大气中二氧化碳浓度升高将带来的全球气候变化，也已被确认为不争的事实。在此背景下，"低碳经济"、"低碳技术"、"低碳发展"、"低碳生活方式"、"低碳社会"、"低碳城市"、"低碳世界"等一系列新概念、新政策应运而生。为了更好地实践"低碳"生活理念就应该将其融合进我们的日常生活中，而更好地了解地球上的能源状况，进而了解"低碳"的前世今生则是为了更好地实践"低碳"生活理念所必需的理论准备。

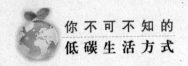
"低碳"到底是什么？

低碳是一种生活习惯，是需要人们在日常生活中自然而然地去节约身边资源的习惯。

随着世界工业经济的发展、人口的剧增、人类欲望的无限上升和生产生活方式的无节制，世界气候面临越来越严重的问题，二氧化碳排放量愈来愈大，地球臭氧层正遭受前所未有的危机，全球灾难性气候变化屡屡出现，已经严重危害到人类的生存环境和健康安全，即使人类曾经引以为豪的高速增长或膨胀的 GDP 也因为环境污染、气候变化而"大打折扣"，也因此，各国曾呼唤"绿色 GDP"的发展模式和统计方式。

低碳(Low Carbon)，意指较低(更低)的温室气体(以二氧化碳为主)排放。那么什么样的人可以算是"低碳族"，"低碳"又代表什么呢？简单来说，"低碳"是一种生活习惯，是一种自然而然地去节约身边各种资源的习惯，只要你愿意主动去约束自己，改善自己的生活习惯，你就可以加入进来。当然，低碳并不意味着就要刻意去节俭，刻意去放弃一些生活的享受，只要你能从生活的点点滴滴做到多节约、不浪费，同样能过上舒适的"低碳生活"。

我们为什么要低碳生活？

低碳生活着眼于人类未来，体现的是可持续发展的理念，因此，我们要坚持低碳生活的理念，实现社会可持续发展。

"低碳生活"是个新概念，但它体现的却是世界可持续发展的老问题，它反映了人类因气候变化加剧而对未来产生的担忧，世界对低碳问题的共识也日益增多。目前的主流看法是，导致气候变化的过量碳排放是在人类生产和消费过程中出现的，要减少碳排放就要相应优化和约束某些消费和生产活动。占主流、有共识的"低碳生活"理念主旨可以概括为"适度吃、住、行、用，不浪费，多运动"。如以中国传统文化来解释这一理念的主要内涵，还可再简化为"勤、俭"二字。

伴随着生物质能、风能、太阳能、水能、化石能、核能等的使用，人类逐步从原始文明走向农业文明和工业文明。而随着全球人口和经济规模的不断增长，能源使用带来的环境问题及其诱因不断地为人们所认识，不止是烟雾、光化学烟雾和酸雨等的危害，大气中二氧化碳浓度升高带来的全球气候变化，也已被确认为不争的事实。在此背景下，"碳足迹"、"低碳经济"、"低碳技术"、"低碳发展"、"低碳生活方式"、"低碳社会"、"低碳城市"、"低碳世界"等一系列新概念、新政策应运而生。而能源与经济以至价值观实行大变革的结果，可能将为人类社会逐步迈向生态文明走出一条新路，即摒弃 20 世纪的传统增长模式，直接应用新世纪的创新技术与创新机制，通过低碳经济模式与低碳生活方式，实现社会可持续发展。

"低碳生活"这一理念着眼于人类未来。近几百年来，以大量矿石能源消耗和大量碳排放为标志的工业化过程让发达国家在碳排放上遥遥领先于发

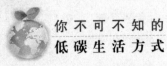

展中国家。当然也正是这一工业化过程使发达国家在科技上领先于其他国家，也令它们的生产与生活方式长期以来习惯于"高碳"模式，并形成了全球的"样板"，最终导致其自身和全世界被"高碳"所绑架。在首次石油危机、继而在气候变化成为问题以后，发达国家对高耗能的生产消费模式产生怀疑，幡然醒悟，并对"低碳生活"理念有了新认识。尽管仍有人对气候变化原因有不同的看法，但由于"低碳生活"理念至少顺应了人类"未雨绸缪"的谨慎原则和追求完美的心理状态，因此多数人都"宁可信其有，不可信其无"，"低碳生活"理念也就渐渐被世界各国所接受。

当今地球面临的十大危害是什么？

全球气候变暖，臭氧层破坏，生物多样性减少，酸雨蔓延，森林锐减，土地荒漠化，资源短缺，水资源污染严重，大气污染严重，固体废弃物成灾等等，这些环境问题日益凸现，危害着我们生存的这个地球的安全。

随着工业生产的发展，人类面临着越来越多的环境问题，目前地球上人类面临的十大危害主要是：

1.全球气候变暖

地球的气温在悄悄地升高，而且已经到了为人察觉的程度。它的危害不应被漠视。全球气候变暖会引起两极冰川的融化，会带来频繁的暴风雨，会导致生物物种的减少，更会使海平面上升，使沿海地区受淹。

地球气温变化的原因正在于人类的活动。在人类使用化石燃料煤炭的过程中，在某些工业生产过程中，在有机废物的发酵过程中，不断地释放出二氧化碳、甲烷、氮氧化物等气体。这些气体具有阻止地球表面热量散发的作用，它们的存在就像是在地球表面形成了一个庞大的温室，因此这类气体被统称为温室气体。目前控制温室气体排放已经成为世界热点之一。

2.臭氧层破坏

臭氧层位于距离地面 10~50 公里范围的大气平流层内，臭氧层能吸收太阳的大部分紫外线，阻挡紫外线辐射到地面，因此对地球上的生物有保护作用。

20 世纪中叶以来，人们发现北极圈的臭氧浓度明显降低，南极圈的臭氧层还出现了空洞。臭氧层破坏的严重后果也是不可忽视的：它将增高人类皮肤癌和白内障的发病率，使人类的免疫系统受到损害，它还会严重地破坏海洋和陆地的生态系统，阻碍植物的正常生长。

臭氧层破坏的元凶竟然也是人类。近数十年来，人类广泛使用氟氯烃类化合物与哈龙作制冷剂、除臭剂、喷雾剂等，这些化学物质释入大气并扩散入臭氧层后，会与臭氧反应，使臭氧分解为氧。

3.生物多样性减少

随着科学技术的进步和工业建设的发展，人类对动植物的破坏与日俱增。统计表明，目前每年要有 4000~6000 种生物从地球上消失，更多的物种正受到威胁。1996 年世界动植物保护协会的报告指出："地球上四分之一的哺乳类动物正处于濒临灭绝的险境，每年还有 1000 万公顷的热带森林被毁坏。"我国生物多样性遭受破坏的速度也十分惊人。

动植物的生死存亡必将影响人类的命运。人类威胁其他生物生存的最终结果将是威胁自己的生存。

4.酸雨蔓延

人类的生活和生产活动排放出大量二氧化硫和氮氧化物，降雨时溶解在水中，即形成酸雨。酸雨具有腐蚀性，降落地面会损害农作物的生长，导致林木枯萎，湖泊酸化，鱼类死亡，建筑物及名胜古迹遭受破坏。

二氧化硫和氮氧化物等气体主要是在能源使用过程中排放出来的。人类的生产水平和消费水平越高，消耗的能源也越多，酸雨的危害也就越大。

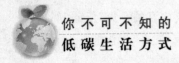

全世界有三大著名的酸雨区,一个在北美的五大湖地区,一个在北欧,另一个就在中国。近十余年来,中国的酸雨区不断扩大,目前酸雨区面积已接近国土面积的1/3。其控制已被列入国家绿色工程计划。

5.森林锐减

由于人类的过度采伐和不恰当的开垦,再加上气候变化引起的森林火灾,世界森林面积不断减少。据统计,近50年,森林面积已减少了30%,而且其锐减的势头至今不见减弱。

森林的减少导致了水土流失,洪灾频繁,物种减少,气候变化等多种不堪设想的恶果。

6.土地荒漠化

过度的放牧及重用轻养使草地逐渐退化。开荒、采矿、修路等建设活动对土地的破坏作用甚大,加上水土流失的不断侵蚀,世界上每天都有大片土地沦为荒漠,我国在这方面的问题是较为突出的。土地荒漠化的直接后果就是农民的贫困化。

7.资源短缺

近数十年来,自然资源的消耗量与日俱增,已有很多资源显现出短缺的现象。最主要的有水资源、耕地资源和矿产资源。

目前全球有约1/3的人口已受到缺水的威胁,2000年缺水人口增加到1/2以上。我国人均水资源占有量仅为世界人均占有量的1/4,加上水资源在时间和空间上分布的不均匀性,水资源短缺的矛盾十分突出。

由于人口总量的增加,为供应粮食所需的耕地日见紧张,而工业城市建设工程却在不断地占用大量耕地,化肥农药的使用也使耕地的质量不断降低,这一切使人类正面临耕地不足的困境。

矿产资源的消耗速度正随着工业建设的速度急剧增加,很多矿产的储量在近数十年内迅速减少。专家预计,再有50~60年即可耗去石油储量的80%,某些贵金属资源则已近消耗殆尽。如再不认真对待资源短缺的严重问题，人类总有一天会面临无米作炊的绝境。

8.水环境污染严重

人口膨胀和工业发展所制造出来的越来越多的污水废水终于超过了天然水体的承受极限，于是本来是清澈的水体变黑发臭，细菌滋生，鱼类死亡，藻类疯长，更为严重的是，本来足以滋养人体的水，常因含有有毒物质而使人染病，甚至致人于死地。工农业生产当然也因为水质的恶化而受到极大损害。水环境的污染使原来就短缺的水资源更为紧张。水资源的短缺，水环境的污染加上江河湖的洪涝灾害，构成了足以毁灭人类的水危机。

9.大气污染肆虐

最普遍的大气污染是燃煤过程中产生的粉尘造成的，细小的悬浮颗粒被吸入人体，十分容易引起呼吸道疾病；现代都市还存在光化学烟雾，这是由于工业废气和汽车尾气中夹带大量化学物质，如碳氢化合物、氢氧化物、一氧化碳等，它们与太阳光作用，会形成一种刺激性的烟雾，能引起眼病、头痛、呼吸困难等。1998年我国竟有7个城市的大气质量，被列入世界十大污染城市，可见问题之严重。

10.固体废弃物成灾

固体废弃物，包括城市垃圾和工业固体废弃物，是随着人口的增长和工业的发展而日益增加的，至今已成为地球，特别是城市的一大灾害。垃圾中含有各种有害物质，任意堆放不仅占用土地，还会污染周围空气、水体，甚至地下水。有的工业废弃物中含有易燃、易爆、致毒、致病、放射性等有毒有害物质，危害更为严重。

显然，上述众多的环境问题，已经对人类提出了十分严峻的挑战，这是涉及人类能否在地球上继续生存、继续发展的挑战，人类不能回避，更不能听之任之，贸然对待。人类必须、也只有人类自己才能够找到出路。

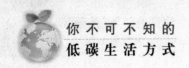

世界上发生过哪些重大的污染事件?

20世纪以来，人类的环境污染事件日益增多，每一次重大污染事件都给人类带来了血的教训。

人类的环境污染问题自20世纪以来逐渐进入大家的视野，一次次的环境污染事件以血淋淋的教训给人类以警示，让人类不得不引以为鉴。

1.1930年比利时马斯河谷烟雾事件

1930年12月1日到5日的几天里,比利时马斯河谷上空出现了很强的逆温层,致使炼油厂、金属厂、玻璃厂等许多工厂的13个大烟囱排出的烟尘无法扩散,大量有害气体积累在附近地区大气层,对人体造成严重伤害。一周内有60多人丧生,其中心脏病、肺病患者死亡率最高,许多牲畜死亡。这是20世纪最早记录的公害事件。

2.1943年美国洛杉矶光化学烟雾事件

夏季,美国西海岸洛杉矶市的250万辆汽车每天燃烧掉1100吨汽油。汽油燃烧后产生的碳氢化合物等在太阳紫外光线照射下引起化学反应,形成浅蓝色烟雾,使该市很多市民患了眼红、头疼病。人们把这种污染称为光化学烟雾。此后,1955年,美国洛杉矶又一次发生光化学烟雾事件,有400多人因五官中毒、呼吸衰竭而死。1970年,美国洛杉矶光化学烟雾事件又一次爆发,这次光化学烟雾使全市四分之三的人患病。

3.1948年美国多诺拉烟雾事件

美国的宾夕法尼亚州多诺拉城有许多大型炼铁厂、炼锌厂和硫酸厂。1948年10月26日清晨,大雾弥漫,受反气旋和逆温控制,工厂排出的有害气体扩散不出去,全城1.4万人中有6000人眼痛、喉咙痛、头痛胸闷、呕吐、腹泻。这次事件使 17 人死亡。

4.1952 年英国伦敦烟雾事件

1952 年 12 月，燃煤排放的粉尘和二氧化硫形成的烟雾逼迫所有飞机停飞，汽车白天开灯行驶，行人走路都困难。烟雾事件使呼吸道疾病患者猛增，5 天内有 4000 多人死亡，两个月内又有 8000 多人死去。自 1952 年以来，伦敦发生过 12 次大的烟雾事件。

5.1953~1956 年日本水俣病事件

日本熊本县水俣镇一家氮肥公司排放含有汞的废水，进入海湾后经过某些生物的转化，形成甲基汞。这些汞在海水、底泥和鱼类中富集，由于人们食用了富集了汞和甲基汞的鱼虾和贝类及其他水生物，经过食物链使人中毒，造成近万人患中枢神经疾病。1991 年，日本环境厅公布的中毒病人仍有 2248 人，其中 1004 人死亡。

6.1955~1972 年日本骨痛病事件

日本富山县的一些铅锌矿在采矿和冶炼中排放废水，废水在河流中积累了重金属"镉"。镉是人体不需要的元素。人们因为饮用了含镉的河水和食用了浇灌含镉河水生产的稻谷，以及其他含镉食物引起骨痛病，病人骨骼严重畸形、剧痛，身长缩短，骨脆易折。死亡者达 207 人。

7.1968 年日本米糠油事件

在日本的爱知县一带，由于对生产米糠油的管理不善，造成多氯联苯污染物混入米糠油，后果是酿成 1.3 万多人中毒，数十万只鸡死亡的严重污染事件。这些鸡和人都是吃了含有多氯联苯的米糠油而遭难的。病人开始眼皮发肿，手掌出汗，全身起红疙瘩，接着肝功能下降，全身肌肉疼痛，咳嗽不止。这次事件曾使整个西日本陷入恐慌中。

8.1984 年印度博帕尔事件

1984 年 12 月 3 日，美国联合碳化公司在印度博帕尔市的农药厂因管理混乱，操作不当，致使地下储罐内剧毒的甲基异氰酸脂因压力升高而爆炸外

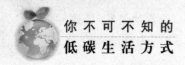

泄。45 吨毒气形成一股浓密的烟雾，以每小时 5000 米的速度袭击了博帕尔市区。死亡近两万人，多达 20 多万人受害，5 万人失明，孕妇流产或产下死婴，受害面积 40 平方公里，数千头牲畜被毒死。

9.1986 年乌克兰切尔诺贝利核泄漏事件

这是世界上最严重的一次核污染。1986 年 4 月 26 日，位于乌克兰基辅市郊的切尔诺贝利核电站，由于管理不善和操作失误，4 号反应堆爆炸起火，致使大量放射性物质泄漏。

西欧各国及世界大部分地区都测到了核电站泄漏出的放射性物质。31 人死亡，237 人受到严重放射性伤害。而且在 20 年内，还将有 3 万人可能因此患上癌症。基辅市和基辅州的中小学生全被疏散到海滨，核电站周围的庄稼全被掩埋，少收 2000 万吨粮食，距电站 7 公里内的树木全部死亡，此后半个世纪内，10 公里内不能耕作放牧，100 公里内不能生产牛奶……这次核污染飘尘也给邻国带来严重灾难。

10.1986 年瑞士剧毒物污染莱茵河事件

1986 年 11 月 1 日，瑞士巴塞尔市桑多兹化工厂仓库失火，近 30 吨剧毒的硫化物、磷化物与含有水银的化工产品随灭火剂和水流入莱茵河。顺流而下 150 公里内，60 多万条鱼被毒死，500 公里以内河岸两侧的井水不能饮用，靠近河边的自来水厂关闭，啤酒厂停产。有毒物沉积在河底，将使莱茵河因此而"死亡"20 年。

11.雅典"紧急状态事件"

1989 年 11 月 2 日上午 9 时，希腊首都雅典市中心大气质量监测站显示，空气中二氧化碳浓度为 318 毫克/立方米，超过国家标准（200 毫克/立方米）59%，发出了红色危险讯号。11 时浓度升至 604 毫克/立方米，超过 500 毫克/立方米紧急危险线。中央政府当即宣布雅典进入"紧急状态"，禁止所有私人汽车在市中心行驶，限制出租汽车和摩托车行驶，并令熄灭所有燃料锅炉，主要工厂削减燃料消耗量 50%，学校一律停课。中午，二氧化碳浓度增至 631 毫克/立方米，超过历史最高记录。一氧化碳浓度也突破危险线。许多市民出现头疼、乏力、呕吐、呼吸困难等中毒症状。市区到处响起救护车的呼啸声。下午 16 时 30 分，戴着防毒面具的自行车队在大街上示威游行，高喊"要污染，还是要我们！""请为排气管安上过滤嘴！"

12.海湾战争油污染事件

据估计，1990 年 8 月 2 日至 1991 年 2 月 28 日海湾战争期间，先后泄入海湾的石油达 150 万吨。1991 年多国部队对伊拉克空袭后，科威特油田到处起火。1 月 22 日科威特南部的瓦夫腊油田被炸，浓烟蔽日，原油顺海岸流入波斯湾。随后，伊拉克占领的科威特米纳艾哈麦迪开闸放油入海。科威特南部的输油管也到处破裂，原油滔滔入海。1 月 25 日，在科威特接近沙特的海面上形成长 16 公里，宽 3 公里的油带，每天以 24 公里的速度向南扩展，部分油膜起火燃烧，黑烟遮没阳光，伊朗南部降了"粘糊糊的黑雨"。至 2 月 2 日，油膜展宽 16 公里，长 90 公里，逼近巴林，危及沙特。迫使两国架设浮栏，保护海水淡化厂水源。

13.巴亚马雷尾矿池溃坝事件

2000 年 1 月 30 日，罗马尼亚巴亚马雷一个尾矿池溃坝，致使 10 多万立方米含有大量氰化物和重金属的污水流入附近的河流中。两个星期后，污水汇入了多瑙河，接着继续流淌，最终流入了黑海。

巴亚马雷位于中东欧的主要山脉喀尔巴阡山山麓，附近有一条长约 7 公里、宽约 450 米的黄金矿脉。一家名为奥鲁尔的澳大利亚和罗马尼亚合资公司在这里开采黄金。提取黄金过程中使用过的含有大量氰化物和重金属的废水经管道输送到附近的两个尾矿池中，供矿厂反复使用。2000 年 1 月 30 日晚上 10 点钟，两个尾矿池中较大的一个发生溃坝，里面储存的 13 万立方米的污水倾泻到周边的河流中，并进而对罗马尼亚、匈牙利、塞尔维亚和保加利亚的水域造成了大范围污染，沿岸仅打捞上来的死鱼就超过 10 万公斤。有学者甚至将巴亚马雷溃坝事件称为 1986 年切尔诺贝利事故以来欧洲最严重的污染事故。

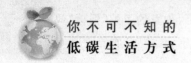

为了环保，国际上签署了哪些公约？

环境保护需要世界各国人民的共同努力，环境保护是一个国际性的问题，这就需要世界各国的共同约束，需要签署一些国际性的公约。

随着环境问题的日益恶化，世界各国纷纷开始重视环境保护问题，并签署了一些国际性的公约来保护环境。

《斯德哥尔摩公约》

现代社会中，持久性有机污染物可以说无处不在。除了对环境造成长期影响外，它们还通过空气、水、食物被人类摄入体内并积存下来，导致内分泌系统紊乱、生殖和免疫系统被破坏，并诱发癌症和神经性疾病。联合国倡导并制定的《斯德哥尔摩公约》就旨在限制并彻底消除持久性有机污染物。2001 年 5 月 23 日包括中国政府在内的 92 个国家和区域经济一体化组织签署了斯德哥尔摩公约，其全称是《关于持久性有机污染物的斯德哥尔摩公约》，又称 POPs 公约。

《京都议定书》

又译《京都协议书》、《京都条约》，全称《联合国气候变化框架公约的京都议定书》，是人类历史上第一部限制各国温室气体（主要二氧化碳）排放的国际法案。由联合国气候大会于 1997 年 12 月在日本京都通过，故称作《京都议定书》。为《联合国气候变化框架公约》（United Nations Framework Convention on Climate Change，UNFCCC）的补充条款。是 1997 年 12 月在日本京都由联合国气候变化框架公约参加国三次会议制定的。其目标是"将大气中的温室气体含量稳定在一个适当的水平，进而防止剧烈的气候改变对人类造成伤害"。

《哥本哈根议定书》

根据联合国气候变化框架公约缔约方 2007 年在印尼巴厘岛举行的第 13 次缔约方会议通过的《巴厘路线图》的规定，2009 年年末在哥本哈根召开的《联合国气候变化框架公约》缔约方第 15 次会议将努力通过一份新的《哥本哈根议定书》，以代替 2012 年即将到期的《京都议定书》。毫无疑问，哥本哈根会议对地球今后的气候变化走向产生决定性的影响，被称为"拯救人类的最后一次机会"的会议。

世界环境保护日是怎么来的？

1972 年联合国在瑞典的斯德哥尔摩召开了有 113 个国家参加的联合国人类环境会议。会议通过了《人类环境宣言》，建议联合国大会将这次会议开幕的 6 月 5 日定为"世界环境保护日"。

1972 年 6 月 5 日~16 日，联合国在瑞典首都斯德哥尔摩召开了人类环境会议。这是人类历史上第一次在全世界范围内研究保护人类环境的会议。出席会议的国家有 113 个，共 1300 多名代表。除了政府代表团外，还有民间的科学家、学者参加。会议讨论了当代世界的环境问题，制定了对策和措施。会前，联合国人类环境会议秘书长莫里斯·夫·斯特朗委托 58 个国家的 152 位科学界和知识界的知名人士组成了一个大型委员会，由雷内·杜博斯博士任专家顾问小组的组长，为大会起草了一份非正式报告——《只有一个地球》。这次会议提出了响遍世界的环境保护口号：只有一个地球！会议经过 12 天的讨论交流后，形成并公布了著名的《联合国人类环境会议宣言》（Declaration of United Nations Conference on Human Environment），简称《人类环境宣言》)和具有 109 条建议的保护全球环境的"行动计划"，呼吁各国政府和人民为维护和

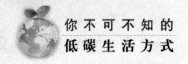

改善人类环境，造福全体人民，造福子孙后代而共同努力。

《人类环境宣言》提出 7 个共同观点和 26 项共同原则，引导和鼓励全世界人民保护和改善人类环境。《人类环境宣言》规定了人类对环境的权利和义务；呼吁"为了这一代和将来的世世代代而保护和改善环境，已经成为人类一个紧迫的目标"；"这个目标将同争取和平和全世界的经济与社会发展这两个既定的基本目标共同和协调地实现"；"各国政府和人民为维护和改善人类环境，造福全体人民和后代而努力"。会议提出建议将这次大会的开幕日这一天作为"世界环境日"。

1972 年 10 月，第 27 届联合国大会通过了联合国人类环境会议的建议，规定每年的 6 月 5 日为"世界环境日"，让世界各国人民永远纪念它。联合国系统和各国政府要在每年的这一天开展各种活动，提醒全世界注意全球环境状况和人类活动对环境的危害，强调保护和改善人类环境的重要性。

许多国家、团体和人民群众在"世界环境日"这一天开展各种活动来宣传强调保护和改善人类环境的重要性，同时联合国环境规划署发表世界环境状况年度报告书，并采取实际行动协调人类和环境的关系。世界环境日，象征着全世界人类环境向更美好的阶段发展，标志着世界各国政府积极为保护人类生存环境作出的贡献。它正确地反映了世界各国人民对环境问题的认识和态度。1973 年 1 月，联合国大会根据人类环境会议的决议，成立了联合国环境规划署（UNEP），设立环境规划理事会（GCEP）和环境基金。环境规划署是常设机构，负责处理联合国在环境方面的日常事务，并作为国际环境活动中心，促进和协调联合国内外的环境保护工作。从 1987 年开始，还要选择一个城市作为联合国的宣传活动中心。联合国环境规划署每年 6 月 5 日举行世界环境日纪念活动，发表"环境现状的年度报告书"及表彰"全球500 佳"，并制定每年的世界环境日的主题。这些主题的制定，基本反映了当年的世界主要环境问题及其环境热点，很有针对性。

世界上有哪些著名的环保组织？

随着环境问题的日益凸现，世界上出现了一些环保组织，这些环保组织在全球环境的发展中起到一定的作用，那么世界上究竟有哪些著名的环保组织呢？

环保组织在环境保护中占相当重要的一部分，世界上有各种各样的环境保护组织，尽管这些环境保护组织的宗旨和保护领域可能有所不同，但毫无疑问它们的终极目的是为了保护地球的环境。下面，我们例举了世界上一些著名的环保组织。

1.联合国环境规划署

联合国环境规划署成立于1973年1月，是领导世界环境保护运动的专门机构。环境署包括环境理事会、环境秘书处和环境基金，负责协调各国在环境领域的活动。自成立以来，联合国环境规划署领导了一系列卓有成效的环境保护运动。在每年"地球日"和"世界环境日"开展一系列活动，成功地举办了巴西环境与发展大会，发表了一系列著名的宣言和报告，使国际社会签订了多项保护环境的协议和公约。联合国环境规划署的宗旨是：促进环境领域内的国际合作，并提出政策建议；在联合国系统内提供指导和协调环境规划总政策，并审查规划的定期报告；审查世界环境状况，以确保可能出现的具有广泛国际影响的环境问题得到各国政府的适当考虑；经常审查国家和国际环境政策和措施对发展中国家带来的影响和费用增加的问题；促进环境知识的取得和情报的交流。

2.国际环境情报系统

联合国于1973年1月建立该情报网，主要包括全球环境监测系统（1979

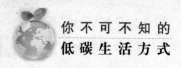

年中国正式参加)和国际环境资料来源查询系统。监测系统拥有多个国家的科学家和技术人员,他们通过人造地球卫星等现代化工具昼夜监视着气候的变化、污染及其对健康、自然资源和海洋的影响。查询系统包括分布于多个国家的多个机构和数据库,每年要回答世界各国一万多条有关环境的查询,为各国了解全球的环境状况,采取环境行动提供宝贵的科学依据。

3.绿色和平组织

1970年由工程师麦克·塔格特发起并成立于加拿大,原为小组。1971年小组派象征和平和健康环境的"绿色和平"号船前往北冰洋中的阿姆奇特卡岛,抗议美国在那里进行核试验。之后,该小组改称为绿色和平基金会,1979年该组织在荷兰正式成立。绿色和平组织主要是通过包括冒险行为在内的用实际行动保护环境,以期拯救地球。迄今已发起过大量支持裁军、消除核武器与核军舰的和平运动,也进行着反污染、反转嫁污染、反捕鲸、反对在南极进行商业活动、反对焚烧固体危险废料、反对捕杀袋鼠、保护海洋生物等多种保护环境和维护生态平衡的工作。

4.绿党

西方的绿党,主要是在20世纪80年代以后逐步发展起来的。首先在原联邦德国出现,并于1980年1月成为政党。目前,在美国、英国、比利时、荷兰、瑞典、法国、意大利、奥地利、卢森堡等国都已成立了绿党。各国绿党以保护环境、反对核战、维护和平为纲领。由于绿党最关心的是环境问题,因而也被称为环境党。在西方,绿党现已逐渐被社会所认识,并经过大选陆续进入议会,直接参与政府决策。

5.西欧保护生态青年组织

西欧生态保护组织于1988年9月成立于比利时的列日,由法国、英国、比利时、葡萄牙、西班牙和瑞典等西欧国家的保护生态青年组织组成,其宗旨是以联合欧洲的意识把各国保护生态青年组织团结起来,促进西欧青年对自然环境的重视,鼓励他们进行生态研究并促进西欧青年的相互了解。

6.国际自然和自然资源保护协会

国际自然和自然资源保护协会是由各国政府、非政府机构、科学工作者及自然保护专家联合组成，致力于保护自然环境和生物种群。该组织设有濒于绝灭物种、国家公园和保护区、生态学、环境规划、环境政策、法律和环境教育等六个委员会，我国于 1980 年参加。

什么是可再生资源和不可再生资源？

资源是人类的生命线，在人类的生活中起着十分重要的作用，但并非所有的资源都是取之不尽，用之不竭的，因此，我们需要分清可再生资源和不可再生资源，从而更好地爱护资源。

资源包括可再生资源和不可再生资源。其中可再生资源是指通过天然作用或人工活动能再生更新，而为人类反复利用的自然资源叫可再生资源，又称为非耗竭性资源，如土壤、植物、动物、微生物和各种自然生物群落、森林、草原、水生生物等等。可再生能源泛指多种取之不竭的能源，严谨来说，是人类有生之年都不会耗尽的能源。可再生能源不包含现时有限的能源，如化石燃料和核能。大部分的可再生能源其实都是太阳能的储存。可再生的意思并非提供十年的能源，而是百年甚至千年的。

可再生自然资源在现阶段自然界的特定时空条件下能持续再生更新、繁衍增长、保持或扩大其储量，依靠种源而再生。一旦种源消失，该资源就不能再生，因而要求科学合理利用和保护物种种源，才可能再生，才可能"取之不尽，用之不竭"。土壤属可再生资源，是因为土壤肥力可以通过人工措施和自然过程而不断更新。但土壤又有不可再生的一面，因为水土流失和土壤侵蚀可以比再生的土壤自然资源。产生更新过程快得多在一定时间和一定条

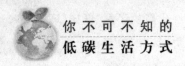
件下也就成为不能再生的资源。

不可再生资源是指人类开发利用后,在相当长的时间内,不可能再生的自然资源叫不可再生资源。主要指自然界的各种矿物、岩石和化石燃料,例如泥炭、煤、石油、天然气、金属矿产、非金属矿产等。这类资源是在地球长期演化历史过程中,在一定阶段、一定地区、一定条件下,经历漫长的地质时期形成的。与人类社会的发展相比,其形成非常缓慢,与其他资源相比,再生速度很慢,或几乎不能再生。人类对不可再生资源的开发和利用,只会消耗,而不可能保持其原有储量或再生。其中,一些资源可重新利用,如金、银、铜、铁、铅、锌等金属资源;另一些是不能重复利用的资源,如煤、石油、天然气等化石燃料,当它们作为能源利用而被燃烧后,尽管能量可以由一种形式转换为另一种形式,但作为原有的物质形态已不复存在,其形式已发生变化。

可替代能源的来源是什么?

"可替代"一词是相对于化石燃料,因此可替代能源并非来自于化石燃料。而是来自生物质能、地热、太阳能、风力、潮汐等。

可替代能源(英文:Alternative Energy)一般指非传统、对环境影响少的能源及能源贮藏技术。一些替代能源也是再生能源的一种,从定义上来说,替代能源并不会对环境造成影响,但再生能源没有此定义,其不一定会带来环境影响。

可替代能源的来源主要有生物质能、地热、太阳能、风力、潮汐。

1.生物质能(生质燃料):生物质能指能够当做燃料或者工业原料,活着或刚死去的有机物。生物质能最常见于种植植物所制造的生质燃料,或者用来生产纤维、化学制品和热能的动物或植物。也包括以生物可降解的废弃物

(Biodegradable Waste)制造的燃料。但那些已经变质成为煤炭或石油等的有机物质除外。

2.地热：地热是指由地壳抽取的天然热能，这种能量来自地球内部的熔岩，并以热力形式存在，是引致火山爆发及地震的能量。人类很早以前就开始利用地热能，例如利用温泉沐浴、医疗，利用地下热水取暖、建造农作物温室、水产养殖及烘干谷物等。但真正认识地热资源并进行较大规模的开发利用却是始于 20 世纪中叶。地热能的利用可分为地热发电和直接利用两大类。据估计，每年从地球内部传到地面的热能相当于 100PW·h。不过，地热能的分布相对来说比较分散，开发难度大。

3.太阳能：太阳能一般是指太阳光的辐射能量，在现代一般用作发电。自地球形成生物以来就主要以太阳提供的热和光生存，而自古人类也懂得以阳光晒干物件，并作为保存食物的方法，如制盐和晒咸鱼等。但在化石燃料的逐渐减少下，人类才有意把太阳能进一步发展。太阳能的利用有被动式利用（光热转换）和光电转换两种方式。太阳能发电是一种新兴的可再生能源。广义上的太阳能是地球上许多能量的来源，如风能、化学能、水的势能等等。

4.风力：风能，地球表面空气流动所产生的动能。 风速，单位时间内空气流动的距离。

5.潮汐：潮汐（Tides）是因月球和太阳对地球各处引力不同所引起的水位、地壳、大气的周期性升降现象。潮汐能是以位能形态出现的海洋能，是指海水潮涨和潮落形成的水的势能。它不仅可发电、捕鱼、产盐及发展航运、海洋生物养殖，而且对于很多军事行动有重要影响。

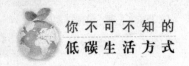
地球上水资源现在情况如何？

经常可以看到一些公共场合有节约水资源的宣传，节约用水已经是我们日常生活中熟悉的生活规则，如果我们能对地球上的水资源现状有一个清晰准确的了解，那么我们会意识到节约用水势在必行。

水是自然界一切生命赖以生存的不可替代的物质，又是社会发展不可缺少的重要资源。据统计，地球上水的总量为 13186 亿立方千米，但其中约 96.54% 是不能直接用于生活、工业用水及农田灌溉的海水。和人类生活息息相关的淡水量仅为 01047 亿 km^3，占总水量的 0.34%。

水资源主要是指与人类社会和生态环境保护密切相关而又能不断更新的淡水、地表水和地下水，其补给来源主要为大气降水。淡水资源总量少，真正有效利用的少。从整个水圈看，地表 70% 的面积被水覆盖。包括海洋水、地下水、河流水、湖泊水、冰川水及大气水和生物水在内，共计约 138.6×1016 立方米。其中，淡水资源储量少，仅有 3.5×1016 立方米，占总储量的 2.53%，包括目前技术水平难以利用的分布在南北两极占淡水总储量 68.7% 的固体冰川和埋藏深度较大的深层地下水及永久冻土的底冰。在仅占水总量 2.53% 的淡水中，难利用的多，易利用的水很少，仅占淡水总量的 0.3%，占全球水总储量的 7/10；其中真正有效利用的少，从水循环的观点看，地球上所有淡水最初均来自海洋的蒸发，大陆淡水年净收入约为 4 万立方千米，约 2.8 万立方千米变成洪水白白流走，约 0.5 万立方千米的水分布在无多少人居住的热带雨林区，据计算，如果将这些水全部利用起来，可维持 200~250 亿人/年的需求，所以，人类能真正有效利用的水资源很少，仅为 7000 立方千米。

什么是温室效应？对地球有什么影响？

随着环境问题的日益凸现，温室效应也充斥着我们的日常生活，其对地球带来的影响使我们不得不重视起温室效应问题。

温室效应(英文：Greenhouse Effect)，又称"花房效应"，是大气保温效应的俗称。大气能使太阳短波辐射到达地面，但地表向外放出的长波热辐射线却被大气吸收，这样就使地表与低层大气温度增高，因其作用类似于栽培农作物的温室，故名温室效应。自工业革命以来，人类向大气中排入的二氧化碳等吸热性强的温室气体逐年增加，大气的温室效应也随之增强，已引起全球气候变暖等一系列严重问题，引起了全世界各国的广泛关注。

温室效应为地球带来的环境问题主要有气候转变，地球上的病虫害增加，海平面上升等。

1.气候转变："全球变暖"

温室气体浓度的增加会减少红外线辐射放射到太空外，地球的气候因此需要转变，使吸取和释放辐射的分量达至新的平衡。这转变可包括"全球性"的地球表面及大气低层变暖，因为这样可以将过剩的辐射排放出去。

2.地球上的病虫害增加

美国科学家发出警告，由于全球气温上升令北极冰层溶化，被冰封十几万年的史前致命病毒可能会重见天日，导致全球陷入疫症恐慌，人类生命受到严重威胁。

这项新发现令研究员相信，一系列的流行性感冒、小儿麻痹症和天花等疫症病毒可能藏在冰块深处，目前人类对这些原始病毒没有抵抗能力，当全球气温上升令冰层溶化时，这些埋藏在冰层千年或更长时间的病毒便可能

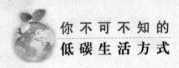

会复活,形成疫症。科学家表示,虽然他们不知道这些病毒的生存的概率有多大,或者其再次适应地面环境的机会有多高,但肯定不能抹煞病毒卷土重来的可能性。

3.海平面上升

全球暖化使南北极的冰层迅速融化,海平面不断上升,世界银行的一份报告显示,即使海平面只小幅上升 1 米,也足以导致 5600 万发展中国家人民沦为难民。而全球第一个被海水淹没的有人居住岛屿即将产生——位于南太平洋国家巴布亚新几内亚的岛屿卡特瑞岛,目前岛上主要道路水深及腰,农地也全变成烂泥巴地。

此外,温室效应还引起地球上气候反常,海洋风暴增多,以及土地干旱,沙漠化面积增大等问题。温室效应对人类生活也具有潜在的影响,这些潜在的影响主要体现在经济、农业、海洋生态、水循环方面。

1.经济的影响

全球有超过一半人口居住在沿海 100 公里的范围以内,其中大部分住在海港附近的城市区域。所以,海平面的显著上升对沿岸低洼地区及海岛会造成严重的经济损害,例如:加速沿岸沙滩被海水的冲蚀、地下淡水被上升的海水推向更远的内陆地方。

2.农业的影响

实验证明在 CO_2 高浓度的环境下,植物会生长得更快速和高大。但是,"全球变暖"的结果会影响大气环流,继而改变全球的雨量分布以及各大洲表面土壤的含水量。由于未能清楚了解"全球变暖"对各地区性气候的影响,以致对植物生态所产生的转变亦未能确定。

3.海洋生态的影响

沿岸沼泽地区消失肯定会令鱼类,尤其是贝壳类的数量减少。河口水质变咸可能会减少淡水鱼的品种数目,相反,该地区海洋鱼类的品种也可能相对增多。至于整体海洋生态所受的影响仍是未知数。

4.水循环的影响

全球降雨量可能会增加。但是，地区性降雨量的改变则仍属未知。某些地区可能有更多雨量，但有些地区的雨量可能会减少。此外，温度的提高会增加水分的蒸发，这会对地面上水源的运用带来压力。

什么是碳排放？如何才能减少碳排放？

多数科学家和政府承认温室气体已经并将继续为地球和人类带来灾难，所以"控制碳排放"、"碳中和"这样的术语就成为容易被大多数人所理解、接受并采取行动的文化基础。

碳排放是关于温室气体排放的一个总称或简称。温室气体中最主要的气体是二氧化碳，因此用碳(Carbon)一词作为代表。虽然并不准确，但作为让民众最快了解的方法就是简单地将"碳排放"理解为"二氧化碳排放"。

我们的日常生活一直都在排放二氧化碳，而如何通过有节制的生活，例如少用空调和暖气、少开车、少坐飞机等等，以及如何通过节能减污的技术来减少工厂和企业的碳排放量，就成为了最重要的环保话题之一。日常生活中，我们可以用下面的方法降低二氧化碳的排放。

1.荧光灯代替常用的白炽灯。荧光灯 P_1 用了普通白炽灯40%的能源就能达到相同的亮度，使用荧光灯，每年能避免300磅二氧化碳被排放到大气中。

2.冬天低两摄氏度，夏天高两摄氏度。在人们生活所消耗的能源中，几乎有一半用在了取暖和降温上。冬天时，将室内温度调低两摄氏度，夏天时调高两摄氏度，一年就能减少2000磅二氧化碳的产生。

3.定期清洁炉灶和空调，或更换过滤装置。这样做每年能减少350磅二氧化碳被排放到大气中。

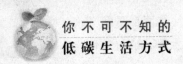

4.别让电器处于待机状态。使用电器上的开关按钮,直接关闭电器,不要用遥控器。以一天看 3 小时的电视为例(欧洲人看电视的平均时间),其余的 21 个小时里,如果电器处于待机模式,就要白白地耗费 40% 的电量。

5.用绝缘毯包裹电热水器。用这样一个简单的方法,每年就能减少 1000 磅二氧化碳的排放,如果将热水器的温度设置在 50 摄氏度以下,每年还能避免 550 磅二氧化碳产生。

6.让冰箱和冰柜远离热源。如果把冰箱和冰柜放在离炉灶近的地方受热,制冷就需要耗费更多的能源。举例来说,如果把它们放在温度高达 30~31 摄氏度的房间里,消耗的电量就是常温状态下的 2 倍,在这种状态下,冰箱和冰柜一年里向大气中排放的二氧化碳分别能达到 160 千克和 320 千克。

7.不要长时间开窗,让热量从房间中流失开窗通风一般几分钟就可以了。如果让窗户整天都开着,在寒冷的冬天(当室外温度低于 10 摄氏度时)制热器为了保持室内的温度,会耗费很多能源,从而会产生高达一吨的二氧化碳。

8.做饭时盖上锅盖。这样做一锅饭能节约很多能源。用高压锅和蒸汽锅最好,能节约 70% 的天然气。

9.增强房屋的御寒性。能适当地在居室墙壁和天花板上采用绝缘材料,一年不仅能节省 25% 的供暖费用,还能避免 2000 磅二氧化碳的排放。此外,密封和给窗户贴挡风雨条,每年能避免 1700 磅二氧化碳产生。

10.生产一瓶 1.5L 装的饮料所需的能源比生产 3 瓶 0.5L 装的饮料要少,建议购买大瓶装饮料,这样也能避免产生过多的垃圾。使用再生纸可以节省 70%~90% 的能源,减少森林的砍伐。

11.重复使用购物袋。购物时拒绝商店提供的一次性购物袋,使用可重复使用的购物袋,既节约了能源又避免产生垃圾。一次性购物袋产生的垃圾不仅向大气中排放二氧化碳和甲烷,对空气、地下水和土壤都会产生污染。

12.购买新鲜的而非冷冻的食品。冷冻食品生产过程中耗费的能源要比新鲜的多出 10 倍。

13.购买有机食品。相比于普通的种植土壤,有机土壤能吸收和储存更多的二氧化碳。如果所有的大米和大豆都在有机土壤中生长,就能避免5800亿磅的二氧化碳被排放到大气中。

14.缩减开车次数。尽可能步行、骑车、与别人合用汽车以及乘坐公共交通工具。每周少开10英里,一年就能避免500磅的二氧化碳被排放到大气中。

15.节约汽油。改变你的驾驶习惯可以减少二氧化碳的排放。选择合适的挡位,不滥踩刹车,下坡时选择合适的变速器挡位代替引擎制动,如果汽车停靠需要超过1分钟,就将引擎关掉。

什么是蓝藻？它的危害是什么？

蓝藻是原核生物,又叫蓝绿藻、蓝细菌;大多数蓝藻的细胞壁外面有胶质衣,因此又叫粘藻。在所有藻类生物中,蓝藻是最简单、最原始的一种。

在一些营养丰富的水体中,有些蓝藻常于夏季大量繁殖,并在水面形成一层蓝绿色而有腥臭味的浮沫,称为"水华",大规模的蓝藻爆发,被称为"绿潮"(和海洋发生的赤潮对应)。绿潮引起水质恶化,严重时耗尽水中氧气而造成鱼类的死亡。更为严重的是,蓝藻中有些种类(如微囊藻)还会产生毒素(简称MC),大约50%的绿潮中含有大量MC。MC除了直接对鱼类、人畜产生毒害之外,也是肝癌的重要诱因。MC耐热,不易被沸水分解,但可被活性碳吸收,所以可以用活性碳净水器对被污染水源进行净化。

如果你不断地摄入含有蓝藻的水、鱼或者其他水产品,就可能会产生头痛、发烧、腹泻、腹痛、反胃或者呕吐等症状。如果你在受污染的水中游泳,也有可能会产生皮肤发痒等症状,如果你怀疑直接接触到了污染水源并且身体发生了不良反应,应用干净水冲洗身体并立即联系医生。

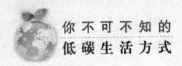

家畜及野生动物饮用了含藻毒素的水后，会出现腹泻、乏力、厌食、呕吐、嗜睡、口眼分泌物增多等症状，甚至死亡。病理病变有肝脏肿大、充血或坏死、肠炎出血、肺水肿等。

酸雨对人们有什么危害？

酸雨主要是人为地向大气中排放大量酸性物质造成的。酸雨的危害非常大，影响着人类生活的方方面面。

被大气中存在的酸性气体污染，pH 小于 5.65 的酸性降水叫酸雨。我国的酸雨主要是因大量燃烧含硫量高的煤而形成的，此外，各种机动车排放的尾气也是形成酸雨的重要原因。

硫和氮是营养元素。弱酸性降水可溶解地面中矿物质，供植物吸收。如酸度过高，pH 值降到 5.6 以下时，就会产生严重危害。它可以直接使大片森林死亡，农作物枯萎；也会抑制土壤中有机物的分解和氮的固定，淋洗与土壤离子结合的钙、镁、钾等营养元素，使土壤贫瘠化；还可使湖泊、河流酸化，并溶解土壤和水体底泥中的重金属进入水中，毒害鱼类；加速建筑物和文物古迹的腐蚀和风化过程；可能危及人体健康。

酸性雨水的影响在欧洲和美国东北部最为明显，但受威胁的地区还包括加拿大，也许还有加利福尼亚州塞拉地区、洛基山脉和中国。在某些地方，偶尔观察到降下的雨水像醋那样酸。酸雨影响的程度是一个争论不休的主题。对湖泊和河流中水生物的危害是最初人们注意力的焦点，但现在已认识到，对建筑物、桥梁和设备的危害是酸雨的另一些严重后果。污染空气以及对人体健康的影响是最难以定量确定的。

受到最大危害的是那些缓冲能力很差的湖泊。当有天然碱性缓冲剂存在时,酸雨中的酸性化合物(主要是硫酸、硝酸和少量有机酸)就会被中和。然而,处于花岗岩(酸性)地层上的湖泊容易受到直接危害,因为雨水中的酸能溶解铝和锰这些金属离子。这能引起植物和藻类生长量的减少,而且在某些湖泊中,还会引起鱼类种群的衰败或消失。由这种污染形式引起的对植物的危害范围,包括从对叶片的有害影响到根系的破坏。

在美国东北部地区,减少污染物的主要考虑对象是那些燃烧高含硫量的煤发电厂。能防止污染物排放的化学洗气器是可能的补救办法之一,化学洗气器是一种用来处理废气、或溶解、或沉淀、或消除污染物的设备。催化剂能使固定源和移动源的氮氧化物排放量减少,又是化学在改善空气质量方面能起作用的另一个实例。

光污染对人有什么影响?

随着城市建设的发展和科学技术的进步,日常生活中的建筑和室内装修采用镜面、瓷砖和白粉墙日益增多,近距离读写使用的书本纸张越来越光滑,人们几乎把自己置身于一个"强光弱色"的"人造视环境"中。

光污染问题最早于20世纪30年代由国际天文界提出,他们认为光污染是城市室外照明使天空发亮造成对天文观测的负面的影响。后来英美等国称之为"干扰光",在日本则称为"光害"。

目前,国内外对于光污染并没有一个明确的定义。现在一般认为,光污染泛指影响自然环境,对人类正常生活、工作、休息和娱乐带来不利影响,损害人们观察物体的能力,引起人体不舒适感和损害人体健康的各种光。从波长10纳米至1毫米的光辐射,即紫外辐射,可见光和红外辐射,在不同的条件下都可能成为光污染源。

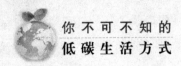

广义的光污染包括一些可能对人的视觉环境和身体健康产生不良影响的事物，包括生活中常见的书本纸张、墙面涂料的反光甚至是路边彩色广告的"光芒"亦可算在此列，光污染所包含的范围之广由此可见一斑。在日常生活中，人们常见的光污染的状况多为由镜面建筑反光所导致的行人和司机的眩晕感，以及夜晚不合理灯光给人体造成的不适。

视觉环境中的噪光污染大致可分为三种：一是室外视环境污染，如建筑物外墙；二是室内视环境污染，如室内装修、室内不良的光色环境等；三是局部视环境污染，如书本纸张、某些工业产品等。噪光污染，正严重损害着人们的眼睛。其后果就是各种眼疾，特别是近视比率迅速攀升。据统计，我国高中生近视率达 60%以上，居世界第二位。为此，我国每年都要投入大量资金和人力用于对付近视，见效却不大，原因就是没有从改善视觉环境这个根本入手。有关卫生专家认为，视觉环境是形成近视的主要原因，用眼习惯则次之。

目前，很少有人认识到噪光污染的危害。据科学测定：一般白粉墙的光反射系数为 69%～80%，镜面玻璃的光反射系数为 82%～88%，特别光滑的粉墙和洁白的书本纸张的光反射系数高达 90%，比草地、森林或毛面装饰物面高 10 倍左右，这个数值大大超过了人体所能承受的生理适应范围，构成了现代新的污染源。经研究表明，噪光污染可对人眼的角膜和虹膜造成伤害，抑制视网膜感光细胞功能的发挥，引起视疲劳和视力下降。

据有关卫生部门对数十个歌舞厅激光设备所做的调查和测定表明，绝大多数歌舞厅的激光辐射压已超过极限值。这种高密集的热性光束通过眼睛晶状体再集中于视网膜时，其聚光点的温度可达到摄氏 70 度，这对眼睛和脑神经十分有害。它不但可导致人的视力受损，还会使人出现头痛头晕、出冷汗、神经衰弱、失眠等大脑中枢神经系统的病症。

科学家最新研究表明，彩光污染不仅有损人的生理功能，而且对人的心理也有影响。"光谱光色度效应"测定显示，如以白色光的心理影响为 100，则蓝色光为 152，紫色光为 155，红色光为 158，黑色光最高，为 187。要是人们长期处在彩光灯的照射下，其心理积累效应，也会不同程度地引起倦怠无力、头晕、性欲减退、阳痿、月经不调、神经衰弱等身心方面的病症。

视觉环境已经严重威胁到人类的健康生活和工作效率，每年给人们造成大量损失。为此，关注视觉污染，改善视觉环境，已经刻不容缓。

生态平衡对人的生活有哪些好处？

人类要尊重生态平衡，帮助维护这个平衡，绝不要轻易去干预大自然，使这个平衡被打破。

生态平衡（Ecological Balance）是指在一定时间内生态系统中的生物和环境之间、生物各个种群之间，通过能量流动、物质循环和信息传递，使它们相互之间达到高度适应、协调和统一的状态。

生态平衡是大自然经过了很长时间才建立起来的动态平衡。一旦受到破坏，有些平衡就无法重建了，带来的恶果可能是靠人的努力而无法弥补的。因此人类要尊重生态平衡，帮助维护这个平衡，绝不要轻易去干预大自然，使这个平衡被打破。

生态系统一旦失去平衡，会发生非常严重的连锁性后果。例如，20世纪50年代，中国曾发起把麻雀作为四害来消灭的运动。然而，在麻雀被大量捕杀之后的几年里，却出现了严重的虫灾，使农业生产受到巨大的损失。后来科学家们发现：麻雀在大自然中要吃大量的虫子。麻雀被消灭了，天敌没有了，虫子就大量繁殖起来。结果出现虫灾暴发，引起农田绝收的惨痛后果。

生态系统中的能量流和物质循环在通常情况下（没有受到外力的剧烈干扰）总是平稳地进行着，与此同时，生态系统的结构也保持相对的稳定状态，这叫做生态平衡。生态平衡的最明显表现就是系统中的物种数量和种群规模相对平稳。当然，生态平衡是一种动态平衡，即它的各项指标，如生产

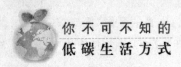

量、生物的种类和数量,都不是固定在某一水平,而是在某个范围内来回变化。这同时也表明,生态系统具有自我调节和维持平衡状态的能力。当生态系统的某个要素出现功能异常时,其产生的影响就会被系统作出的调节所抵消。生态系统的能量流和物质循环以多种渠道进行着,如果某一渠道受阻,其他渠道就会发挥补偿作用。对污染物的入侵,生态系统表现出一定的自净能力,也是系统调节的结果。生态系统的结构越复杂,能量流和物质循环的途径越多,其调节能力,或者抵抗外力影响的能力,就越强。反之,结构越简单,生态系统维持平衡的能力就越弱。

第二章

吃出环保也吃出健康

——从今天开始选用低碳食品

人类生活离不开衣食住行，而实践"低碳"生活理念首要的是从人类的食用食品和食用方式上开始。食用低碳食品不仅仅能为我们带来健康的身体，更是关乎全球环境发展和人类可持续发展的大事。但究竟怎样吃，吃什么样的食品才合乎"低碳"生活的理念却是困惑很多人的难题。这一章，我们将一一为大家揭示"低碳"食品的奥妙，除了告诉大家食用哪些食品合乎"低碳"生活的理念，也告诉大家一些食用"低碳"食品的窍门。

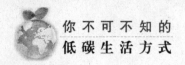

什么算是低碳食品?

　　一般来说,低碳食品是指利用更少的简单碳水化合物来开发食品。低碳食品不仅有利于人的身体健康,也能起到很好的减肥作用。

　　随着世界肥胖问题的日益严重和人们健康意识的不断增强,"低碳"食品将成为食品行业的下一个"热点"。据了解,2003年,曾是美国低碳或降碳焙烤食品急剧增长的一年,其增长率接近80%。在这个时期内,低碳饼干或谷物食品成为市场的主要推动力,分别增长了310%和110%。2003年前后一些知名品牌向低碳或降碳食品市场扩展,也导致了这一增长。如Rellogg公司推出的迎合低碳生活方式的特别K(Specialk)谷类食品。Kraft公司推出的Carbwell系列,包括谷物食品和饼干,是低碳系列产品最流行的品牌。同时还有很多其他品牌,其中引人注目的是AtkinsNutri tionols公司生产的焙烤产品包括早餐谷物食品和百吉饼。

　　遗憾的是,没过多长,很多美国人又开始从特殊的低碳食品转向传统的富含碳水化合物的食品,使低碳食品从前几年的繁荣走到今天的衰落。但是,尽管低碳食品的销量下降,但当前低碳和非碳食品仍然保持了很高的销售量。其新产品开发仍以低碳和非碳食品为多,如2003年美国至少有3.8%的新食品和饮料是非碳和低碳产品(2002年不到2%),2004年这个数字达到17.9%。当年大约有2585种新产品投放到超级市场,而2003年只有683种。

　　食用"低碳"食品的主要目的就在于降低碳水化合物的摄入以减轻体重,控制二型糖尿病或相关失调症状,并提高血液中运载胆固醇粒子的比例。低碳食品减少和限制对糖和淀粉的摄入,也就是少吃糖,米饭和面食等等,同时增补多种维生素、矿物质、氨基酸等营养素,低碳食品最重要的一项就是低糖。一些针对老人的藕粉、麦片、低糖高钙芝麻糊等冲饮品以及一些小点心和面包之类的低糖无糖食品非常受宠。眼下很流行低碳饼干，像用黑芝麻、大豆卵磷脂、黑豆、黄豆、薏仁、燕麦、小米、山药、莲子、芡实、糙米、绿豆、南瓜子、玉米烘焙的饼干特别受人们的欢迎。还有一些低碳冰淇淋，比如竹炭冰淇淋，脱掉了脂肪，里面没有白糖，而是加入了磨的竹炭粉，再加入糯米粉，吃起来不会发胖。

低碳食品与其他食品有什么区别？

你想象得到吗？仅仅一份牛肉汉堡，就会在制作过程中排放出多出自身重量 30 倍的温室气体。

说起温室气体排放，我们很容易想到工厂冒出的阵阵黑烟，或是城市里汽车长龙排出的尾气。事实上，人们日常进行的任何活动，都有一个清晰的"碳足迹"。比如，仅仅一份牛肉汉堡，就会在制作过程中排放出超出自身重量 30 倍的温室气体。

牛肉汉堡主要原料的储存、运输和加工过程，需要使用柴油、汽油、煤炭等各种碳基能源。仅这一部分排出的二氧化碳，平摊到每个汉堡上就高达 3 公斤。而饲养一头肉牛，会另外产生 220 公斤甲烷。从制造温室效应的能力角度来说，1 公斤甲烷与 23 公斤二氧化碳相当。因此，这 5 吨二氧化碳的排放量，平摊到一头牛能做成的 2000 个牛肉汉堡上，就是 2.5 公斤。再加上运营餐馆和顾客购买过程中产生的排放，每份牛肉汉堡会为地球增加近 6 公斤的二氧化碳。

在美国这个快餐王国，以每人每周平均消耗 2 个牛肉汉堡计算，全年因牛肉汉堡而产生的二氧化碳排放量就接近 1.8 亿吨。而一辆悍马 H3 SUV 每年不

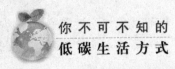

过排放 11.1 吨二氧化碳,也就是说,牛肉汉堡带来的温室效应与 1600 万辆悍马车相当。而这个数字,恰恰是今天美国公路上行驶的所有 SUV 的总数。

虽然只有上帝知道,让美国人放弃牛肉汉堡,或者放弃 SUV,哪一个更困难,但科学却告诉我们,这两者对地球的破坏力,几乎相当。

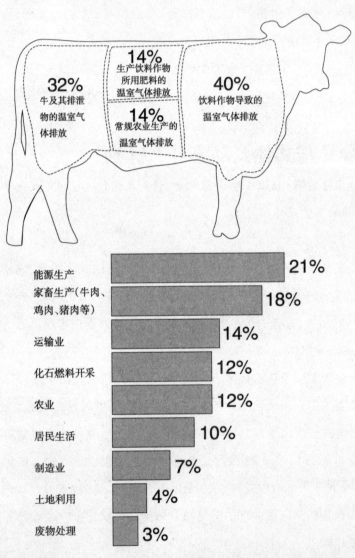

正因为日常生活中有些食品的高碳含量和排放量也损坏着环境,我们在日常生活中要尽量选择低碳食品,这就需要我们分清低碳食品与其他食品

的区别。总的来说,低碳食品与其他食品有两点区别,其一是碳水化合物与糖分含量均很少的食品;其二是在生产流程方面"低碳"。具体而言,生产要做到节能降耗减排,资源循环使用以及保护生态环境,供应和销售要做到简化包装、减少流通环节,由低碳生产所产生的"食品"也被称为"低碳食品"。

猜猜牛肉、鸡肉、羊排和猪排,谁是"低碳排放肉"?

这个问题可不是用来娱乐大众的,它的答案是自动化养殖的鸡肉。2006年,芝加哥大学地理科学系的一份研究表明,一只自动化养殖的鸡的二氧化碳排放量为 1.67 克/千卡。与之相比,牛肉 13.82 克/千卡、猪排 9.03 克/千卡,而羊排则高达 25.97 克/千卡。

原因是什么?因为这些鸡是自动化养殖,而牛肉、猪肉、羊肉则是通过人工喂养的。虽然专家们建议我们要选择"食草类"动物的肉来食用,但是他们也建议我们要少吃肉。因为这样对健康有益,并且减少碳排放。但是,别以为你是个素食主义者,你就环保了。我们的每一餐都包含大量的二氧化碳排放量。还有,用大量牛奶制作的芝士就比牛肉的碳排放量高。

什么是无公害食品?

随着人们日益重视健康问题,大家更喜爱无污染,无毒害,安全优质的食品,毫无疑问,无公害食品成为人们日常生活中的必选食品。

所谓无公害食品,指的是无污染、无毒害、安全优质的食品,生产过程中允许限量使用限定的农药、化肥和合成激素。无公害食品比绿色食品档次低一级。

在目前现实的自然环境和技术条件下,要生产出完全不受到有害物质污染的商品蔬菜是很难的。无公害蔬菜,实际上是指商品蔬菜中不含有有关

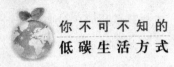
规定中不允许的有毒物质,并将某些有害物质控制在标准允许的范围内,保证人们的食菜安全。通俗地说,无公害蔬菜应达到"优质、卫生"。"优质"指的是品质好、外观美,VC 和可溶性糖含量高,符合商品营养要求。"卫生"指的是 3 个不超标,即农药残留不超标,不含禁用的剧毒农药,其他农药残留不超过标准允许量;硝酸盐含量不超标,一般控制在 432ppm 以下;工业三废和病原菌微生物等对商品蔬菜造成的有害物质含量不超标。

"无公害食品"是指源于良好生态环境,按照专门的生产技术规程生产或加工,无有害物质残留或残留控制在一定范围之内,符合标准规定的卫生质量指标的农产品。严格来讲,无公害是对食品的一种基本要求,普通食品都应达到这一要求。"无公害食品"标志是由麦穗、对勾和无公害农产品字样组成,麦穗代表农产品,对勾表示合格,金色寓意成熟和丰收,绿色象征环保和安全。

此外,经过国家有关部门认可的食品标志只有"无公害农产品"、"绿色食品"、"有机食品"这三种。

有此标志的农产品,生产过程完全按照国家有关规定执行,质量是安全可靠的,不会存在剧毒农药残留之类的问题。但是,农产品在生产过程中不可避免地会接触自然环境,表面会附着一些灰尘或细菌之类的物质。这些只有通过彻底的清洗才能去除,有些还需要彻底加热,才能保证洁净。因此,购买带标志的农产品(肉、菜、蛋等),也最好煮熟再吃。

什么是绿色食品？绿色食品有什么标准？

绿色食品是比无公害食品档次更高的食品，是人们在日常生活中更愿意选择的安全无公害食品。

绿色食品是指在无污染的条件下种植、养殖，施有机肥料，不用高毒性、高残留农药，在标准环境、生产技术、卫生标准下加工生产，经权威机构认定并使用专门标识的安全、优质、营养类食品的统称。

绿色食品在中国是对无污染的安全、优质、营养类食品的总称。是指按特定生产方式生产，并经国家有关的专门机构认定，准许使用绿色食品标志的无污染、无公害、安全、优质、营养型的食品。类似的食品在其他国家被称为有机食品，生态食品，自然食品。

绿色食品分 A 级绿色食品和 AA 级绿色食品两种。A 级绿色食品，系指在生态环境质量符合规定标准的产地、生产过程中允许限量使用限定的化学合成物质，按特定的生产操作规程生产、加工，产品质量及包装经检测、检查符合特定标准，并经专门机构认定，许可使用 A 级绿色食品标志的产品。AA 级绿色食品（等同有机食品），系指在生态环境质量符合规定标准的产地，生产过程中不使用任何有害化学合成物质，按特定的生产操作规程生产、加工，产品质量及包装经检测、检查符合特定标准，并经专门机构认定，许可使用 AA 级绿色食品标志的产品。

绿色食品所具备的条件是：产品或产品原料产地必须符合绿色食品生态环境质量标准；农作物种植、畜禽饲养、水产养殖及食品加工必须符合绿色食品生产操作规程；产品必须符合绿色食品标准；产品的包装、贮运必须符合绿色食品包装贮运标准。

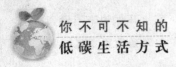

目前，我国全民的绿色食品意识还不够，没有形成一种全民性的关注"绿色食品"的习惯。凡是经过认证的产品肯定是安全的，没有经过认证的，也有些是安全可靠的，但也有部分是不能达到国家要求的安全标准的。不过需要提醒大家的是，蔬菜、禽蛋等农产品大家最好选择可靠的商家购买，并且按照要求进行加热加工；对于包装食品，如果没有"绿色食品"标志，大家也要选择那些生产许可证号等标志齐全的合格产品，无证产品千万别买。

怎样从包装甄别绿色食品？

绿色食品是人们在日常生活中喜爱的无公害食品，市场上充斥着各种各样的绿色食品，这就需要我们做好认真的甄别以选择真正的绿色食品，最简单的方法就是认准绿色食品的包装，从包装上甄别绿色食品。

绿色食品标志是由中国绿色食品发展中心在国家工商行政管理局商标局正式注册的质量证明商标。绿色食品标志作为一种特定的产品质量的证明商标，其商标专用权受《中华人民共和国商标法》保护。

绿色食品标志由三部分构成，即上方的太阳、下方的叶片和中心的蓓蕾。标志为正圆形，意为保护。整个图形描绘了一幅明媚阳光照耀下的和谐生机，告诉人们绿色食品正是出自纯净、良好生态环境的安全无污染食品，能给人们带来蓬勃的生命力。绿色食品标志还提醒人们要保护环境，通过改善人与环境的关系，创造自然界新的和谐。

　　消费者要想识别绿色食品首先可以从绿色食品的包装上辨别,也可以上网查询真伪。

1.认准绿色食品的包装

　　绿色食品包装的四位一体即标志图形、"绿色食品"文字、编号及防伪标签。AA 级绿色食品标志底色为白色,标志与标准字体为绿色;而 A 级绿色食品的标志底色为绿色,标志与标准字体为白色。"产品编号"是正后或正下方写上"经中国绿色食品发展中心许可使用绿色食品标志"文字,其英文规范为"Certified Chinese Creen Food Product"。绿色食品包装标签应符合国家《食品标签通用标准》GB7718-94。标准中规定食品标签上必须标注以下几方面的内容:食品名称;配料表;净含量及固形物含量;制造者、销售者的名称和地址;日期标志(生产日期、保质期)和储藏指南;质量(品质等级);产品标准号;特殊标注内容。

2.上网辨真伪

　　绿色食品标志到期后没有重新申报,有的企业是为了节省成本,也有的是因为产品实际上已经通不过国家对绿色食品的检验认证。消费者可登录"中国绿色食品网"辨认所购产品的真伪。

什么是转基因食品?

　　随着科技的发展,人们越来越熟悉转基因食品,常见的转基因食品主要有:西红柿,大豆、玉米、大米、土豆等。

　　转基因食品(Genetically Modified Foods,简称 GMF)就是利用现代分子生物技术,将某些生物的基因转移到其他物种中去,改造生物的遗传物质,使其在形状、营养品质、消费品质等方面向人们所需要的目标转变。以转基

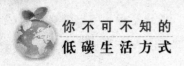

因生物为直接食品或为原料加工生产的食品就是"转基因食品"。通过这种技术，人类可以获得更符合要求的食品品质，它具有产量高、营养丰富、抗病力强的优势，但这项技术可能造成的遗传基因污染也是它的明显缺陷。

转基因食品是含有转基因生物体或其成分，或者含有转基因生物体外源性基因表达产物的食品。转基因生物体是指利用基因工程技术而获得的生物体，包括转基因动物、转基因植物和转基因微生物。转基因生物体与普通生物体的主要区别之处在于它的遗传物质中含有其他生物体的基因（也叫"外源性基因"），而且这些外源性基因能够在转基因生物体中发挥作用或表达出特定产物。

转基因食品是通过基因工程手段将一种或几种外源性基因转移至某种生物体(动、植物和微生物)，并使其有效表达出相应的产物(多肽或蛋白质)，这样的生物体作为食品或以其为原料加工生产的食品。举个浅显的例子，在普通西红柿里加入一种在北极生长的海鱼的抗冻基因，于是这种"新食品"深受大家喜爱。因为该种食品在冬天就能保存更长的时间，大大延长了其保鲜期。这种新型西红柿就是转基因食品。这里面的外源性基因就是指北极生长的海鱼的抗冻基因。

世界上最早的转基因作物(烟草)于1983年诞生，到美国孟山都公司研制的延熟保鲜转基因西红柿1994年在美国批准上市，及我国水稻研究所研制的转基因杂交水稻1999年通过了专家鉴定，转基因食品的研发迅猛发展，产品品种及产量也成倍增长，有关转基因食品的问题日渐凸显。生活中最常见的几种转基因食品包括：西红柿、大豆、玉米、大米、土豆等。

转基因作物的优点主要有以下几点：

1.解决粮食短缺问题。

2.减少农药使用，避免环境污染。

3.节省生产成本，降低食物售价。

4.增加食物营养，提高附加价值。

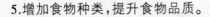

5.增加食物种类,提升食物品质。

6.促进生产效率,带动相关产业。

通过批准的转基因食品往往比普通食品更有营养,更安全。

好处一:比如说,抗虫的转基因玉米不会被虫咬,就会减少玉米身上的伤口,一些有害的微生物就不能去侵犯它,这就减少了微生物侵害的几率,对我们的健康是一个保障。

好处二:和非转基因作物相比,有一些转基因食品,尤其是未来一些转基因食品,增加了一些我们所需要的营养素。这些营养素很多是我们身体不能自身合成的,对我们大有好处。

好处三:具有抗虫或者抗病的转基因作物,在栽培和种植的时候,可以少用农药,甚至不用农药,这在很大程度上减少了农药残留。

我国对于转基因食品的安全性测定要求十分严格,通常要经历七八年的时间,经过 6 个测试阶段。以农作物为例,先是要进行实验室培育,成功后才能申请"环境释放"即进行常态自然环境的种植,而且一般要进行两次,先是小面积种植,然后进行大面积试种,经过安全性测评后,最终才会推广。

对于进口的转基因食品我国政府同样实行严格检验。目前使用的是批次检验法,即每进口一批产品,就要进行一次检验。该项检验工作主要由我国农业部负责。只要是经过我国进出口部门检验的转基因食品,大家都是可以放心食用的。

目前,世界卫生组织和 FDA 都对标记基因做了深入研究。现在大家都知道,基因即 DNA 由四种碱基组成,在小肠当中只有 200 毫克左右,DNA 在消化道中很快会被降解掉的,不会以一个完整基因形式存在。有些人说基因会不会直接水平转移到人体,事实上,转入作物中的特殊基因也是由微生物带进来的,我们肚子里有很多微生物,它们的基因是不是能够转移到我们身体,对我们产生影响,实验表明,这个可能性也是没有的。

我们都知道,很多科研成果的影响都要经过很长时间的测试才能确定,

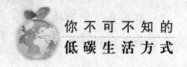
那么对于转基因食品呢？我们这一代人食用后，会不会对下一代或几代人有所影响？

实际上，我国从 1994 年起就开展转基因食品的研究。这项工作进行到现在，实际已经有十几年时间了，从世界范围来看，转基因食品研究时间要更久些。目前，还没有一例转基因的食品出现安全性问题。

另外，还有一些人担心：由于各人体质不同，对相同的食物会有不同的反应，转基因食品是不是对特定人群不适用。我国目前对转基因食品的过敏性测试一般都预先会在动物身上进行实验，通常会选用小白鼠作为实验对象。由于小白鼠体积小，所以微量的过敏性物质都会在其身体上发生反应，这种反应一旦产生，该转基因食品就无法通过验证。因此，对于过敏体质的人群来说通过批准的转基因食品是可以放心食用的。

食品中的污染物从哪来？

食物的安全无公害有益于人身的健康，人们更青睐安全无公害的食品，这就需要我们弄清楚食品中的污染源从何而来，进而从根源上进行防治。

在我们的地球上，所有的物质都在生物圈中发生着不断地循环。例如，空气中的二氧化碳中有一个碳原子，它被植物叶片吸收，通过光合作用变成淀粉和糖；这些植物被兔子吃掉，碳原子变成兔子身体中的成分；兔子被狼吃掉，于是碳原子又进入狼的体内；等到动物死亡，残骸被微生物分解氧化，碳原子又会变成二氧化碳回到空气里面。

如果生物圈中存在着一些不容易分解的污染物质，它也会顺着这个"食物链"的途径进行循环。污染物从空气、水和土壤进入植物中，然后进入动物体内。我们人类如果吃了这些植物和动物，污染物就会转移到人类体内。现在,地球上已经很少有没有受到污染的角落,连南极和北极也发现了被污染的痕迹。可见,人类制造污染必将受到大自然的惩罚,已经到了该为自己的所作所为而幡然悔悟的时候了。

食物当中的污染物质来源很多,大致可以分为以下四个方面。

第一方面,污染物来自食物生产所在地的大气、水源和土壤,称为生产环境的污染。例如,卫生专家曾经对居民区周围种植的蔬菜进行测定。他们惊讶地发现,居民区里烤羊肉串冒出的烟气居然污染了菜叶。因为菜叶中发现了烤肉烟气中的强烈致癌物。

第二方面,污染物来自农作物栽培中的农药和化肥,以及畜牧生产中的兽药、激素,称为原料生产过程中的污染。人们对这个阶段往往顾虑较多。

第三方面,来自食品加工中的添加物和污染物、包装当中的有害物质等,称为加工处理中的污染。例如,食品加工容器中如果铅含量较高,有可能会造成食品的铅污染。

第四方面,来自食品在家庭中储藏、烹调等的污染,称为家庭中的污染。这一方面的污染往往被消费者所忽视。

这四方面的污染源都在威胁着普通大众的健康,因此普通消费者仅仅考虑到农药化肥和食品添加剂,还是非常不够的。

如何正确认识食品添加剂?

食品添加剂能够改善食品品质和色、香、味,是为了防腐、保鲜和加工工艺的需要而加入食品的人工合成或者天然物质。我们要正确地认识食品添加剂,科学地对待食品添加剂。

由于出现苏丹红、三聚氰胺等非法添加剂,现在人们多少都有点添加剂

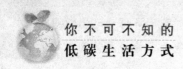

恐惧症,一听到添加剂就认为对人体是有害的。其实,如果没有食品添加剂,就不会有这多种类繁多、琳琅满目的食品,食物就不能被妥善地制作或保存。甚至可以说,没有食品添加剂,就没有现代化食品加工业,中国人将无法应对现在急剧增长的人口和食品需求。食品添加剂能够改善食品品质和色、香、味,是为了防腐、保鲜和加工工艺的需要而加入食品的人工合成或者天然物质。我们要正确地认识食品添加剂,科学地对待食品添加剂。

食品添加剂是用于改善食品品质、延长食品保存期、便于食品加工和增加食品营养成分的一类化学合成或天然物质。食品添加剂可以起到提高食品质量和营养价值,改善食品感观性质,防止食品腐败变质,延长食品保藏期,便于食品加工和提高原料利用率等作用。目前,我国有20多类、近1000种食品添加剂,如酸度调节剂、甜味剂、漂白剂、着色剂、乳化剂、增稠剂、防腐剂、营养强化剂等。可以说,所有的加工食品都含有食品添加剂。而且合理使用添加剂对人体健康以及食品都是有益无害的,在食品生产中只要按国家标准添加食品添加剂,消费者就可以放心食用。

1.食品添加剂的作用

合理使用食品添加剂可以防止食品腐败变质,保持或增强食品的营养,改善或丰富食物的色、香、味等。

2.使用食品添加剂的必要性

实际上,不使用防腐剂具有更大的危险性,这是因为变质的食物往往会引起食物中毒等疾病。另外,防腐剂除了能防止食品变质外,还可以杀灭曲霉素菌等产毒微生物,这无疑是有益于人体健康的。

3.食品添加剂的安全用量

对健康无任何毒性作用或不良影响的食品添加剂用量,用每千克每天摄入的质量(mg)来表示,即 mg/kg。

4.不使用有毒的添加剂

"吊白块"是甲醛次(亚)硫酸氢钠,也叫吊白粉,由锌粉与二氧化硫反应生成低亚硫酸等，再与甲醛作用后，在真空蒸发器浓缩，凝结成块而制得。"吊白块"呈白色块状或结晶性粉状，溶于水。常温时较稳定，在高温时可分解亚硫酸，有强还原性，因而具有漂白作用。在80℃以上就开始分解为有害物质。它可使人发热头疼，乏力，食欲减退等。一次性食用剂量达到10g就会有生命危险。"吊白块"主要用在印染工业中作为拔染剂和还原剂，它的漂白、防腐效果更明显。

我国批准的食物添加剂有哪些？

《食品添加剂使用卫生标准》规定了食品添加剂的使用原则、允许使用的食品添加剂品种、使用范围及最大使用量或残留量。该标准适用于所有的食品添加剂生产、经营和使用者。

下列情况下可使用食品添加剂：保持食品本身的营养价值；作为某些特殊膳食用食品的必要配料或成分；提高食品的质量和稳定性，改进其感官特性；便于食品的生产、加工、包装、运输或者贮藏。

食品添加剂的带入原则是：某种食品添加剂不是直接加入到食品中的，而是通过其他含有该种食品添加剂的食品原（配）料带入到食品中的。这种带入应符合以下几个原则：一是食品配料中允许使用该食品添加剂；二是食品配料中该添加剂的用量不应超过《食品添加剂使用卫生标准》允许的最大使用量；三是应在正常生产工艺条件下使用这些配料，并且食品中该添加剂的含量不应超过由配料而带入的水平；四是由配料带入到食品中的该添加剂的含量应明显低于直接将其添加到该食品中通常所需要的水平。分析该种添加剂是否属于带入原则时，应结合产品的配方综合分析。

判定一种物质是否属于非法添加物，可以参考以下原则：不属于传统上

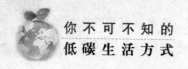

认为是食品原料的;不属于批准使用的新资源食品的;不属于卫生部公布的食药两用或作为普通食品管理物质的;未列入中国食品添加剂的和其他中国法律法规允许使用的物质。

常用的食品添加剂介绍:

防腐剂——常用的有苯甲酸钠、山梨酸钾、二氧化硫、乳酸等。用于果酱、蜜饯等的食品加工中。

抗氧化剂——与防腐剂类似,可以延长食品的保质期。常用的有维 C、异维 C 等。

着色剂——常用的合成色素有胭脂红、苋菜红、柠檬黄、靛蓝等。它可改变食品的外观,增强食欲。

增稠剂和稳定剂——可以改善或稳定冷饮食品的物理性状,使食品外观润滑细腻。它们使冰淇淋等冷冻食品长期保持柔软、疏松的组织结构。

营养强化剂——可增强和补充食品的某些营养成分,如矿物质和微量元素(维生素、氨基酸、无机盐等)。各种婴幼儿配方奶粉就含有各种营养强化剂。

膨松剂——部分糖果和巧克力中添加膨松剂,可促使糖体产生二氧化碳,从而起到膨松的作用。常用的膨松剂有碳酸氢钠、碳酸氢铵、复合膨松剂等。

甜味剂——常用的人工合成的甜味剂有糖精钠、甜蜜素等。目的是增加甜味感。

酸味剂——部分饮料、糖果等常采用酸味剂来调节和改善香味效果。常用柠檬酸、酒石酸、苹果酸、乳酸等。

增白剂——过氧化苯甲酰是面粉增白剂的主要成分。我国食品在面粉中允许添加最大剂量为 0.06g/kg。增白剂超标,会破坏面粉的营养,水解后产生的苯甲酸会对肝脏造成损害,过氧化苯甲酰在欧盟等发达国家已被禁止作为食品添加剂使用。

香料——香料有合成的,也有天然的,香型很多。消费者常吃的各种口味巧克力,生产过程中广泛使用各种香料,使其具有各种独特的风味。

表 1 食品中可能违法添加的非食用物质名单

序号	名称	可能添加的主要食品类别	可能的主要作用
1	吊白块	腐竹、粉丝、面粉、竹笋	增白、保鲜、增加口感、防腐
2	苏丹红	辣椒粉	着色
3	王金黄、块黄	腐皮	着色
4	蛋白精、三聚氰胺	乳及乳制品	虚高蛋白含量
5	硼酸与硼砂	腐竹、肉丸、凉粉、凉皮、面条、饺子皮	增筋
6	硫氰酸钠	乳及乳制品	保鲜
7	玫瑰红 B、罗丹明 B	调味品	着色
8	美术绿	茶叶	着色
9	碱性嫩黄	豆制品	着色
10	酸性橙	卤制熟食	着色
11	工业用甲醛	海参、鱿鱼等干水产品	改善外观和质地
12	工业用火碱	海参、鱿鱼等干水产品	改善外观和质地
13	一氧化碳	水产品	改善色泽
14	硫化钠	味精、臭豆腐	助剂
15	工业硫磺	白砂糖、辣椒、蜜饯、银耳	漂白、防腐
16	工业染料	小米、玉米粉、熟肉制品等	着色
17	罂粟壳	火锅	使人上瘾

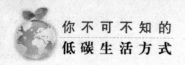

表2 食品加工过程中易滥用的食品添加剂品种名单

序号	食品类别	可能易滥用的添加剂品种或行为
1	渍菜(泡菜等)	着色剂(胭脂红、柠檬黄等)超量或超范围(诱惑红、日落黄等)使用
2	水果冻、蛋白冻类	着色剂、防腐剂的超量或超范围使用,酸度调节剂(己二酸等)的超量使用
3	腌菜	着色剂、防腐剂、甜味剂(糖精钠、甜蜜素等)超量或超范围使用
4	面点、月饼	馅中乳化剂的超量使用(蔗糖脂肪酸等酯),或超范围使用(乙酰化单甘脂肪酸酯等);防腐剂,违规使用着色剂超量或超范围使用甜味剂
5	面条、饺子皮	面粉处理剂超量
6	糕点	使用膨松剂过量(硫酸铝钾、硫酸铝铵等),造成铝的残留量超标准;超量使用水分保持剂磷酸盐类(磷酸钙、焦磷酸二氢二钠等);超量使用增稠剂(黄原胶、黄蜀葵胶等);超量使用甜味剂(糖精钠、甜蜜素等)
7	馒头	违法使用漂白剂硫磺熏蒸
8	油条	使用膨松剂(硫酸铝钾、硫酸铝铵)过量,造成铝的残留量超标准
9	肉制品和卤制熟食	使用护色剂(硝酸盐、亚硝酸盐),易出现超过使用量和成品中的残留量超过标准
10	小麦粉	违规使用二氧化钛,超量使用过氧化苯甲酰、硫酸铝钾

三聚氰胺是什么物质？

随着社会的发展，人们越来越重视食品的安全，而一场奶粉中的三聚氰胺事件，使得这种化学物进入人们的视野，那么三聚氰胺到底是什么？这一小节，我们就为你们解惑。

三聚氰胺是一种用途广泛的基本有机化工中间产品，最主要的用途是作为生产三聚氰胺甲醛树脂（MF）的原料。三聚氰胺还可以作阻燃剂、减水剂、甲醛清洁剂等。该树脂硬度比脲醛树脂高，不易燃，耐水、耐热、耐老化、耐电弧、耐化学腐蚀，有良好的绝缘性能，光泽度和机械强度，广泛运用于木材、塑料、涂料、造纸、纺织、皮革、电气、医药等行业。

三聚氰胺的主要用途有以下几方面：

1.装饰面板：可制成防火、抗震、耐热的层压板，色泽鲜艳、坚固耐热的装饰板，作飞机、船舶和家具的贴面板及防火、抗震、耐热的房屋装饰材料。

2.涂料：用丁醇、甲醇醚化后，作为高级热固性涂料、固体粉末涂料的胶联剂，可制作金属涂料和车辆、电器用高档氨基树脂装饰漆。

3.模塑粉：经混炼、造粒等工序可制成蜜胺塑料，无毒、抗污，潮湿时仍能保持良好的电气性能，可制成洁白、耐摔打的日用器皿、卫生洁具和仿瓷餐具，以及电器设备等的高级绝缘材料。

4.纸张：用乙醚醚化后可用作纸张处理剂，生产抗皱、抗缩、不腐烂的钞票和军用地图等高级纸。

5.三聚氰胺甲醛树酯与其他原料混配，还可以生产出织物整理剂、皮革鞣润剂、上光剂和抗水剂、橡胶粘合剂、助燃剂、高效水泥减水剂、钢材淡化剂等。

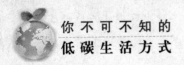

6.少量时可用于我们日常食用的点心中,如:桃酥。

7.农业:在农业中三聚氰胺是用来加在化肥中的。

8.食物添加剂:可以作为奶粉添加剂添加到奶粉中,以提高奶粉的含氮量。如三鹿奶粉。目前三聚氰胺被认为毒性轻微,大鼠口服的半数致死量大于3克/公斤体重。据1945年的一个实验报道:将大剂量的三聚氰胺饲喂给大鼠、兔和狗后没有观察到明显的中毒现象。动物长期摄入三聚氰胺会造成生殖、泌尿系统的损害,膀胱、肾部结石,并可进一步诱发膀胱癌。

厨房中会产生什么有害气体?

作为家庭主妇,每天都有几个小时在厨房里度过。这个时候,作为家庭主妇的你是否只想到给家人一顿美味晚餐?还是与此同时,你也在担心厨房油烟对你的身体所造成伤害?

工业废气、机动车尾气和餐饮业油烟,被视为造成大气污染的三大"杀手"。餐饮业在食品加工过程中产生的大量高浓度油烟,排放后长时间游离在城市上空,直接威胁着城市居民的健康。专家认为,高温状态下的油烟凝聚物具有强烈的致癌、致突变作用。由于绝大部分饭店、酒楼位于闹市区或居民区,其油烟排放给周围居民和环境带来严重影响,饮食业油烟污染扰民问题,已成为城市居民环保投诉的热点之一。

我国饮食文化讲究煎、炒、烹、炸,而这些烹调方式可产生大量油烟。油烟随空气侵入人体呼吸道,进而引起疾病,医学上称为油烟综合症。得了这种综合症的人常出现食欲减退、心烦、精神不振、嗜睡、疲乏无力等症状。虽然食量减少,体重却在不知不觉地增长,这也是为什么不少厨师体胖腰粗的奥秘之一。此外,油烟中含有一种称为苯并芘的致癌物,长期吸入这种有害物质可诱发肺脏组织癌变。据癌症专家观察，女性罹患肺癌的几率一直走高，甚至超过男性，厨房油烟罪责难逃。

近年来，随着人民生活水平的不断改善，厨房的环境也越来越清洁了，可是与此同时，厨房窗外的空气质量，尤其是餐饮街周围的空气质量却每况愈下。笔者从环保部门了解到，小型餐馆是油烟的主要制造者。即便采用高空排放也只是让油烟滞留在辖区上空，数量上并没有减少。此外，露天烧烤正成为影响城市居民环境质量和生活质量的另一个重要污染源。街头露天烧烤经营者制造出滚滚浓烟，"烤糊"了美丽的城市环境。

中国菜美味可口，但煎炒溜炸烤带来的油烟向来为人侧目。油烟污染问题应引起政府有关部门、物业管理者、建筑开发商、有关企业和单位以及广大市民的重视。如果发现自己居住的楼房利用窗口排烟的家庭比较多，在暂时无法解决的情况下，要注意在做饭时尽量不要开窗通风，无风的天气或者气压比较低的时候不要在密集的楼宇间活动，以躲开厨房油烟和其他有害物质的排放高峰时段。

在我们中国传统家庭，家庭主妇吸到的厨房油烟量比较多，相关流行病学研究也发现，妇女患肺癌与吸入厨房油烟有关。专家研究分析色拉油炒猪肉所产生的油烟萃取物，发现该物质产生的油烟中，主要致癌物都是 DNP（硝基多环芳香精），即肺癌致癌物。家庭主妇在厨房里准备一餐的时间所吸入的 DNP 是室外新鲜空气的 100 倍以上。

另一种有害气体就是一氧化碳。它主要来自于燃料未能充分燃烧及烹调产生的油烟。由于厨房燃料燃烧过程中使氮氧化物的生成量骤增，产生大量的有害物质，更增加了室内空气污染，人吸入以后会导致肺部病变，出现哮喘、气管炎、肺气肿等疾病，严重者可招致肺纤维化的恶果。美国一家癌症研究中心最近指出，中国妇女患肺癌比例高的主要原因是厨房中的环境污染所致。下面，我们介绍三招来减少厨房油烟。

第一招：改变烹饪习惯，不要使油温过热，油温不要超过 200℃（以油锅

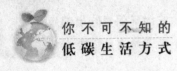

冒烟为极限），这样不仅能减少油烟，从营养学的角度上，下锅菜中的维生素也得到了有效保存。

第二招：最好不用反复烹炸的油，在选择食用油的时候，应购买质量有保证的产品，避免劣质食用油在加热过程中产生更多有害物质。

第三招：一定要做好厨房的通风换气，在烹饪过程中，要始终打开抽油烟机，如果厨房内没有抽油烟机也一定要开窗通风。

健康饮用水有什么标准？

健康饮用水是身体健康的保证，我们要遵循健康饮用水的标准，科学地饮水，同时也要注意有哪些水不能饮用，进而在日常生活中多加注意。

水是生命之源，健康饮用水更有利于人的身体健康，目前国际最新饮用水健康标准是：不含有害人体健康的物理性、化学性和生物性污染；含有适量有益于人体健康，呈离子状态的矿物质（钾、镁、钙等含量在 100mg/L）；水的分子团小，溶解力和渗透力强；应呈现弱碱性（PH 值为 8~9）；水中含有溶解氧（6mg/L 左右），含有碳酸根离子；可以迅速、有效地清除体内的酸性代谢产物和各种有害物质；水的硬度适度，介于 50~200mg/L（以碳酸钙计）。

到目前为止，只有弱碱性高能量活化水能够完全符合以上标准。因此它不仅适合健康人长期饮用，同时由于它具有明显的调节肠胃功能、调节血脂、抗氧化、抗疲劳和美容作用，也非常适合胃肠病、糖尿病、高血压、冠心病、肾脏病、肥胖、便秘和过敏性疾病等体质酸化患者辅助治疗。

除了遵循健康用水的标准外，我们也要注意到日常生活中有七种水不宜喝：

1.老化水：俗称"死水"，也就是长时间贮存不动的水。常喝这种水，对未

成年人来说,会使细胞新陈代谢明显减慢,影响身体生长发育;中老年人则会加速衰老;据医学家研究,食道癌、胃癌发病率增高,可能与长期饮用老化水有关。

2.千滚水:千滚水是没经过净化处理,含有杂质污染物在炉子上沸腾了一夜或很长时间的水,还有在电热水壶中反复煮沸的水。这种水因煮得过久,水中不挥发性物质,如钙、镁等重金属成分和亚硝酸盐含量很高。经常喝这种水,会影响胃肠功能,出现暂时腹泻、腹胀等;有毒的亚硝酸盐,会造成机体缺氧,严重者会昏迷惊厥,甚至死亡。

3.蒸馏水:目前市面上也有蒸馏水出售,但选择性不多。在包装上,也因为与一般矿泉水没有什么不同,所以很多人把它跟矿泉水混淆了。蒸馏水是经过人工净化的水,纯度达 99.9%,但是水中的矿物成分已微不足道,PH 值小于 7 显示为酸性。这种"纯水"在体内的作用,只是很单纯地担任运输的工作,只是将细胞组织所拒绝的东西带出体外,一般都是用在医学上。

4.生水:即自来水。虽然符合国家生活饮用水的标准。但是因为在输送过程中的二次污染避免不开,会使有些自来水含有各种有害细菌、病毒和人畜共患的寄生虫。喝后容易引起急性胃肠炎、病毒性肝炎、伤寒、痢疾及寄生虫感染等。

5.重新煮开的水:人习惯把热水瓶中的剩余温开水,重新煮沸再喝,目的是省水省煤气省电省时。但这种做法极不科学,因为水煮了又煮,使水分再次蒸发,亚硝酸盐会升高,常喝这种水,亚硝酸盐会在体内积聚,引起中毒。

6.纯净水:清洁了,但无功能,也不是健康水。纯净水是以自来水或江、河、湖泊的水为水源,通过离子交换、电渗析、逆渗透、蒸馏等方法加工而成。经处理,水中的细菌等污染物被除去,同时也除去了钾、钙、镁、铁、锶、锌等人体必需的矿物质,不利于人体营养均衡。许多欧洲国家都规定纯净水不能直接作为饮用水。中国消费者协会也正式发布消费警示,青少年儿童和老年人不宜长期喝纯净水。长期饮用纯净水容易造成肾衰竭。另外,纯净水分

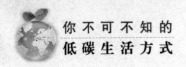

子团大,大部分进不了细胞膜,只有少数进入细胞膜,但纯净水 PH 值低,H+
进入细胞核,局部或整体的 DNA 从螺旋结构变成松散结构。

7.碳酸饮料:科学家发现碳酸饮料如可口可乐、百事可乐、汽水会对人
体的代谢机能和 DNA 的自我修复功能产生破坏性的影响,经常饮用将不可
避免地发生有害的基因变异,产生对身体和精神非常有害的作用并且遗传
给后代。

如果水摄入量超过肾脏排出的能力,可引起体内水过多或引起水中毒。
多见于疾病,正常人极少见水中毒。水中毒时,可因脑细胞肿胀、脑组织水
肿、颅内压增高而引起头痛、恶心、呕吐、记忆力减退,更甚者可发生渐进性
精神迟钝,恍惚、昏迷、惊厥等,严重者可引起死亡。

哪些果蔬含天然毒素?

很多人盲目地认为新鲜的果蔬一切都好,吃了有利于人的身体健康,事
实上,有些新鲜的果蔬本身就含有天然的毒素,吃了不仅不利于人的身体健
康,还会引起食物中毒。

新鲜的果蔬深受人们的青睐,但有些蔬菜和水果本身含有天然毒素,我
们应小心食用。下面我们介绍一些含天然毒素的食物。

1.豆类,如四季豆、红腰豆、白腰豆等

毒素:植物血球凝集素

病发时间:进食后 1~3 小时内。

症状:恶心呕吐、腹泻等。

红腰豆所含的植物血球凝集素会刺激消化道黏膜,并破坏消化道细胞,
降低其吸收养分的能力。如果毒素进入血液,还会破坏红血球及其凝血作

用,导致过敏反应。研究发现,煮至80℃未全熟的豆类毒素反而更高,因此必须煮熟煮透后再吃。

2.竹笋

毒素:生氰葡萄糖苷

病发时间:可在数分钟内出现。

症状:喉道收紧、恶心、呕吐、头痛等,严重者甚至死亡。

食用时应将竹笋切成薄片,彻底煮熟。

3.苹果、杏、梨、樱桃、桃、梅子等水果的种子及果核

毒素:生氰葡萄糖苷

病发时间:可在数分钟内出现。

症状:与竹笋相同。

此类水果的果肉都没有毒性,果核或种子却含有毒素,儿童最易受影响,吞下后可能中毒,给他们食用时最好去核。

4.鲜金针

毒素:秋水仙碱

病发时间:一小时内出现。

症状:肠胃不适、腹痛、呕吐、腹泻等。

秋水仙碱可破坏细胞核及细胞分裂的能力,令细胞死亡。经过食品厂加工处理的金针或干金针都无毒,如以新鲜金针入菜,则要彻底煮熟。

5.青色、发芽、腐烂的马铃薯

毒素:茄碱

病发时间:一小时内出现。

症状:口腔有灼热感、胃痛、恶心、呕吐。

马铃薯发芽或腐烂时,茄碱含量会大大增加,带苦味,而大部分毒素正存在于青色的部分以及薯皮和薯皮下。茄碱进入体内,会干扰神经细胞之间的传递,并刺激肠胃道黏膜、引发肠胃出血。

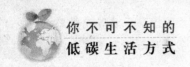

怎么样识别受污染的鱼？

　　江河、湖泊由于受工业废水排放的影响,致使鱼类遭受污染而死亡,这些受污染的鱼也常进入市场出售。如果食用了污染鱼,会危害我们的身体健康,因此我们要学会鉴别哪些是污染鱼,在购买时做到心中有数。

　　随着人类科学技术和生产的发展,尤其是农药和化肥的广泛应用、众多的工业废气、废水和废渣的排放,一些有毒物质,如汞、酚、氰化物、有机氯、有机磷、硫化物、氮化物、氟化物、砷化物和对硝基苯等,混杂在土壤里、空气中,源源不断地注入鱼塘、河流或湖泊,甚至直接进入水系,造成大面积的水质污染,致使鱼类受到危害。被污染的鱼,轻则带有臭味,发育畸形,重则死亡。

　　人们误食受到污染的鱼,有毒物质便会转移至人体,在人体中逐渐积累,引起疾病。如有机农药会导致儿童发育迟缓,智能低下,易患侏儒症;重金属盐类可致关节疼痛和癌症。有些物质毒性较强,对人类健康危害更大。吃了被污染的鱼,人体可能慢性中毒、急性中毒,甚至诱发多种疾病,可致畸、致癌。如果发现中毒症状,应及时去医院诊治。

　　鱼体受到污染后的重要特征是畸形,因钓鱼者对各种鱼的体形十分熟悉,只要细心观察,不难识别。污染鱼往往躯体变短变高,背鳍基部后部隆起,臀鳍起点基部突出,从臀鳍起点到背鳍基部的垂直距离增大;背鳍偏短,鳍条严密,腹鳍细长;胸鳍一般超过腹鳍基部;臀鳍基部上方的鳞片排列紧密,有不规则的错乱;鱼体侧线在体后部呈不规则的弯曲,严重畸形者,鱼体后部表现凸凹不平,臀鳍起点后方的侧线消失。另一重要特征是,污染鱼大多鳍条松脆,一碰即断,最易识别。受到污染的鱼除了体形发生变化之外,还可以从鱼的一些外部特征上表现出来，我们需要从这些外部特征上来辨别哪些是受污染的鱼。

1.含酚的鱼：鱼眼突出，体色蜡黄，鳞片无光泽，掰开鳃盖，可嗅到明显的煤油气味。烹调时，即使用很重的调味品盖压，仍然刺鼻难闻，尝之麻口，使人作呕。被酚所污染的鱼品，不可食用。

2.含苯的鱼：鱼体无光泽，鱼眼突出，掀开鳃盖，有一股浓烈的"六六六"粉气味。煮熟后仍然刺鼻，尝之涩口。含苯的鱼，其毒性较含酚的更大，严禁食用。

3.含汞的鱼：鱼眼一般不突出。鱼体灰白，毫无光泽。肌肉紧缩，按之发硬。掀开鳃盖，嗅不到异味。经过高温加热，可使汞挥发一部或大部，但鱼体内残留的汞毒素仍然不少，不宜食用。

4.含磷、氯的鱼：鱼眼突出，鳞片松开，可见鱼体肿胀，掀开鳃盖，能嗅到一股辛辣气味，鳃丝满布粘液性血水，以手按之，有带血的脓液喷出，烹调后，入口有麻木感觉。被磷、氯所污染的鱼品，应该忌食。

怎样挑选无污染的肉类？

肉是我们日常生活中必需的食物，选择对人体有营养又健康的无污染的肉类食物显得尤为重要，这一小节我们就介绍了哪些肉类受到污染以及怎样挑选无污染的肉类。

食品光鲜外表的背后，隐晦的触目惊心又何其多？肉类食品中添加的瘦肉精、生化饲料和注水肉、未经检疫的病死畜禽肉、含寄生虫的病体肉；熟肉制品中添加亚硝酸盐(致癌)、发色剂、染色剂(如苏丹红)。正因为这样，选择无污染的肉类就显得尤为重要。

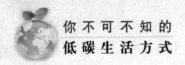
　　注水肉的危害，一是会降低肉的品质，因为不洁净的水进入动物的肌体后，会引起机体细胞膨胀性的破裂，导致蛋白质流失过多，肉质中的生化内环境及酶生化系统遭受到不同程度的破坏，使肉的尸僵成熟过程延缓，从而降低了肉的品质；二是注水后，易造成病原微生物的污染。肉面水质含病原微生物，加上操作过程中缺乏消毒手段，因此，易造成病菌病毒的污染。这样不仅使肉的营养成分受到破坏，而且还将产生大量细菌毒素等物质。所以注水的畜禽肉不仅影响原有的口味和营养价值，同时也加速了肉品变质腐败的速度，从而给人们的健康造成严重的危害。这就需要我们学会识别注水猪肉。识别注水猪肉可以从远观、近瞧、手摸、刀试等方面进行。

　　远观：因注过水的生肉会逐渐向外渗水，故商贩在经营过程中会经常用抹布擦拭，消费者在买肉前不妨先站在远处观察一番，或用一小块吸水力强的卫生纸在肉上按一按，如果卫生纸马上变湿则可判定为注水肉。

　　近瞧：凡注过水的肉多呈鲜红色，且由于经水稀释的原因又发白、发亮，表面光滑无褶。而未经注水的肉则呈暗红色，表面有皱纹。

　　手摸：注水肉因充满水，所以摸起来弹性较差，有硬邦邦的感觉，没有粘性，而没有注水的则相反，有一定的弹性，且发粘。

　　刀试：这一招对于常买心、肺的消费者来说非常实用，因心脏和肺部是直接注水和存水的部位，所以在购买时只须用刀轻轻剖开，便可根据其干湿情况判定是否被注水。

　　畜禽胴体内，由于注入不洁的水质而引起严重污染，对于出现有明显异色异味的肉类一律不准食用，用作工业处理，注入少量水，且肉的品质正常、无异色异味的肉品，可作高温处理后食用。由于注水肉中注入大量水分，所以注水肉不易冷藏储存，否则极易变质，所以应尽快进行处理。

　　从超市买回的猪肉，有的会在黑暗中会发光，食用到底对人体有没有害？经食品安全的相关专家，经过为期10天的检测表明，猪肉发光是由于猪肉表面被发光菌污染所致，专家建议尽量少吃。

　　但是吃"瘦猪肉"在挑选时，仍然会存在一个隐患。瘦肉精，是一种平喘药。该药物既不是兽药，也不是饲料添加剂，而是肾上腺类神经兴奋剂。瘦肉精是一种 β_2-受体激动剂，20 世纪 80 年代初，美国一家公司开始将其添加到饲料中，增加瘦肉率，但如果作为饲料添加剂，使用剂量是人用药剂量的 10 倍以上，才能达到提高瘦肉率的效果。它用量大、使用的时间长、代谢慢，所以在屠宰前到上市，在猪体内的残留量都很大。这个残留量通过食物进入人体，就使人体渐渐地中毒，积蓄中毒。如果一次摄入量过大，就会产生异常生理反应的中毒现象。国内养猪户不顾农业部的规定，为了使猪肉不长肥膘，在饲料中掺入瘦肉精。猪食用后在代谢过程中促进蛋白质合成，加速脂肪的转化和分解，提高了猪肉的瘦肉率，因此称为瘦肉精。

　　部分养猪户为了提高猪的瘦肉比例，而给猪的饲料中加了这种添加剂。瘦肉精在猪体内主要蓄积在猪肉和猪内脏中。国家明令禁止在饲料中添加瘦肉精。含瘦肉精的猪肉颜色特别鲜红，肥肉和瘦肉有明显的分离，脊柱两侧肉略有凹陷，瘦肉纤维比较疏松。

　　亚硝酸盐在胃部会转化为致癌物质亚硝胺，因此提高了罹患胃癌的机率。国外研究发现，鲜肉反复冷冻会产生一种对人体健康不利的致癌物质。冰点以下的低温，可迅速将鲜肉的细胞膜和原生物质中的水分冻结成固体冰晶，使肉质不变，营养成分不失，起到保鲜作用。但一经升温化解，鲜肉水分大量外溢失散。若再次冷冻则很少有水参与，只有细胞中原生质起到支撑作用。若又再次化解和冷冻，则只是肉质中的纤维质和脂肪起冰冻的作用，肉中许多营养成分丧失，食之口感降低，甚至产生致癌物质。

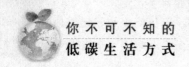

怎样挑选无污染的蔬果?

新鲜的蔬果看起来很诱人,但在这诱人的背后可能就隐藏着健康的隐患,因此,我们要学会辨认那些外在光鲜而内在含有污染的蔬果。

新鲜的蔬果深受人们的青睐,但现在的很多蔬果由于种植过程中使用农药、化肥,或者是为了保持新鲜而使用化学剂,使得蔬果中含有很多污染,因此我们在购买蔬果时要注意选择,千万不要被蔬果的外在所迷惑。

1.有黑点的大白菜:现在的很多大白菜的外层菜叶看似很好,但里面的叶子上有些小黑点,据称这些是农药的沉淀物,会对人体有害、易致癌。

2.大叶的菠菜、韭菜:其叶子大而厚,被化肥催化所致。

3.漂亮的青菜:菜农为使青菜碧绿、漂亮,在出售前的几天里多加农药,保持其光彩的外表;也有用洗衣粉类,帮青菜漂白,致使菜叶表面附有大量碱性物质。

4.经过硫磺"美容"的冬笋:硫磺洒一点,薄膜闷一会儿,可以使变得蜡黄的冬笋显得更加"鲜嫩"。不少冬笋摊主为了赚钱,昧着良心做出来这些有毒有害食品。这些在塑料薄膜下闷过的冬笋,取出外表蜡黄,粗看和刚进的新鲜冬笋没多大差别,区别在于,硫磺熏过的冬笋,笋壳一般会张开翘起,还有一股硫磺气味;新鲜笋壳包得很紧。

5.无根豆芽:在不少菜市场里,没有根须、肥胖白净的豆芽占据着大部分市场。然而,这些"无根豆芽"很有可能是经过化学药品浸泡而成的有毒豆芽。这些豆芽在生产过程中除大量使用无根剂、防腐剂、增粗剂(粉)等化学原料外,还用了漂白粉、保鲜粉等有毒化工原料。如果长期食用危及健康,并且可能导致消费者身体细胞癌变。

6.有色素的裙带菜:不少超市中有售过绿的裙带菜,其颜色过绿,含有过量的色素。

7.硫磺毒生姜:生姜用硫磺熏烤过后外表微黄,显得非常白嫩,看上去很好看,而且皮已经脱落掉,手感水灵灵的,很舒服。但工业用的硫磺含有铅、硫、砷等有毒物质,在熏制过程中附在生姜中,食用后会对人体呼吸道产生危害。严重的甚至会直接侵害肝脏、肾脏。

8."人工扮靓"的食用菌:不少木耳、银耳、猴头菇被"涂脂抹粉",通过化学熏蒸、浸泡,使用食品添加剂,使其长久保鲜;采用食用胶和色素烧煮后烘烤黑木耳,使其外观更加滋润,色泽更黑,也增加重量。

9.涂了"胭脂口红"的番茄:现在市面上有些番茄颜色格外鲜红,但吃起来口感有点怪,番茄内没有籽粒,这是由于番茄用激素做了催熟处理。食用过多激素催熟蔬果会令孩子发育受影响。

偶尔试试自己种菜

自己种菜,所有流程都是经过自己的手,这样或多或少地可以避免蔬菜栽培过程中的污染以及蔬菜产品后期流程的污染。

大致来说,造成蔬菜食品污染的来源主要有蔬菜生长环境的污染,栽培过程的污染,蔬菜产品后期流程的污染等。

1.蔬菜生长环境的污染

蔬菜生产环境的污染包括大气污染、水体污染和土壤污染。水体和土壤污染主要来源于工业"三废"和城市"三废"。水体污染种类很多,包括重金属、农药、有毒有机物质以及其他有毒元素、病原菌和有毒合成物质等,另外,土壤中残留的农药、肥料中的有害成分,亦会通过地表径流和地下水造

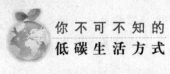

成水体污染。

2.栽培过程的污染

栽培过程中的污染是指在蔬菜栽培的过程中,由于使用农药、化肥等生产资料不当和生产操作规程执行过程中的失误导致的污染。

3.蔬菜产品后期流程的污染

蔬菜在运输与贮藏保鲜过程中常会引起腐败、发酵和霉变,其原因主要是受细菌、酵母菌和霉菌等微生物污染的结果。在蔬菜食品的加工、生产过程中未严格按照食品添加剂使用卫生标准和卫生管理办法使用食品添加剂,也会造成食品添加剂对蔬菜加工产品的污染。

但是,自己种菜,所有流程都是经过自己的手,这样或多或少地可以避免这些污染。我们施肥会尽量选用天然的肥料,水也会用清洁的自来水灌溉,由于是在我们住所的周围或者承包的农民的地上耕种,选用的地皮会考虑远离工业用地或者不受工业污染的用地。因蔬菜的种类不同,对肥料的要求也不同,作为自己种菜的"城市菜农"来说,了解了这些差异,可以更好地指导我们种出可口的蔬菜。

按照蔬菜品种特性施肥。不同的蔬菜品种对不同养分的需求不同,例如叶菜类对氮的需求相对多些,茄果类对钾的需求相对多些。在安排施肥时,含氮比例高、肥效较快的有机肥料应优先安排给叶菜类,而含钾较丰富的有机肥料应优先安排给生长后期仍对钾需求较多的茄果类。作物在不同生长时期的需肥特性也有不同,如苗期为培育壮苗,苗床应施用含磷高的肥料;基肥一般施用养分全面、肥效稳定的肥料,但对生育期短的品种而言,还应加一些速效性的肥料;进入旺盛生长阶段,一般施用速效肥料,但也应有所区别,有的施用含氮高的肥料即可,有的还需要补充一定的钾养分。茬口也有影响,前茬残肥多的,后茬可以适当少施肥料;同时,根据前茬残肥中养分的不同,对后茬施用肥料品种适当调整。

不同有机肥以搭配施用较好,如西甜瓜施肥,基肥可以施用混合厩肥、饼肥、禽粪、草木灰,团棵期可以少量使用羊圈粪、兔窝粪或浇施沼液,膨瓜后施肥类同于团棵期,但用量可以多些,并视具体情况可以泼浇人粪尿,也可以再施用些草木灰。菠菜等叶菜类施肥,基肥可以施用混合厩肥、禽粪、人粪尿,中期可以泼浇人粪尿、沼液。茄果、瓜类蔬菜,基肥可以施用混合厩肥、饼肥、禽粪、草木灰,苗期可以适当施用沼液,盛果期用草木灰、人粪尿分别对水施用。蔬菜施用微肥的针对性:萝卜、甘蓝、苜蓿对硼需要量较大;白菜、番茄、花椰菜等对钼需要量较大;莴笋、洋葱、菠菜、胡萝卜等对铁较为敏感,需求量大;马铃薯、山芋等对锰较为敏感。蔬菜施用微肥也有技巧,主要有以下几个方面:

1.种子处理:①浸种。将种子浸入微量元素溶液中使其吸收。施用方法为:硼肥,0.5%硼砂溶液浸种 4~6 小时;钼肥,0.05%~0.1%钼酸铵溶液浸种 10~12 小时。②拌种。用少量水将微肥溶解,配制成较高浓度的溶液,喷在种子上,边喷边搅拌,使种子粘有一层微肥溶液,阴干后播种。拌种用量:每公斤种子用钼酸铵 2~6 克,硫酸锌、硫酸铜为 4~6 克。

2.土壤基施:严重缺微量元素土壤微肥要作基肥使用。每亩用量是:硼肥 1 斤,硫酸锌 1~2 斤,硫酸锰 1~3 公斤,硫酸铜 2 公斤。施用方法是:在播种或移栽前,将微肥与有机肥混合均匀,结合耕地翻入土壤中。土壤基施有一定后效,不需年年施用,可 2~4 年施用一次。

3.叶面喷施:喷施浓度为:硼砂或者硼酸 0.2%;钼酸铵 0.02%~0.05%;硫酸锌 0.05%~0.2%;硫酸锰 0.05%~0.1%;硫酸铜 0.01%~0.02%。喷施用量:每亩用肥液 40~60 公斤,因作物的大小而定,以茎叶沾湿为好。喷施时间应在无风的阴天或晴天下午至黄昏进行,以延长溶液在叶片上的湿润时间,提高肥料利用率。次数:根据蔬菜生育期的长短喷施 2~4 次,并注意与种子处理或基肥施用相结合。

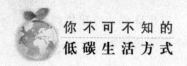

垃圾如何分类回收?

如果全国城市垃圾中的废纸和玻璃有 20% 加以回收利用,那么每年可节约 270 万吨标准煤,相应减排二氧化碳 690 万吨。做好垃圾分类回收,就能减排一些二氧化碳。

一般情况下,生活中的可回收资源主要有废纸、塑料、玻璃、金属和织物。其中废纸主要包括报纸、书本纸、包装用纸、办公用纸、广告用纸、纸盒等;但是要注意,纸巾和厕所纸由于水溶性太强不可回收(我们都知道废纸是可以卖钱的,经常还有人到我们小区里叫着收废纸呢)。塑料包括各种塑料袋、塑料泡沫、塑料包装、一次性塑料餐盒餐具、硬塑料等(我们生活中用的很多塑料制品其实就是废弃塑料重新加工而成的)。玻璃主要包括玻璃瓶和碎玻璃片、镜子、灯泡、暖瓶等(生活中像酒类的瓶子很大部分就是回收重利用的)。金属主要包括易拉罐、铁皮罐头盒等。织物主要包括旧纺织衣物和纺织制品、废弃衣服、桌布、洗脸巾、书包等。

可回收的主要加工处理、回收利用的方法有:

1.垃圾再生法:垃圾经分类后,对其中可直接利用的物质进行再回用。如:废弃的玻璃、塑料、金属、纸张书报、木材废布、废油等。

2.垃圾焚烧发电法:这是世界各国普遍采用的方法,既能彻底消毒除害,又使垃圾变成了能源。

3.垃圾堆肥法:依据传统的农业积肥原理,利用有机垃圾和土壤中的微生物将垃圾转化为有机肥料,用于改良土壤。

4.垃圾生物降解法:运用具有多功能高降解能力的多种菌群,对垃圾中的有机物和无机物加快分解,使其变废为宝、物尽其用。按菌种不同,又分为厌氧降解和氧化降解两种。

不可回收垃圾指除可回收垃圾之外的垃圾，常见的有在自然条件下易分解的垃圾，如果皮、菜皮、剩菜剩饭等。还有一种是有害垃圾，如废电池、废荧光灯管、水银温度计、废油漆、过期药品、烟头、煤渣、建筑垃圾、油漆颜料、食品残留物等，还包括废弃后没有多大利用价值的物品。

禁食野生动物和"低碳"也有关系吗？

吃食野生动物的人大多固执地认为，野生动物对人体具有独特的滋补和食疗作用。但科学研究证明，野生动物的营养元素不仅与家畜家禽并没有区别，相反，食用野生动物更容易感染病毒。

灵长类动物、啮齿类动物、兔形目动物、有蹄类动物、鸟类等多种野生动物与人的共患性疾病有100多种，如炭疽、B病毒、狂犬病、结核、鼠疫、甲肝等。人若患上炭疽，身上将出现脓疱、水肿和痈，病毒还会侵入肺或胃肠。我国主要猴类猕猴有10%~60%携带B病毒。它把人挠一下，甚至咬上一口，都可能使人感染此类病毒，而生吃猴脑者感染的可能性更大。人一旦染上B病毒，眼、口处溃烂，流黄脓，严重的几天就没命。现在饭店经营的野生动物大都没有经过卫生检疫就端上餐桌，食客们在大饱口福时，很可能被感染上类似疾病。

在众多野味中，人们吃蛇最多。蛇的患病率很高，诸如癌症、肝炎等；有的蛇皮肉之间寄生虫成团，拿手一捋能感觉到疙疙瘩瘩的。这些寄生虫"蒸不熟煮不烂"，很容易寄生在人体内。

医院里不断有食用野生动物致病的报告。某医院曾抢救了十几例吃蝗虫、甲壳虫等食物过敏的病人。医生们说，由于病体罕见，人吃野生动物染病

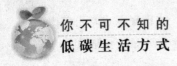

后,诊断不清,难以治疗,有的会稀里糊涂丢了命。

专家的研究证实,由于环境污染,许多野生动物深受其害。有些有毒物质通过食物链的作用而在野生动物身上累积增加,人食用这种野生动物无疑会对自身健康形成危害。另外,许多动物体内存在着内源性毒性物质,不经检验盲目食用也会对人的健康和生命造成危害。

更为可怕的是,由于近年来对猎枪的管理日趋严格,布饵毒杀成了偷猎者的主要手段,毒饵多为国家禁用的含磷剧毒农药制成。偷猎者将被毒杀的野生动物卖给餐馆牟利,人们食用这种野生动物后可能有性命之虞。

"喝生活",要用白开水代替饮料

汽水、可乐等饮料中,含有较多糖精及电解质,这些物质对胃会产生不良刺激,影响消化和食欲。大量饮用,还会增加肾脏过滤负担,影响肾功能。而且过多摄入糖分会增加人体热量,使人肥胖。基于此,喝白开水的选择远优于喝饮料。

大部分人都不爱白开水的平淡无味,相比之下,汽水、可乐等碳酸饮料或咖啡等饮品理所当然地成为了白开水的最佳替代品。但是,这些饮料中所含的咖啡因,往往会导致血压上升,而血压过高,就是伤肾的重要因素之一。因此我们要尽量避免过多地喝饮料,以白开水取而代之,保持每天饮用 8 大杯白水以促进体内毒素及时排出。

碳酸饮料的口味儿多样,但里面的主要成分都是二氧化碳,所以你喝起来才会觉得很爽、很刺激。有人说,碳酸饮料含二氧化碳,可能对人体不太好。事实上,足量的二氧化碳在饮料中能起到杀菌、抑菌的作用,还能通过蒸发带走体内热量,起到降温作用。不过,如果碳酸饮料喝得太多对肠胃是没有好处的,而且还会影响消化。因为大量的二氧化碳在抑制饮料中细菌的同时,对人体内的有益菌也会产生抑制作用,所以消化系统就会受到破坏。特别是年轻人,喜欢喝汽水、喜欢汽儿带来的刺激,但一下喝太多,释放出的二氧化碳很容易引起腹胀,影响食欲,甚至造成肠胃功能紊乱。

除了含有让人清爽、刺激的二氧化碳汽儿,碳酸饮料的甜香也是吸引人们饮用的重要原因,这种浓浓的甜味儿来自甜味剂,也就是饮料含糖量太多。饮料中过多的糖分被人体吸收,就会产生大量热量,长期饮用非常容易引起肥胖。最重要的是,它会给肾脏带来很大的负担,这也是引起糖尿病的隐患之一。所以本身就患有糖尿病的人,尽量不要饮用。这种糖分对孩子们的牙齿发育很不利,特别容易被腐损。有调查显示,12 岁的孩子,齿质腐损的几率会增加 59%,而 14 岁孩子齿质腐损的几率会增加 220%。

也许有人会因此而选择无糖型的碳酸饮料,但尽管喝这种碳酸饮料减少了糖分的摄入,但这些饮料的酸性仍然很强,同样可能导致齿质腐损。如果你仔细注意一下碳酸饮料的成分,尤其是可乐,不难发现,大部分都含有磷酸。通常人们都不会在意,但这种磷酸却会潜移默化地影响你的骨骼,常喝碳酸饮料骨骼健康就会受到威胁。

现代社会生活节奏加快,出门携带一瓶饮料补充水分的确很便利。不过,营养专家特别指出,大家都知道饮料里多多少少含有防腐剂和色素,防腐剂对肝肾还可能造成一定影响。白开水中的浓度远远低于饮料,人在口渴的时候,要及时地补充水分,如果喝饮料,细胞内的浓度可能低于饮料浓度,使细胞处于失水状态,会更渴。而喝水时,水的浓度要远远低于细胞中的浓度,故喝水要比喝饮料好。由于大多数饮料含糖,白开水的张力和渗透力远低于各种饮料,所以喝了白开水解渴,喝了饮料反而不解渴。正常人每天要饮 1200 毫升水,一次补水量在 200 毫升左右,饭前补水最多 50 毫升。

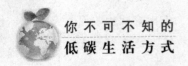

你不可不知的
低碳生活方式

外出就餐时的低碳细节

全国减少 30% 的一次性筷子使用量每年就可减少二氧化碳排放约 31 万吨……只要我们在外出就餐时多注意一点点，少用一双一次性筷子，我们就为环保作出了一份贡献。

很多人认为一次性筷子比餐馆提供的普通筷子更卫生，因为普通筷子可能没有被完全洗干净。于是，在过去的 30 多年里，一次性筷子成了不少人生活中不可或缺的东西。

其实，一些经过低劣加工的一次性筷子，由于残留着用来"美白"的二氧化硫，其危害远远大于消过毒的非一次性餐具。与每餐清洗消毒、不需要众多生产基地和繁琐运送过程的多用性筷子相比，一次性筷子既不卫生也不方便。

据了解，目前中国每年大约要生产 630 亿双一次性筷子，相当于需要消耗 232 万多立方米的木材。这对于森林覆盖面积并不充裕的我国来说，无疑是一个沉重的负担。

据《全民节能减排手册》计算，少生产 1 个塑料袋可以节约 0.04 克标准煤，减少排放 0.1 克二氧化碳；如果每天全国都少用 10% 的塑料袋，就可以节约 1.2 万吨标准煤，减排二氧化碳 3.1 万吨。另据统计，如果全国减少 30% 的一次性筷子使用量，那么每年可相当于减少二氧化碳排放约 31 万吨。

如今，随身携带自己的筷子正成为时尚人士的一种生活方式。而且，把这种环保理念付诸实践一点也不困难。约好你的朋友，一起带着自备筷子上班。就餐之后，向服务员要一杯热水，把筷子放在里面清洗一下，然后再放进一个随身携带的布袋里就可以了。

国际上已有设计师开发出一种可循环使用的不锈钢材质的折叠筷子，可将它放在衣服口袋里，携带非常方便，也许不久的将来你也能拥有一把新潮的环保筷子。

打包剩饭剩菜，省钱又环保

剩饭剩菜不打包，吃肉比吃素多，常使用一次性筷子和塑料袋……也许你不知道，日常生活中的这些饮食习惯正在影响着二氧化碳的排放量。

到饭店就餐，剩菜、剩饭可以"打包"，酒水可以带走或存放在饭店，以备下次再用。然而，很多人在饭店就餐后并没有这一自觉性，而是任剩饭剩菜白白浪费掉，甚至一些饭菜丝毫未动。

多年从事餐饮行业的李先生曾这样说过，顾客去饭店吃饭，剩菜剩饭很普遍。以他们饭店为例，夏季平均每天接待客人 150 人左右，产生的剩菜剩饭等泔水就有 300 公斤。如果遇上商务宴请、求人办事、单位聚餐、举办婚宴等情况，浪费现象更严重。

我国科技部发布的《全民节能减排手册》指出，少浪费 0.5 千克粮食（以水稻为例），可节能约 0.18 千克标准煤，相应减排二氧化碳 0.47 千克；如果全国平均每人每年少浪费粮食 0.5 千克，每年可节能约 24.1 万吨标准煤，减排二氧化碳 61.2 万吨。每人每年少浪费 0.5 千克可节能约 0.28 千克标准煤，相应减排二氧化碳 0.7 千克。如果全国平均每人每年减少猪肉浪费 0.5 千克，每年可节能约 35.3 万吨标准煤，减排二氧化碳 91.1 万吨。

为了减少空气中二氧化碳的排放量，保护我们生存的环境，我们可以把剩饭剩菜打包起来，经过巧妙地科学处理再食用。处理剩菜剩饭也要遵循健康的理念，因为不同食物中各种营养元素不一样，分开储存可以避免"交叉感

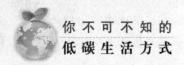

染"。另外,食物需要在凉透后再放入冰箱,否则,热的食物突然进入低温环境中容易变质,而且食物带入的热气会凝结,加速霉菌生长,导致食物霉变。

剩菜虽然能吃,但是也不能隔很长时间才吃,通常早上剩的菜中午吃,中午剩的菜晚上吃,最好能在 5~6 个小时内吃完,在一般情况下,经过 100 度的高温加热,几分钟内是可以杀灭部分致病菌的,但是,如果食物存放的时间过长,食物中的细菌就会释放出化学性毒素,单纯加热对这些毒素就无能为力了。

鱼肉要加热 4~5 分钟,因为鱼肉属于高蛋白食物,其中的细菌很容易繁殖,大肠杆菌在 20 度左右的温度里,每 8 分钟就可以繁殖到前面的两倍,在五六个小时之内一个细菌就会变成一亿个,这个数目相信不仅让你想起来就不舒服,还会让你的肠胃不舒服。

肉类食物再加热时,最好加上一些醋,因为这类食物含有比较丰富的矿物质,这些矿物质加热后会随着水分一同溢出。在加热时加上一点醋,不仅提高了它的营养,还有利于身体的吸收和利用。

海鲜类食物在加热时最好加一些酒、蒜、葱、姜等,这样,不仅可以提鲜,还具有一定的杀菌作用,防止引起肠胃不适。比如姜、蒜都具有杀菌的功效,特别是对鱼、虾、蟹之类杀菌效果较好。

吸烟对人体与环境有什么危害?

烟草危害是当今世界最严重的公共卫生问题之一。目前全球共有 11 亿吸烟者,烟草每年造成的死亡人数估计为 1000 万,每 10 秒就有一人死于"香烟"危害。如何减轻吸烟危害,关系着烟民的自身健康及社会环境的可持续健康发展。

　　众所周知,吸烟有害于健康。吸烟者常见的疾病是肺癌、支气管炎、肺气肿、肺心病、缺血性心脏病和其他血管疾病、胃和十二指肠溃疡。吸烟者的死亡率高于不吸烟者。肺癌死亡人数的90%为吸烟者,吸烟量越多,肺癌死亡率越高。胃和十二指肠溃疡患病率,吸烟者为不吸烟者的两倍。吸烟的害处很多,它不但吞噬吸咽者的健康和生命,还会污染空气,危害他人。

　　1.肺部疾病:香烟燃烧时释放38种有毒化学物质,其中有害成分主要有焦油、一氧化碳、尼古丁、二恶英和刺激性烟雾等。焦油对口腔、喉部、气管、肺部均有损害。烟草烟雾中的焦油沉积在肺部绒毛上,破坏了绒毛的功能,使痰增加,使支气管发生慢性病变,气管炎、肺气肿、肺心病、肺癌便会产生。据统计,吸咽的人60岁以后患肺部疾病的比例为74%,而不吸烟的人60岁以后患肺部疾病的比例仅为4%,这是一个多么触目惊心的数字。

　　2.心血管疾病:香烟中的一氧化碳使血液中的氧气含量减少,造成相关的高血压等疾病。吸烟使冠状动脉血管收缩,使供血量减少或阻塞,造成心肌梗塞。吸烟可导致肾上腺素增加,引起心跳加快,心脏负荷加重,影响血液循环从而导致心脑血管疾病、糖尿病、猝死综合症,呼吸功能下降、中风等共20多种疾病。

　　3.吸烟致癌:研究发现,吸烟是产生自由基最快最多的方式,每吸一口烟至少会产生10万个自由基,从而导致癌症和许多慢性病。最近,英国牛津提德克里夫医院对3.5万名吸烟者进行长达50年的研究得出了结论,结果显示,肺癌、胃癌、胰腺癌、膀胱癌、肝癌、口腔癌、鼻窦癌等11种癌症与吸烟"显著相关"。为什么吸烟的人容易患癌症,是因为人体的淋巴细胞活性降低,导致癌症。鉴于吸烟致癌的三大因素,戒烟要越早越好。

　　4.吸烟还会导致骨质疏松,更年期提早来临。吸烟可使男性丧失性功能和生育功能。孕妇吸烟可导致胎儿早产及体重不足,流产机率增高。吸烟使牙齿变黄容易口臭。吸烟害人害己,被动吸烟的人受到的危害是吸烟人的5倍。为了你和家人的健康,不让自己成为烟的奴隶,应尽早戒烟。

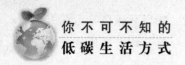
5.吸烟对智力的危害。吸烟可使人的注意力受到影响。有人认为,吸烟可以提神、消除疲劳、触发灵感,这都是毫无科学道理的。实验证明,吸烟严重影响人的智力,记忆力,从而降低工作和学习的效率。

吸烟有百害而无一利,中国53%的儿童被动吸烟,危害更大,容易患肺炎、支气管炎、重症哮喘和其他疾病。如果目前吸烟的情况持续下去,儿童的智力发育、吸烟者的家庭、个人将会付出极大的代价。

为了使我们大家有一个清新的生活空间。一方面,烟民要尽量少抽焦油含量高的香烟,尽量控制烟量,烟民及"二手烟民"都要加强身体保健,如吸烟的同时多补充维生素 E、多进行强体锻炼等;另一方面,要注意少在公众场合抽烟,尤其是通风条件不好的室内空间,减少对自身和他人的呼吸环境的污染。在家庭或办公室、会议室等经常性的抽烟环境中最好能主动采取消除或减轻空气污染的措施,可摆放一些绿色植物如吊兰、常青藤等,或使用空气净化设备。另外,被动吸烟者要强化权益意识,要充分运用法规赋予的权利,在办公室、家庭等室内环境中对吸烟者多作劝阻。

第三章

花销更少，环境更好

——购物狂不妨一试的"低碳"购物

人类的生活离不开购物，而选购合适的物品是每个人生活所必需的基本技能。现代社会提倡绿色消费的理念，这符合"低碳购物"的理念，是关系到个人健康和社会发展的大事。因此我们购物时要注意尽量购买大包装的商品，买东西时自带购物袋。但低碳购物更多的体现在人类生活的一项必需品——衣物的选择上。这就需要我们弄清我们的服装会产生哪些污染，进而合理地选择服装材质，如果有可能，尽量选择有环保生态标志的服饰，这不仅仅有利于环境的保护，更是关系到我们自身的健康。

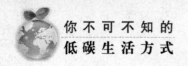

你不可不知的
低碳生活方式

什么是绿色产品？它与传统产品有什么不同？

绿色产品符合环境保护的要求，安全无害，更符合家居生活，消费者不妨选择绿色产品，这既有益于社会的环境也有益于人身健康，何乐而不为呢？

绿色产品是指生产过程及其本身节能、节水、低污染、低毒、可再生、可回收的一类产品，它也是绿色科技应用的最终体现。绿色产品能直接促使人们消费观念和生产方式的转变，其主要特点是以市场调节方式来实现环境保护的目标。公众以购买绿色产品为时尚，促进企业以生产绿色产品作为获取经济利益的途径。

为了鼓励、保护和监督绿色产品的生产和消费，不少国家制定了"绿色标志"制度。我国农业部于 1990 年率先命名推出了无公害"绿色食品"。1995年，"绿色食品"数量增至 389 种。在工业领域，我国从 1994 年开始全面实施"绿色标志"工作，至今已有低氟家用制冷器、无铅汽油、无磷洗衣粉等 8 类35 个产品获得了"绿色标志"。但是，通常情况下绿色产品的价格是普通的同类产品的好几倍。

简而言之，所谓绿色产品是指其在营销过程中具有比目前类似产品更有利于环保性的产品。绿色产品与传统产品一样具有以下三个特征：核心产品成功地符合消费者的主要需求——于消费者的有用性；技术和质量合格，产品满足各种技术及质量标准；产品有市场竞争力，并且有利于企业实现盈利目标。

但是，绿色产品与传统产品相比，还多一个最重要的基本标准，即符合环境保护要求。我们可以通过对产品的维护环境的可持续发展和企业是否负应尽的社会责任这两方面的考虑来评价绿色产品的"绿色表现"如何。可以说，绿色产品与传统产品的根本区别在于其改善环境和社会生活品质的功能。

绿色指标是什么？

　　绿色产品既有益于环境又有益于人身健康，那么究竟绿色产品是以什么来衡量的呢？其实，国际上有专门的用来衡量产品的绿色指标。

　　绿色标准通常是一些国家通过立法手段制定严格的强制性环保技术标准，限制他国不符合该标准的产品进口。这些标准大都由发达国家根据其生产水平和技术水平制定的，对于发展中国家来说大部分情况下是难以承受的，这就必然成为发展中国家的产品进入发达国家市场的障碍，成为绿色壁垒的重要表现形式。包括环境技术标准和环境管理标准。

　　目前，涉及环境保护的绿色标准有很多，其中影响最大、影响最广的是国际标准化组织制定的一系列标准，特别是针对工业品的 ISO9000 系列标准和欧盟启动的 ISO14000 环境管理体系标准，ISO14000 要求进入欧盟国家的产品从生产准备到制造、销售、作用以及最后处理阶段都要达到规定的技术标准，它提供了以预防为主，减少和消除环境污染的管理办法，是解决经济与环境协调发展的有效途径，为世界各国在统一的环境管理标准下平等竞争提供了条件，但同时也为发达国家设置环境壁垒提供了依据。

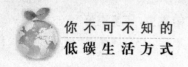

什么是绿色消费观念？有何具体含义？

绿色消费的重点是"绿色生活，环保选购"。绿色消费符合"三 E"和"三 R"的理念。

国际上公认的绿色消费有三层含义：一是倡导消费者在消费时选择未被污染或有助于公众健康的绿色产品；二是在消费过程中注重对废弃物的处置；三是引导消费者转变消费观念，崇尚自然、追求健康，在追求生活舒适的同时，注重环保、节约资源和能源，实现可持续消费。

20 世纪 80 年代后半期，英国掀起了"绿色消费者运动"然后席卷了欧美各国。这个运动主要就是号召消费者选购有益于环境的产品，从而促使生产者也转向制造有益于环境的产品。这是一种靠消费者来带动生产者，靠消费领域影响生产领域的环境保护运动。这一运动主要在发达国家掀起，许多公民表示愿意在同等条件下或略贵条件下选择购买有益于环境保护的商品。在英国 1987 年出版的《绿色消费者指南》中将绿色消费具体定义为避免使用下列商品的消费：

（1）危害到消费者和他人健康的商品；

（2）在生产、使用和丢弃时，造成大量资源消耗的商品；

（3）因过度包装，超过商品本身价值或过短的生命周期而造成不必要消费的商品；

（4）使用出自稀有动物或自然资源的商品；

（5）含有对动物残酷或不必要的剥夺而生产的商品；

（6）对其他国家尤其是发展中国家有不利影响的商品。

归纳起来，绿色消费主要包括三方面的内容：消费无污染的物品；消费过程中不污染环境；自觉抵制和不消费那些破坏环境或大量浪费资源的商品等。

绿色消费符合"三 E"和"三 R"，"三 E"是指经济实惠（ECONOMIC），生态效益（ECOLOGICAL），以及符合平等、人道（EQUITABLE）；"三 R"则是指减少非必要的消费（REDUCE），重复使用（REUSE）和再生利用（RECYCLE）。国际上对"绿色"的理解通常包括生命、节能、环保三个方面。绿色消费，包括的内容非常宽泛，不仅包括绿色产品，还包括物资的回收利用、能源的有效使用、对生存环境和物种的保护等，可以说涵盖生产行为、消费行为的方方面面。绿色消费，也称可持续消费，是指一种以适度节制消费，避免或减少对环境的破坏，崇尚自然和保护生态等为特征的新型消费行为和过程。绿色消费，不仅包括绿色产品，还包括物资的回收利用，能源的有效使用，对生存环境、物种环境的保护等。

尽量不购买过度包装商品

不买过度包装产品是从生活源头减排，不购买过度包装的产品、适度消费，也是一种垃圾减排的方式。

休闲零食的多层包装现象十分突出，如某品牌的休闲大礼包，大包装袋里套着各自独立的几包零食，而其中两包零食内又套着一份份小包装，这样一包总含量不足一斤的食品，里里外外最多的套着三层塑料纸，能拆出 20 多件包装"衣"。超市内大部分的零食都是"内衣"加"外套"的形式，包材消耗极大。而酒类包装则呈现"充胖子"，一般包装空隙率较高，礼品酒尤甚。

商店购物等日常生活行为中，简单包装就可满足需要，使用过度包装既浪费资源又污染环境。减少使用 1 千克过度包装纸，可节能约 1.3 千克标准

77

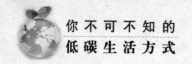

煤,相应减排二氧化碳 3.5 千克。如果全国每年减少 10%的过度包装纸用量,那么可节能约 120 万吨,减排二氧化碳 312 万吨。

为了整治商品过度包装之风,减少资源消耗,国家标准委制定了《限制商品过度包装要求——食品和化妆品》的国家标准。

不买过度包装产品是从生活源头减排,不购买过度包装的产品、适度消费,也是一种垃圾减排的方式。填埋垃圾会产生甲烷。甲烷的碳成分含量很高,它的温室效应是二氧化碳的 21 倍。限制过度包装、豪华包装,提高资源循环利用率,一方面可以节约不必要的包装成本,另一方面大家在生活源头上减少了垃圾的产生,其实也就是减少了碳排放。超市购物买大包装的产品,用剩的包装品再循环使用或者进入废品回收体系,就是一种节能、环保的低碳生活方式。

买东西要自带购物袋

如果人人逛街时都自带购物袋,那么这个世界的环境将会改善百倍千倍,这样我们离"环保达人"的距离就又接近了一步。

当 105 年前奥地利人舒施尼发明塑料袋时,人们都认为那是一次革命性的"解放运动"。可舒施尼做梦也没想到,塑料袋百年"诞辰"纪念的时候,它竟然被评为 20 世纪人类"最糟糕的发明"。

塑料袋之所以"糟糕",是因为它大都由不可降解和再生的化学材料制成,处理这些塑料垃圾,只能挖土填埋或高温焚烧。但据科学家测试,塑料袋埋在地里需要 200 年以上才会腐烂,并且严重"谋害"土壤的生命力,而焚烧所产生的有害烟尘和有毒气体,则会造成大气环境的污染。

随着我国"限塑令"的颁布,女人拎着菜篮子或挎着布袋子上菜场和商

店的"风景"也渐渐多了起来。要知道,提一只漂亮的布袋上街购物,不仅环保,而且还是一个颇为时尚的举动。此外,作为一名"环保达人",还应尽量购买那些简易包装的商品,既环保又省钱。

在北京一家外企工作的赵先生的黑色电脑包里,除了电脑、电源线和文件外,还会为一只灰色的、带有绿色条纹的布袋留下空间。赵先生说:"这只布袋是一年前参加社区活动时别人赠送的,我一般外出都会带着。"

"以前我去超市买东西、买菜也是用塑料袋,因为刚下班一般是顺道买完东西之后再回家,这样比较方便。"赵先生承认自己使用布袋是受到了"限塑令"的影响,"那阵子看电视,看到白色污染很严重,受到了触动。"

"最开始用布袋有点不习惯,因为早晨出门时老是忘记带着,下班后要先回家取布袋,然后再去超市,很麻烦,有时候干脆就花几毛钱买塑料袋,"赵先生说,"但是看到很多人都在用布袋购物,特别是一些老人家,又觉得自己拎着塑料袋是件不好的事情,有点不自在。"

赵先生说,有一段时间每天都要提醒自己出门时把布袋放入电脑包里,"也就一两个星期,就习惯成自然了,购物时都会带上布袋,结账时站在人堆里也觉得心安理得。过了一年多,现在要是没带布袋反而不习惯了。"

"要是一个家庭按照每月去 4 次超市、每次用 2 个塑料袋计算,那一年也得用 96 个塑料袋,"赵先生说,"到底省了多少碳排放我算不清楚,但至少这种方式是环保的。"

低碳账本

A:每个家庭每月大概使用塑料袋数量=4 次×每次 2 个=8 个

B:每个家庭每年大概使用塑料袋数量=每月 8 个×12 个月=96 个

C:一个塑料袋能耗排碳折算系数=0.103

去超市购物不使用塑料袋每个家庭一年减少排碳=96×0.103=9.888 克

以前使用塑料袋越来越多是因为现代生活强调效率与便捷,在免费的情况下,个人能得到使用塑料袋的便利,而治理环境污染的成本却分摊到所

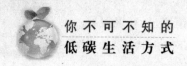
有人头上，减少塑料袋的使用还可以减少碳排放，对全球气候变化也会有所帮助，相信这会进一步推动人们自觉使用布袋来替代塑料袋。

烟酒适量，"低碳"又健康

烟酒是很多人日常生活中的调剂品，但其中有些人很难控制喝酒量和吸烟量，殊不知，烟酒过量既损坏健康也破坏环境。

白酒，丰富了生活，更成就了中华民族灿烂的酒文化。不过，醉酒也容易酿成事故。如果1个人1年少喝0.5千克酒，可节能约0.4千克标准煤，相应减排二氧化碳1千克。如果全国2亿"酒民"平均每年少喝0.5千克酒，每年可节能约8万吨标准煤，减排二氧化碳20万吨。

酷暑难耐，啤酒成了颇受欢迎的饮料，但"喝高了"的事情时有发生。在夏季的3个月里平均每人每月少喝1瓶啤酒，1人1年可节能约0.23千克标准煤，相应减排二氧化碳0.6千克。从全国范围来看，每年可节能约29.7万吨标准煤，减排二氧化碳78万吨。

吸烟有害健康，香烟生产还消耗能源。1天少抽1支烟，每人每年可节能约0.14千克标准煤，相应减排二氧化碳0.37千克。如果全国3.5亿烟民都这么做，那么每年可节能约5万吨标准煤，减排二氧化碳13万吨。

我们穿的服装可产生哪些污染？

人类的生活离不开衣服的装扮，然而正是服装这一人类生活的必需品也会产生各种各样的环境污染。

服装、衣物系指人类为适应外界环境，装饰自身而穿着的所有纺织品的总称，通常包括衣、裤、帽、袜、鞋等。关于衣物的污染问题，在过去，人们一般认为来自两个方面：其一是人体的分泌物如汗、油脂等的内部污染，其二是外界环境中的污染物，如油污和灰尘等的外部污染。人们不管是行路、骑车还是乘公交车，每天都要往返穿梭在马路上，有些工作环境污染严重，污染物都会附着在服装上，因此服装的污染是严重的，如婚纱摄影楼、医院、化工厂等。

上海卫生防疫医务人员曾抽查过 106 件婚纱，有 58 件的领子、袖口、脚背衬里行渍斑斑，另有 41 件也有污迹。据国外文献报道，石棉工人家属的肺癌发病率比其他工人家属高许多，这是因为石棉工人穿工作环境污染物附着的工作服回家引起的，造成家庭的污染，危害家人健康。据统计数据显示，美国医院感染率约为 5%，英国为 7.5%，日本为 5.8%，而我国的医院感染率却在 10%。夏天使用的被褥，成了感染的媒介。被污染的用品是造成我国医院内感染率居高不下的重要原因之一，患者不断交替使用、交叉感染。使病人延长住院时间、发病率提高，甚至死亡。

从大环境来说，服装的加工过程即纺织、印染、制作都会对环境产生污染，比如印染废水排放、纺织的噪声、裁剪边角废弃物等。

1.棉、麻等服装原料，在种植过程中为了控制病虫害及杂草的侵蚀，确保其产量和质量，需要大量使用杀虫剂、化肥和除草剂等，导致农药残留于

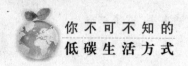

棉花、麻纤维之中，尽管制成服装后残量甚微，但经常与皮肤接触也会对人体造成伤害。

2.纺织原料在储存时，要使用防腐剂、防霉剂、防蛀剂，此类化学物质残留在服装上，会导致皮肤过敏、呼吸道疾病，甚至诱发癌症。

3.在织布过程中使用的氧化剂、催化剂、去污剂、增白荧光剂等化学物质，使面料污染难以避免。

4.印染环节的污染最为严重。色彩斑斓的面料，固然满足了人们的视觉要求，但印染中使用的偶氮染料能诱发癌变，甲醛、卤化物载体、重金属也成了健康杀手。

合理选择服装材质

人们在选择服装时，服装的款式固然重要，但服装的材质则是最重要的，着装者的服装材质对着装者的身体健康起着非常重要的作用。

服装是人体散热和保温的重要手段，也是服装的原始功能和基本功能，因而服装面料的湿热传递性、舒适性、对着装者是否健康，非常重要。

穿衣应尽量少穿化纤，多穿天然纤维材料。棉花，是迄今为止与人的皮肤最能靠近的，它的纤维核对皮肤有良好的摩擦作用，对冷风有不可替代的抵抗作用，对强光冷气等影响身体不利的因素有隔离作用，而且最能透气，不带静电，没有光污染，吸水性能与保温功能好。缺点是容易发皱。现代纺织技术对棉的加工工艺非常先进，广泛将棉纺织制作成各种内外衣面料。贴身内衣选择棉质，非常舒适、安全。

麻，透气与棉不相上下，麻的纤维粗，衣服比较挺括，但麻加工过程比较复杂，价钱较贵；毛，保暖性好，缺点是贴身穿有些痒；丝绸质地轻薄，柔软

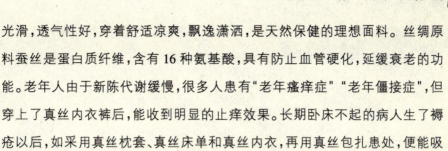

光滑，透气性好，穿着舒适凉爽，飘逸潇洒，是天然保健的理想面料。丝绸原料蚕丝是蛋白质纤维，含有16种氨基酸，具有防止血管硬化，延缓衰老的功能。老年人由于新陈代谢缓慢，很多人患有"老年瘙痒症""老年僵接症"，但穿上了真丝内衣裤后，能收到明显的止痒效果。长期卧床不起的病人生了褥疮以后，如采用真丝枕套、真丝床单和真丝内衣，再用真丝包扎患处，便能吸收水分，并使其蒸发，有利于患部清洁，加快疮口愈合。

穿着真丝内衣，对某些皮肤病还有好的辅助治疗作用。在阳光强烈的夏季，女性用真丝服装遮体，可有效地防止紫外线对皮肤的伤害。但丝绸的缺点是：吸湿性大，缩水率高，抗皱性弱，还"娇气"，穿用和保养十分重要，勤洗勤换、防跳丝、手搓洗，深色丝绸不能使用皂或洗涤剂，不能暴晒等等。因丝绸织物的悬垂性强，选择款式以舒展的式样为好，胸围、袖笼应略放大一些，而肩部和领圈则不宜放大。

化学合成纤维，以煤、石油、天然气为原料制成，有挺拔、耐寒、易洗、快干等优点。但对人体有很多不利方面，其中聚酰胺类（尼龙）和聚丙稀类（丙稀），可能引发皮肤变态反应性；人造丝服装易引起感冒，对患有鼻炎、咽喉炎、扁桃体炎、气管炎、肺炎、肺结核、肺气肿、关节炎、风湿性心脏病、肾炎等的人，也有促使病症发作，加重病情，延长病程，妨碍痊愈的不良作用，因此易患感冒及与寒湿有密切关系病症的人，均不宜穿人造丝服装；用化学纤维布料做内衣易形成过敏，造成局部皮肤的瘙痒、疼痛、红肿、水疱等过敏性皮肤炎症以及臭味和头痛，由于化纤能吸附大量的尘埃，因此还会因尘埃刺激支气管膜造成支气管哮喘发作，有过敏症的人和婴幼儿更不要用化纤衣料做内衣内裤；尼龙内裤还会引起尿急、尿频、尿病者泌尿系统感染；夏季经常穿化纤内裤，会导致股癣、湿疹等皮肤病。有些纤维还会使一些人血液中的酸碱变化，使尿中钙质增加，破坏体内电解质的平衡。有些化纤服装还会引起支气管哮喘病人夜间突然发生障喘。另外，化纤衣物与皮肤接触摩擦产生静电，破坏人体内电平衡，干扰神经系统正常工作，招致病变。但用化纤布

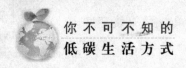

料做内衣并非纯害无益,有人认为穿氯化乙烯树脂类合成纤维的内衣时,由于带电量相对较大,对风湿性疾患有一定的治疗效果。

服装上化学加工剂对皮肤有什么刺激?

大多数的服装上都含有化学加工剂,然而正是这些小小的不起眼的化学加工剂刺激着我们美好的皮肤,危害着我们的身体健康。

纺织品化学加工剂主要包括纺织物原材料,如棉麻种植残留化肥农药、染色时使用的染料和助剂;织物整理时使用的各种整理剂、添加剂及洗涤剂等,而这些化学物质对皮肤均有刺激作用。此外在服装储藏、运输过程中,为防蛀、防霉而放的防虫剂和消毒剂,均对皮肤有着刺激作用。国外学者经研究认为这些化合物从服装向皮肤转移的方式包括:服装与皮肤接触时,产生的固体物直接转移;从服装逸出的气化物直接转移;以汗液作媒介的液相转移。

据某消费者组织得出的结论:一些染料化合物会释放出致癌物质,如婴儿衣裤中的填加剂可能是导致白血病的祸根。另外,调查结论显示,男衬衫大多数采用 15 种不同化学物质进行处理。这些衣服犹如张贴在皮肤上的膏药,通过汗液和体温作用,释放出各种内含物质,从而引起人体疾病。医学显示:衣服上的许多毒物,甚至比饭食更快起作用。日本一位泌尿科医生则宣称:日本患膀胱癌的女性增多,主要原因是穿着化纤内衣裤所致。

具体讲来,服装上的化学加工剂对皮肤的刺激作用主要包括染料、防腐剂、缩水整理剂、柔软整理剂、消毒剂等。

1.染料对皮肤的刺激

服装中的染料对于人体皮肤可引起一次性化学刺激,接触变态反应光毒性皮炎。这些染料大多具有偶氮或蒽醌类的结构,其中以分散染料居多。

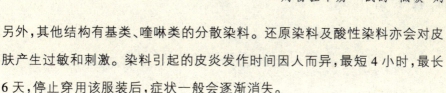

另外，其他结构有基类、喹啉类的分散染料。还原染料及酸性染料亦会对皮肤产生过敏和刺激。染料引起的皮炎发作时间因人而异，最短 4 小时，最长 6 天，停止穿用该服装后，症状一般会逐渐消失。

2.防腐剂，也称为防霉剂

为便于纺织半成品如坯布或成品的贮存，生产过程中主要是上浆时一般要加入适量防腐剂，主要有五氯苯酚（PCP），PCP 在棉纤维和羊毛的储存、运输时常使用，它还用在印花浆中做增稠剂，在一些整理液中做分散剂，具有相当的生物毒性，而且往往残留在纺织品上，若在人体内产生生物积累，会危害人体健康。

3.缩水整理剂

如为了防止纺织品缩水，多采用甲醛树脂处理。研究表明，甲醛是一种过敏源，当从纤维上游离到皮肤的甲醛量超过一定限度时，对其有抗体的人就会产生变态反应性皮炎，多分布在人体的胸、背、肩、肘弯、大腿及脚部等。

4.柔软整理剂

柔软整理剂虽然可以减轻服装对皮肤的物理刺激，但是可能会引起体质异常的人患变态反应性皮炎。此外，阴离子型、非离子型和两性离子型表面活性剂对皮肤刺激性较小；而阳离子柔软剂几乎对皮肤都有刺激作用，甚至会引起皮炎。

5.其他整理剂

一般内衣、袜子等都要用有机汞或其他化合物等进行卫生整理，它们有可能对皮肤产生刺激和接触变态反应。另外，某些含氟溴元素的织物整理剂亦可能引起皮炎。为防止缩水，多采用甲醛树脂处理；为增白，多采用荧光增白处理；为挺括，一般作上浆处理，而这些化合物对皮肤都具有刺激作用。

6.另外，消毒剂、洗涤剂使用不当或漂洗不当会引起皮肤表皮发炎，尤其对婴幼儿。洗涤剂中的镍元素、干洗剂的化学除垢成分等都可致皮肤过敏。

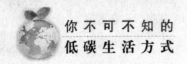

尽量选择有环保生态标志的服饰

我们穿着的服装尤其是贴身服装直接影响着我们的身体健康，选择环保服装不仅有利于环境的保护，更有利于我们的身体健康。

新开发的绿色服装上都印有生态指数或说明，选择服装切记要注意产品标签说明，如挂有"生态纺织品"标签的纺织品、服装，则证明该产品不会对人体造成危害。

选择衣物时，消费者应注意使用说明上标明的产品类别，因为不同的产品类别其安全要求如 pH 值、甲醛含量、色牢度的指标不一样。根据产品类别来正确穿着，可减轻对人体的危害。其中婴幼儿类（A 类）要求最高，其次是直接接触皮肤类（B 类）和非直接接触皮肤类（C 类）。

色彩鲜艳的时装，使人漂亮、精神，但不少人会在着衣后皮肤接触的部位发生皮炎，出现发红、灼热、水疱，甚至糜烂等损害。触摸一些色彩鲜艳的服装，着色牢度不够，很容易掉色。最好选择不易脱色的纺织品，内衣裤以自然本色为宜。选购时，当场可以沾一点水触摸一下，如果手指上染有颜色，最好不要买。如果印花织物手感很硬，就不适合贴身穿着。最后，衣物在穿着之前，尤其是内衣，一定先清洗一次，洗去衣物上残留的有害物质。大家最好能养成对贴身衣物穿前洗涤的习惯，因有些有害物质（如甲醛）易溶于水，因此穿前洗涤，可有效地降低有害物质对人体的危害。

选购时最好用鼻子嗅一嗅，尽量不要选择有异味的纺织品，闻一闻是否有霉味、汽油味及异味。对于气味浓重的服装不宜购买。

选购衣服特别是高档免烫衣服时，要看一看成分中是否残留有甲醛。免熨衣服是适合"懒人"的衣服。它是将一些化学物质（如甲醛树脂）渗透在全棉布上然后在 160℃ 左右高温的环境下，让树脂"交织"成较长的纤维，达到类似化学纤维的"高复原性"，并产生一个记忆效果，以保持原有的皱槽。免熨服装质量标准：洗 50 次后，服装的平整度、强度、手柔软度、吸水透气性、耐磨性等保持良好的状态。一件衣服，只需放在洗衣机里转转，提出来晾着好了，一样的有款有形。在购买免烫衣物时要慎重。买回家的免烫衬衫和西裤，应洗了再穿，可以去掉一些残留的游离甲醛。挑选衣装时，请留意产品对人体健康的影响。

自然的珍兽皮衣饰物有什么坏处？

自然的珍兽皮毛做成的服饰固然对人体来说健康安全，并且及其珍贵，但它却不应该成为安全的服装选择，因为这种服装是建立在动物的痛苦之上，也是建立在破坏人类的自然生态平衡之上的。

来自大自然的珍兽皮毛服饰消费，对人体来说健康安全，而且因为材料的稀少更显珍贵和荣耀。皮革、兽皮就倍受妇女欢迎，用来作为炫耀自己身份和财富的武器。

水貂皮、北极狐皮过去一直在皮革品中扮演着美元的角色，1996 年，水貂皮的批发价格上涨不止。在赫尔辛基皮料拍卖会上，黑色的水貂皮每张卖到 5552 美元，纽约拍卖会上涨到了 5742 美元，由于水貂皮的价钱猛涨，人们的目光投向其他裘皮，致使整个裘皮价格上涨。

皮料价格的增涨，首先威胁的是人类的朋友——动物的生存。自古以来，动物保护的世界性运动，使真皮的消费前景一片迷茫。在一些发达国家，穿一件狐皮的外衣走上大街，不仅不会引来青睐，还会惹来想不到的麻烦。意大利著名的影星索菲亚·罗兰，就因为给一家皮货商做广告，而受到了动物保

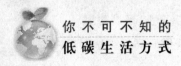

护组织的谴责。有的名模甚至喊出了"宁可裸体,也不穿皮大衣"的口号。

青藏高原上形态矫健、濒危物种藏羚羊的毛中含有世界上最好的羊绒,一种极好的沙图什(来自波斯语,意思是"绒之王"),它是如此的精细,即便一个大披肩也能从女人的戒指中穿过,因此它也被称为"指环披肩"。

藏羚羊是中国青藏高原地区特有的物种,已成为世界级珍稀动物。自1979年起,藏羚羊就被列入《濒危野生动植物物种国际贸易公约》(COTES),按公约中的规定,藏羚羊的各部分及其衍生物被禁止进行国际间的贸易。依据野生动物保护学会的报告,至少要3~5头藏羚羊的生命,才能换得织成一条300~600克重的披肩所需的生羊绒,每条这种披肩价格从1400~1900美元不等,因而在国际黑市上这种披肩被称做黄金披肩。一些不法分子盗猎藏羚羊满足一时的时尚,赚取不义之财,使得藏羚羊数量急剧减少。况且藏羚羊还有一个极其可爱的天性,那就是一只雌性藏羚羊聚集起的一个群落,如果先打死一只雌的,那群落决不逃散。盗猎者正是利用藏羚羊这种可爱的天性,对藏羚羊进行疯狂猎杀。1999年夏天在中国高寒荒漠区的阿尔金山保护区,动物区保护人员在一处就发现有900多只被扒了皮的藏羚羊尸骸,其中很多是怀孕的母羚羊和3岁左右的成年藏羚羊。尽管有法律保护和禁止贸易的规定,但不断膨胀的西方市场对沙图什的需求,仍使一些不法分子对我国藏羚羊的偷猎在20世纪80年代末和90年代初迅猛增长。中国国家林业局估计,每年有2万只藏羚羊被捕杀。因此,藏羚羊已成为急需加以保护的世界级的濒危动物。

然而用藏羚羊做成的沙图什如蛛丝般纤细轻薄,像婴儿的肌肤一样柔软,且非常保暖,是富人、名人和时尚人士的心怡之选。电影明星用它包裹新生婴儿,社会名流将它披在晚礼服之外,香港巨商在吃饭时将它搭在腿上。可是在这些背后流的却是藏羚羊的血,破坏的却是动物的安宁生活。

尽量少买衣，要穿就穿"棉"

一件普通的衣服从原料变成面料，从成衣制作到物流，从使用到最终被废弃，都在排放二氧化碳，并对环境造成一定的影响。因此，频繁地购买新衣并不可取，另外，在穿衣的面料上也要有所选择，选择棉质衣服也是低碳生活的一部分。

来自《全民节能减排手册》数据显示：服装在生产、加工和运输过程中，要消耗大量的能源，同时产生废气、废水等污染物。在保证生活需要的前提下，每人每年少买一件不必要的衣服可节能约 2.5 千克标准煤，相应减排二氧化碳 6.4 千克。如果全国每年有 2500 万人做到这一点，就可以节能约 6.25 万吨标准煤，减排二氧化碳 16 万吨。

两年来，一共只添置了 4 件衣服，这对于一位年轻的女士来说，不得不让人刮目相看了。

作为一位白领，胡某跟许多爱美的女孩子一样，曾经很爱买衣服。每个月都少不了和朋友一起去"血拼"。要是遇上节假日促销，更是大包小包，家里衣橱都有些塞不下了。

加入"低碳族"后，胡某的生活态度开始发生变化，她为每一件衣服计算"碳排放"。胡女士说，不是为了省钱，少买一件不必要的衣服就可以减少 2.5 千克二氧化碳的排放。

频繁购买新衣是一种不环保的行为。一件普通的衣服从原料变成面料，从成衣制作到物流，从使用到最终被废弃，都在排放二氧化碳，并对环境造成一定的影响。另外，棉质衣服比化纤衣服排碳量少，多穿棉质衣服也是低碳生活的一部分。

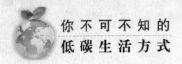

　　"棉"衣因为用料是自然素材，所以可以被大自然分解的（Biodegradable），亦即就算被丢弃后也不会对环境造成任何污染，是绝对符合环保理念的首选。多数人选择穿棉质衣服，拒绝皮草和化纤衣服，他们希望通过日常生活中的每个细小习惯的改变来减少碳排放。

　　还有，最时尚的新型环保面料——竹纤维已经被开发研制。据介绍，用竹纤维织成的面料，是一种天然的抗菌材质，具备天然色泽，手感非常柔软，透气性也很好，可以快速干燥，而且没有异味，非常适合夏天的穿着需要。

第四章

打造低碳"宅"生活

——居家过日子中的低碳细节

家居生活中离不开电、气和水的使用，而电、气和水的使用不仅仅消耗的是资源，还消耗我们的钱包，甚至破坏着我们的生存环境。因为家居生活中电器等的使用是空气中二氧化碳的重要来源，是与"低碳"生活的理念相违背的，但我们毕竟不是古人，我们是崇尚现代文明的现代人，因此我们不可能完全杜绝电器的使用，那么是否这样我们就没办法实践"低碳"生活呢？事实则不然，只要我们在日常家居生活中多注意一些细节之处，尽自己最大的努力节约用电，节约用水，节约用气，那么我们也是在用自己的方式实践着"低碳"生活的理念，也是在尽自己的一份力，为全球环境的维护作出自己的贡献。

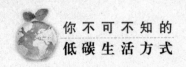

家居生活中的低碳常识

现代家居生活中的一些器材的使用也是空气中二氧化碳的重要来源，如果我们在家居生活中能多注意一点点，那么我们的空气洁净得将不只一点点。

空气污染使许多城市居民沦为"环境的难民"，因此要是人人都能从身边日常小事开始低碳生活，拯救环境的同时，也是拯救自己。其实，如今已经有越来越多的人意识到"低碳"和"环境"的重要，但要将这种意识化为行动，还需要更多的努力。在人们的家居生活中，有许多不被人们注意到的细节之处也是低碳生活所需注意的。

1.汽车：一辆每年在城市中行程达到 2 万公里的大排量汽车释放的二氧化碳为 2 吨。发动机每燃烧 1 升燃料向大气层释放的二氧化碳为 2.5 公斤。

2.人体：每人每天通过呼吸大约释放 1140 克的二氧化碳。但是，只要光合作用存在，那么生产食物消耗的二氧化碳与通过呼吸释放的二氧化碳基本保持平衡。

3.暖气：使用煤油作为燃料的暖气一年向大气层排放的二氧化碳量为 2400 公斤。使用天然气的二氧化碳排放量为 1900 公斤，电暖气则只有 600 公斤。

4.电脑：使用一年平均间接排放 10.5 公斤二氧化碳。

5.洗衣机：间接二氧化碳排放量年均 7.75 公斤。

6.冰箱：间接二氧化碳排放量年均 6.3 公斤。

节能电器为何越来越受欢迎?

选择节能电器是符合环境和时代发展的需要,日益受到人们的欢迎。

节能洗衣机、节能空调、节能灯、节能冰箱、节能电饭锅等节能电器日益受到人们的欢迎,这主要是因为这些节能电器二氧化碳的排放量较之一般的电器更低。

选用节能洗衣机:节能洗衣机比普通洗衣机节电 50%、节水 60%,每台节能洗衣机每年可节能约 3.7 千克标准煤,相应减排二氧化碳 9.4 千克。如果全国每年有 10% 的普通洗衣机更新为节能洗衣机,那么每年可节能约 7 万吨标准煤,减排二氧化碳 17.8 万吨。

选用节能空调:一台节能空调比普通空调每小时少耗电 0.24 度,按全年使用 100 小时的保守估计,可节电 24 度,相应减排二氧化碳 23 千克。如果全国每年 10% 的空调更新为节能空调,那么可节电约 3.6 亿度,减排二氧化碳 35 万吨。

选用节能灯:以高品质节能灯代替白炽灯,不仅减少耗电,还能提高照明效果。以 11 瓦节能灯代替 60 瓦白炽灯,每天照明 4 小时计算,1 支节能灯 1 年可节电约 71.5 度,相应减排二氧化碳 68.6 千克。按照全国每年更换 1 亿支白炽灯的保守估计,可节电 71.5 亿度,减排二氧化碳 686 万吨。

选用节能冰箱:1 台节能冰箱比普通冰箱每年可以省电约 100 度,相应减少二氧化碳排放 100 千克。如果每年新售出的 1427 万台冰箱都达到节能冰箱标准,那么全国每年可节电 14.7 亿度,减排二氧化碳 141 万吨。

选用节能电饭锅:对同等重量的食品进行加热,节能电饭锅要比普通电饭锅省电约 20%,每台每年省电约 9 度,相应减排二氧化碳 8.65 千克。如果

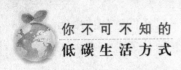

全国每年有 10% 的城镇家庭更换电饭锅时选择节能电饭锅,那么可节电 0.9 亿度,减排二氧化碳 8.65 万吨。

如何选购节能灯?

节能灯日益受到人们的欢迎,如何选购节能灯也成为困惑很多人的问题,其实节能灯的选购并不难,只要我们掌握了选购节能灯的窍门,那么选择质优价廉的节能灯将不再是难题。

节能灯因其具有的节电效果明显,使用寿命长,无频闪效应,无噪声,工作电压范围宽等特点而日益受到人们的欢迎。目前市场上的节能灯很多,我们在购买时,如何区分节能灯的优劣呢?

选购节能灯时应注意以下几点:一是看有没有国家级的检验报告;二是看产品的外包装,包括产品的商标、标称功率、标记的内容,用软湿布擦拭,标志清晰可辨即为合格;三是使用寿命,合格的节能灯在实验状态下寿命可达 5000 小时以上, 在正常使用时必须达到 2000 小时以上, 如达不到此标准,即为劣质品;四是安全要求,在安装、拆卸过程中,看灯头是否松动,有无歪头现象,是否绝缘。除此之外,看节能灯的外管材料是否耐热、防火,灯中的荧光粉是否均匀。如未使用就出现灯管两端发黑现象,均为不合格产品。还有一点就是价格对比,一般说来,由于节能灯制造、生产过程中的特殊原因,成本相对来说较高。如果是七八块钱的节能灯,很可能是一些小厂生产的劣质品,一般国产的节能灯价格均在四五十元以上,进口的就更高了。

选购节能灯还要注意的是:首先,购买那些通过安全认证和国家绿色照明工程所推荐的产品,不要购买三无产品,主要有"CQC"(安全认证)和"节"字(节能认证)两种认证标记;其次,进行外观检查,注意灯管与壳体是否松动,荧光粉是否均匀,有无颗粒存在,灯管的粗细不应有过大的变化。好的节能灯应外表光洁,无气泡,灯管内的荧光粉涂层应细腻,无颗粒,呈均匀白色;灯头与灯管应呈垂直状态,不应有倾斜;灯头与电源的接触面应平整。

人们总喜欢把节能灯装在筒灯里面使用,由于散热条件不好,对节能灯及电子元器件的耐高温性能要求很高(我们曾做过测试,此时塑件内的温度可高达 90℃~105℃),所以最好在选配筒灯时,选用大一点的尺寸,不要堵塞节能灯的散热孔,使之留有足够的散热空间。

很多消费者选购节能灯都以使用的钨丝灯泡功率作参考。大部分厂商会在包装上列出产品本身的功率及对照的光度相若的钨丝泡功率。举例说,包装上有"15W→75W"的标志,一般指灯的实际功率为 15W,声称可发出与一个 75W 钨丝灯泡相若的光度。

部分节能灯型号有白光和黄光两种灯光颜色供选择。一般人心理上觉得白光较冷,黄光较温暖。要比较不同颜色的分别,可以到陈列室鉴赏。用户可按个人喜好,选择与家居陈设配合的灯光颜色。

除了看产品信息和包装,消费者还可以动手检验节能灯的质量。顺时针、逆时针方向旋转灯头,观察灯头与灯体是否有松动,并用手摇晃节能灯,若灯管与塑料件之间联结牢固就不会有响动。

如果做到了以上这些,消费者对节能灯的质量还是没有把握的话,可以对节能灯进行通电检查。开灯 5 秒后,再关 55 秒,观察灯丝发黑发黄的情况,一般无黑黄的节能灯较好。此外,消费者还可以观察灯管在通电瞬间的发光情况。正常情况下,灯管发光先有点暗,几秒后,突然变得很亮,这样的灯管比一通电后立刻就变得很亮的灯使用寿命更长。标准规定预热型节能灯发光由暗到强的时间应≥0.4 秒,但大多数灯管发光由暗到强的时间在0.5~30 秒之间。

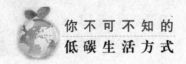
如何选购电热水器？

电热水器的选择应从类型、容量、附加功能、品牌等处进行选择，事实上，只要我们在选购时多注意一点，那么选择质优价廉而又适合家庭的电热水器一点也不难。

随着广大消费者生活水平的提高，电热水器已成为普通家庭生活中不可缺少的家用电器，面对市场上琳琅满目的电热水器品牌，许多人往往感到无所适从。如何选购一台称心如意、安全耐用的电热水器呢？其实，只要在选购时注意以下几点，选好电热水器并不是一件难事。

1.类型选择

电热水器类型的选择应注重内胆的选择、安全装置的选择和保温效果的选择。

内胆的选择：电热水器内胆是选购电热水器质量的关键。目前，电热水器内胆大体可分为三种档次：档次最高、寿命最长的是不锈钢内胆。不锈钢内胆一般选用优质进口不锈钢材料，采用先进的钨极氩弧焊，可以杜绝焊缝氧化，使用寿命长达15年以上。但这种电热水器价格比较高，适于经济较宽裕的家庭。中档的是搪瓷内胆。欧洲一些国家采用较多，是在普通钢板上涂烧一层无机质陶釉制成，不生锈且成本只有不锈钢内胆的1/6~1/4。如果制造工艺差会导致胆内不同部位附着的釉浆厚薄不均，易出现掉瓷现象。一旦出现掉瓷，电水器内胆会腐蚀穿孔，影响电热水器的使用寿命。这种电热水器价格适中，适用于一般家庭。比较低档的是镀锌内胆涂附固化树脂，由于内胆处于70℃~80℃的加热环境下，固化树脂易水解反应，锌保护层防锈能力又差，使用寿命较短。因制作成本低，售价也较低。

　　安全装置的选择：由于使用电热水器与消费者的人身安全相关，所以选择电热水器一定要注重安全性能。电热水器一般应有防干烧、防超温、防超压装置，高档的还有漏电保护和无水自动断开以及附加断电指示功能。热水器内胆压力额定值一般就为 0.75MP，要求超压保护装置在内胆压力达到额定值时，应可靠地自动打开安全阀进行泄压，以确保安全。漏电保护装置一般要求在漏电电流达到 15mA 时能够在 0.1 秒内迅速切断电源。

　　保温效果选择：电热水器的功率是消费者不得不考虑的方面，影响热水器耗电量的关键是保温效果，选购时应重点考虑。影响保温效果的主要因素是保温层的厚度和保温材料的密度，消费者应尽量选择保湿层厚度大和保温材料密度大的产品，可根据厂商产品说明书对比选择。

　　2.容量选择

　　电热水器容量选择主要考虑家庭人口和热水用量等因素。额定容积为 30~40 升电热水器，适合 3~4 人连续沐浴使用；40~50 升电热水器适合 4~5 人连续沐浴使用；70~90 升电热水器适合 5~6 人连续沐浴使用。

　　3.附加功能

　　电热水器的选择也应考虑一些附加的功能，如稳压恒温功能、磁盘功能、防腐除垢功能。

　　稳压恒温功能：电热水器出水管处增置先进的磁化恒温器，可解决水温忽冷忽热现象，并避免烫伤事故发生。

　　磁盘功能：在磁化器内部形成磁场，提高水的活性，对人体有保健作用。

　　防腐除垢功能：由于热水器通常在 70~80 度的水温状态下工作，除垢功能显得尤为重要。

　　4.品牌选择

　　消费者必须考查电热水器的品牌和售后服务水平，名牌产品一般质量较好，售后也好，而且可以享受到上门安装、免费修理等一系列服务。

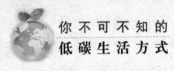

5.选购注意事项

外观检查：外表面烤漆应均匀、色泽光亮，无脱落、无凹痕或严重划伤、挤压痕迹等；各种开关、旋钮造型美观，加工精细；刻度盘字迹应清晰。

严防假冒伪劣产品：假冒伪劣产品往往采用冒牌商标和钆装或将组装品牌冒充进口原装商品。此类商品一般外观较粗糙，通电后升温缓慢，达不到标准要求。

6.附件要齐全

电源插头的检查：连接线要牢固、完好并无接触不良现象。通电试验及恒温检查时，将温度设定一定数值，达到设定值时，电热水器能自动断电或转换功率。

如何选购电磁炉？

电磁炉正被越来越多的家庭所使用，相信选择一款称心如意的电磁炉是许多爱家爱厨房人的心愿，这一小节，我们就来教教大家如何选择电磁炉。

精美的食品、整洁的厨房是人们生活品质提高的表现。告别烟火弥漫的厨房，是现代主妇的一大心愿。电磁炉正被越来越多的家庭所使用。面对市场中种类繁多的电磁炉，如何选择一款称心的呢？一般来说，我们可以从功率、款式和质量等方面来分类，然后进行购买。

首先看功率。市场上的电磁炉最大功率多数在 1200W～1500W 之间，个别品牌达到 2000W～2400W。电磁炉功率大，火力也就会相应增大，但功率越大，价格也会越高，具体情况可以考虑自己家庭的使用规模，不宜盲目求大。

其次应看随机附送的电磁炉专用锅。大多数电磁炉都会随机赠送一个专用锅，有的送汤锅，有的送炒锅，也有一些品牌送两三件不同的锅。

再次还应看电磁炉的功能。在主要功能和安全保护功能上各品牌、各款式基本大同小异，性价比高的电磁炉一般都具有：煎、炒、煮、炸、焖、炖、煲以及保温功能。需要比较的是一些附加功能，如计时功能、自动保温功能、语音提示功能等，在这些方面，各个品牌、各个款式都会有一些明显差异。

最后我们在购买电磁炉时要看电磁炉的质量是否过关。质量是否过关，会影响电磁炉的使用寿命，下面这些简单的检查与测试可以帮你消除疑虑。

1.检测热能转换情况。当把铁质器皿放在电磁炉上并打开开关，器皿底部应很快就会有热感。当电磁炉在工作时，炉内除了有降温风扇的正常声响外，电磁炉内的线圈等部位不得有电流交流声和震荡等声响。

2.检查自动检测功能是否工作正常。该功能是电磁炉的自动保护功能，对电磁炉来说此功能的作用很重要，购买时，应注意实测。方法是：在电磁炉正在工作的状态下移走锅具，或在炉面上放置铁汤勺等不应加热物，按该电磁炉说明书的检测时间要求来观察此功能是否能报警或自动切断电源。

3.炉面外观应平整和无损伤。目前市场上出售的电磁炉的炉面，大多是采用耐热晶化陶瓷制成的。在购买时，要注意炉面的平整度。若炉面有凸、凹或某一侧有倾斜，会影响热效率的正常产生。

4.看温度是否有100度温区设计，100度是我们日常生活中最直观的印象。有100度，还要测试它，看水开后设定在100度挡位是否还能维持100度或沸腾状态。电磁炉温度设计不准就会导致烧机隐患，因为内部的很多器件都是靠温度保护的。

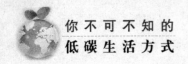

如何让电视机省电？

我们天天都会看电视，但我们却常常忽视了这一小小的电视机也是可以省电的，我们日常生活中一些举手之劳就可以使电视机为我们省电。

电视机早已成为家庭必备的电器，但如何使用电视机才能更省电却被很多人所忽略，其实，只要我们平时稍加注意一点点，省电只不过是举手之劳之事。

1.控制亮度。一般彩色电视机最亮与最暗时的功耗能相差 30 瓦至 50 瓦。如 51 厘米彩色电视机最亮时功耗为 85 瓦，最暗时功耗只有 55 瓦。将电视机亮度调低一点一般可节电 10%。所以，晚上看电视的时候，如果在室内开一盏低瓦数的日光灯，然后把电视亮度调低一点儿，这样即可降低耗电量，收看效果好而且保护眼睛，不易使眼睛疲劳，而且还可以延长显像管寿命。调低电视屏幕亮度：将电视屏幕设置为中等亮度，既能达到最舒适的视觉效果，还能省电，如此一来每台电视机每年的节电量约为 5.5 度，相应减排二氧化碳 5.3 千克。如果对全国保有的约 3.5 亿台电视机都采取这一措施，那么全国每年可节电约 19 亿度，减排二氧化碳 184 万吨。

2.控制音量。音量越大，功耗也越高，一般每增加 1 瓦的音频功率，要增加 3~4 瓦的电功耗。所以应适量调低音量，而且音量过大容易产生噪音。另外，过大的音量冲击也有可能损坏喇叭，所以声音开得要适中，既省电，也不会干扰邻居。据专家测算，如果把电视的色彩、音量及亮度调至让人感觉最佳的状态，可以节电 50%。

3.经常清洁电视表面，防止电视机吸进灰尘。最好给电视机加盖防尘罩，这样不仅可以防止白天阳光直射荧光屏，并且还可以防止电视机吸进灰尘,灰尘多了就可能漏电,不仅增加电耗,还会影响图像和伴音质量。

4.电视机不用时应切断电源。电视机关闭后,显像管仍有灯丝预热,特别是遥控电视机关闭后,整机处在待用状态,这时仍在用电。待机10小时,耗电0.5度。因此,电视机不看时应拔掉电源插头,既省电又安全。

5.屏幕大小要适当。屏幕越大,耗电量越大。如22英寸的彩电比14英寸的耗电多1倍多。最好根据家庭人口的多少、房间大小选择适当尺寸的电视机。大尺寸的电视机,耗电大,观看距离远;反之,房间小、观看人少的,挑选尺寸小一些的电视机就可以了,省电又护眼。

6.延长电视机的使用寿命,不要频繁开关电视机。如电源电压变化过大,最好用稳压器。

7.每天少开半小时电视。每天少开半小时,每台电视机每年可节电约20度,相应减排二氧化碳19.2千克。如果全国有十分之一的电视机每天减少半小时可有可无的开机时间,那么全国每年可节电约7亿度,减排二氧化碳67万吨。

如何让冰箱更省电?

电冰箱是很多家庭的必备电器,然而电冰箱也是一个耗电量比较大的电器,使电冰箱更省电,不仅可以让我们少掏一点腰包,也是有益于环境的好事。

电冰箱的使用方便了我们的生活,但电冰箱的耗电量也是令许多人头疼的事,因为这不仅仅是关系到我们腰包的事,也是关系到环境好坏的问题。我们不妨在选购和使用电冰箱时尝试下面的一些建议,使电冰箱更省电,进而更好地为我们服务。

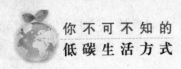

1.食品晾凉再放入冰箱

不要把热饭、热水直接放入冰箱,应冷却至室温后再放进电冰箱。热的食品直接放入冰箱会提高冰箱内温度,增加耗电量,而且食物的热气还会在冰箱内结霜沉积。

2.根据食品调温度

一般食物保鲜效果在8~10℃最佳。根据所存放的食品恰当选择冰箱内温度,如鲜肉、鲜鱼的冷藏温度是1℃左右,鸡蛋、牛奶的冷藏温度是3℃左右,蔬菜、水果的冷藏温度是5℃左右。

3.注意间距

安置不论何种型号的冰箱时,它的背面与墙之间都要留出约10厘米空隙,这比起紧贴墙面来每天可节能20%左右。如果一开始使用冰箱时就正确摆设好,可以一直保持节能效果。电冰箱要远离热源、避免阳光直射。根据季节,夏天调高电冰箱温控挡,冬天再调低。

4.可拧下冷藏室灯泡节电

光线较好的房间,冰箱内的照明灯可拧下不用,既省电又减少因开灯的温度提升而多耗电。

5.食品冷藏有巧法

水果、蔬菜等水分较多的食品,应洗净沥干后,用塑料袋包好放入冰箱。食品体积越大,其内部获取冷量的时间也越长。如果将大块食品切成小块,并用保鲜纸包好,可以减少食品获取冷量的时间,能达到节电的目的。

6.利用冷冻水省电

夏天,冰箱冷冻室的东西一般较少,这时可以用几个塑料盒或微波炉盒等容器盛满水后放入冷冻室,待水结成冰块后,将冰块转移到冷藏室,放在温控器的下面或旁边,这样当冷气朝上散发时,就会降低温控器周围的温度,从而减少温控器的启动次数,达到节电的目的。同时,冰块融化时会吸收大量的热量,这样对冷藏室内存放的食物也会起到降温保鲜的作用。

7.夏季制作冰块和冷饮应安排在晚间

夏季制作冰块和冷饮最好安排在晚间。晚间气温较低,有利于冷凝器散热,而且夜间较少开冰箱门存取食物,压缩机工作时间较短,可节约电能。

8.冰箱不要太满

电冰箱存放食物容积约为 80% 为宜,储存食品过少时使热容量变小,储存食品过密,不利于冷空气循环,会使压缩机增加启动次数或运行时间,浪费的电就会更多。

9.冰箱及时除霜,省电又耐用

冷冻室挂霜太厚时,制冷效果会减弱。化霜宜在放食品时进行,以减少开门次数。完成冰箱除霜后,要先使其干燥,否则又会立即结霜,这样也要耗费电能。冰箱霜厚度超过 6 毫米就应除霜。

10.避免反复冷冻

对于那些块头较大的食物,可根据家庭每次食用的分量分开包装,一次只取出一次食用的量,而不必把一大块食物都从冰箱里取出来,用不完再放回去。避免反复冷冻浪费电力,破坏食物结构。

11.尽量减少打开冰箱门的次数,缩短每次开门时间

因为开冰箱门时冷气逸出,热气进入,需要耗能降温。放入或取出物品动作要快,频繁开关门,或长时间不关门不仅会增加电费开支,还会影响冰箱的冷冻程度。每天减少 3 分钟的冰箱开启时间,1 年可省下 30 度电,相应减少二氧化碳排放 30 千克;及时给冰箱除霜,每年可以节电 184 度,相应减少二氧化碳排放 177 千克。如果对全国 1.5 亿台冰箱普遍采取这些措施,每年可节电 73.8 亿度,减少二氧化碳排放 708 万吨。

低碳账本

A.冰箱门开 1 秒钟,增加碳排放 2.68 克

B.每天开 10 次冰箱门,每次 15 秒,一天碳排放:

10 ×15 秒×2.68 克=402 克

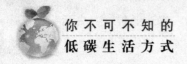
C.每天开 5 次冰箱门，每次 20 秒，一天碳排放：

5×20 秒×2.68 克 = 268 克

每天少开 5 次冰箱门，一个家庭每天减排：

402 克−268 克=134 克

总的来说，无论是从节约还是从环保角度来说，使用冰箱时最好开门次数要少，开门动作要快。

12.保证电冰箱密封

保证电冰箱密封，用一张纸夹在电冰箱门口，如果纸能轻易抽出，证明冰箱密封性差。用电吹风将老化变形的冰箱封条吹热，使之受热后重新鼓起，冰箱门关严后就会省电。

如何让电饭煲省电？

让电饭煲省电也是有方法的，这一小节，我们就介绍了一些电饭煲省电的妙招，想让你的腰包更鼓一点的爱厨人士不妨试一试。

电饭煲是厨房必备的电器，如果我们在使用电饭煲时多尝试一些下面的妙招，那么我们的电饭煲将会为我们省下更多的电。

1.选择大功率电饭煲

用电饭煲煮同量的米饭，700 瓦的电饭煲比 500 瓦的电饭煲更省时省电。电脑电饭煲一般功率较大，在 800 瓦左右，选择它可以更节能。

2.提前浸米

提前淘米并浸泡 10 分钟，然后再用电饭锅煮，可大大缩短米熟的时间，节电约 10%。每户每年可因此省电 4.5 度，相应减少二氧化碳排放 4.3 千克。如果全国 1.8 亿户城镇家庭都这么做，那么每年可省电 8 亿度，减排二氧化碳 78 万吨。

3.盖条毛巾更省电

使用机械电饭煲时,电饭煲上可盖一条毛巾(注意不要遮住出气孔),这样可以缩短煮饭时间,减少热量损失。

4.利用电热盘余热

煮饭时当电饭煲跳到保温时便可以拔下电源,再焖 20 分钟左右便可食用。少用电饭煲保温,因为电饭煲保温时电表也是转动的,同样浪费电。

5.保持电饭煲电热盘的清洁

电热盘是电饭煲的主要发热部件,所以保持电热盘清洁可以提高功效,节省用电。电热盘附着油渍污物,时间长了会炭化成膜,影响导热性能,增加耗电。每次用后要用干净软布擦净,焦膜可用木片、塑料片刮除。

6.电饭煲不要煮开水

切勿用电饭煲当电水壶用。同样功率的电饭煲和电水壶烧 1 瓶开水,电水壶只需用 5~6 分钟,而电饭煲需要 20 分钟左右。

如何让空调省电?

空调的使用让我们喜忧参半,一方面它可以使我们免于夏日的炎热,另一方面,空调所费的电量为我们带来了钱包缩小之忧,而这一小节的内容将使得我们的忧愁不再是忧愁。

夏季炎热的天气,空调一开,室内一片凉爽,但你可知这凉爽的背后是巨大的电量消耗和污染空气的气体的排放,但很多时候,我们又确实离不开空调的使用,怎么办?虽然我们无法做到拒绝空调,但我们可以采取下面的方法让我们的空调更省电,让我们的空调少排放一些污染空气的气体。

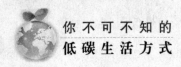

1.尽量选择变频空调

普通空调器在长时间的运行中,达到设定温度后停机,然后再以开机—停机—开机的工作方式维持房间的温度,而变频空调是靠低频运行的连续运转方式来维持房间内的温度,温度的波动大大减少,从而提高舒适性,在室内温度达到设定值以后,变频空调在低频状态下稳定运行维持温度,减少能耗。此外,在供电不足的地区,变频空调器可自动修正加到压缩机上的电压,使压缩机的工作更稳定,效率更高。

2.选购空调时要考虑房间大小

选购空调时要考虑房间大小,1 匹空调适合 12m² 左右的房间;1.5 匹空调适合 18m² 左右的房间;2 匹空调适合 28m² 左右的房间;2.5 匹空调适合 40m² 左右的房间。

3.空调温度适宜

使用空调器时,不宜温度太低,国家推荐的家用空调夏季设置温度为 26℃~27℃,空调每调高 1 度,可降低 7%~10% 的用电负荷。最好设定室内与室外温差为 4℃~5℃,一般夏季设定在 26℃~28℃,冬季设定在 16℃~18℃。在一定条件下,室内空调温度每调高 1℃~2℃,空调的功率将下降 5%~10%。炎热的夏季,空调能带给人清凉的感觉。不过,空调是耗电量较大的电器,设定的温度越低,消耗能源越多。其实,通过改穿长袖为穿短袖、改穿西服为穿便装、改扎领带为扎松领,适当调高空调温度,并不影响舒适度,还可以节能减排。如果每台空调在国家提倡的 26℃~27℃基础上调高 1℃,每年可节电 22 度,相应减排二氧化碳 21 千克。如果对全国 1.5 亿台空调都采取这一措施,那么每年可节电约 33 亿度,减排二氧化碳 317 万吨。

4.定期清洗过滤网

空调机使用期间每月应至少清洗一次滤网,应把它放在不超过 45 度的温水中清洗干净,吹干后安上,这样可节电 10%~30%,可提高冷气效果;有条件的也可请专业人员定期清洗室内和室外机的换热翅片。

5.提前换气

在使用空调的时候提前将房间的空气换好,如果需要开窗,窗户的缝隙不要超过两厘米。在使用空调的过程中,要尽量控制开门开窗。如果您用的是变频空调,当室内温度总与外界一样时,那么变频空调还会调高频率,超负荷工作,增大消耗。如果想停机换空气,最好在开窗开门前 20 分钟关空调。

6.关闭门窗开空调,节电又制冷

空调房间不要频频开门,以减少热空气渗入。同时对于有换气功能的空调和窗式空调,在室内无异味的情况下,可以不开新风门换气,这样可以节省 5%~8%的能量。

7.合理使用空调

选择适宜的出风角度:制冷时出风口向上,制热时出风口应该向下。空调器不能频繁启动压缩机,停机后必须隔 2~3 分钟以后才能开机,否则易引起压缩机因超载而烧毁,且电耗多。使用睡眠功能可以起到 20%的节电效果。

8.勿给空调外机穿"雨衣"

空调外机本身就有防水功能,不需要再加装防雨板,这样会影响散热,增加电耗。

9.加装外遮阳

外遮阳的好处就是可以把太阳辐射的 90%都挡在外面,隔热节能,让您节省开空调或暖气耗电所带来的高额电费。

10.选用新型空调设备

在办公楼改造过程中,以全新的节能型号代替陈旧的空调设备,如考虑使用热回收型冷水机或热泵机组,在提供冷气的同时,可利用回收的废热将热水加热,可大幅提高能源利用效率。

11.利用夜间自然冷风预冷房间

在夜间最低温度较低的情况下,预先进行通风换气,利用建筑物自身的结构蓄冷。此方法除了减少能耗外,还可以保持室内良好的空气质量。

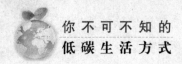

12.出门前3分钟关空调

空调房间的温度并不会因为空调关闭而马上升高。出门前3分钟关空调,按每台每年可节电约5度的保守估计,相应减排二氧化碳4.8千克。如果对全国1.5亿台空调都采取这一措施,那么每年可节电约7.5亿度,减排二氧化碳72万吨。

13.过渡季节靠新风制冷

大多数商务写字楼由于内部的热源(如:人、计算机、照明等)在过渡季节亦需要进行冷却,可利用较冷的室外空气来满足全部或部分制冷需要,从而减少系统制冷所需的能源。这种冷却方法亦称作"免费空调"。

14.清洗空调的风系统

风系统主要包括空调箱、风机、盘管、过滤器、凝水盘、风口等,这些设备运行一定时间后,表面积灰较多,导致换热能力下降、阻力增加、微生物细菌繁殖污染空气等等。清洗风系统后不但可减少系统阻力、提高换热能力、节省电力,而且可以减少空气污染,改善空气质量,有益健康。

15.清洗空调的水系统

水系统清洗主要包括冷凝器、蒸发器、盘管、冷却塔和其他换热器的清洗,当水系统运行一定时间后,由于杂质、油污等会吸附在换热器的内外表面,使换热器的换热能力下降,冷冻机的能效降低、出力不足。定期对换热器进行清洗,可提高换热能力,提高冷冻机的能效和出力,同时也可延长设备的使用寿命。

如何让微波炉省电？

微波炉的确为我们的生活带来了更多的便利，为我们节省了宝贵的时间，使得很多人都十分青睐微波炉，这一小节，我们将为你介绍让微波炉更省电的妙招。

现代高节奏的生活使得微波炉的使用更加普遍，毫无疑问，微波炉的确为我们的生活带来了很多方便，但我们却不能因为这样就肆无忌惮地使用微波炉，毕竟微波炉无论是耗电量还是辐射度都是令人咂舌的。经常使用微波炉的人士不妨试试下面的方法，让我们的微波炉为我们省更多的电。

1.微波炉省电小窍门

热饭菜用专用塑料盘盛，比用碗盛更省时省电。

2.盖上盖子更省电

微波炉节电主要决定于加热食品的多少和干湿。加热食品时，最好在食品上加层无毒塑料膜或盖上盖子，防止加热食品水分蒸发，这样不仅味道好，而且节省电能。

3.提前解冻

如时间允许，尽量不用微波炉解冻，上班前可将冷冻食品预先放入冷藏室内慢慢解冻，这样充分利用了食物解冻吸收热量来降低冷藏室的温度，一举两得。

4.注意掌握时间

微波炉启动时用电量大，使用时尽量掌握好时间，减少重复开关次数，做到一次启动烹调完成。

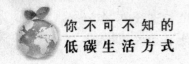

如何让饮水机更省电？

大部分人使用饮水机时都是一天 24 小时通电，然而饮水机并不是 24 小时都工作，要想让我们的饮水机更省电，不妨试试本节的小方法。

据统计，饮水机每天真正使用的时间约 9 个小时，其他时间基本闲置，近三分之二的用电量因此被白白浪费掉。在饮水机闲置时关掉电源，每台每年节电约 366 度，相应减排二氧化碳 351 千克。如果对全国保有的约 4000 万台饮水机都采取这一措施，那么全国每年可节电约 145 亿度，减排二氧化碳 1405 万吨。

和大多数家庭一样，李先生家日常饮水都依靠饮水机。尤其是冬天，为了随时能喝上热水，他家饮水机的加热功能一直打开，每隔一会儿就自动加热一次，直到一次和一位电器销售员聊天，他才改变了这个习惯。

"我以前一直不知道，饮水机这个隐藏在客厅角落里的家伙原来是个'电老虎'，现在我再也不敢那样烧了，只要不用的时候我就让它断电。"李先生说，如果加热完毕后，让饮水机处于保温—加热—保温这种连续启动的工作状态 24 小时，功率在 600 瓦的冷热两用饮水机就会耗电 1.5 度至 1.7 度，这样算下来，仅一个家庭用饮水机一年的碳排放就将近 460 千克。

也许有人会问，一天耗电量 1.5 度也不高啊？李先生说："市场上的节能冰箱日耗电量只有 0.4 度至 0.5 度，人们以往从未觉察到饮水机的耗电量竟然是节能电冰箱日耗电量的 3 倍以上。"

现在，李先生家的饮水机只在早晨 7：00~7：30，晚上 19：00~21：30 打开。如果是周末，就在每次想要泡茶喝水之前打开，用完马上关掉。这样算下来，每天只打开饮水机 3 个小时左右，相比 24 小时加热，可以节电 80% 以上。同样,也减少因饮水机而产生的二氧化碳排放80%以上。

饮水机低碳账本

1.耗电量×0.785=二氧化碳排放量

2.24 小时开启饮水机的情况下:1.6 度电×0.785×365 天=458.44 千克

3.每天 3 小时开启饮水机的情况下:1.6 度电÷24 小时×3 小时×0.785×365 天=57.3 千克

4.只在用时开启饮水机一年减少碳排放:458.44 千克−57.3 千克=401.14 千克

如何让洗衣机省水省电?

洗衣机节省了人力洗衣服的时间和劳力,但洗衣机也是一费电量较大的电器,如何让我们的洗衣机省电呢?

一堆脏衣服丢进洗衣机中,在洗衣机里转动后就变得干干净净,但我们的钱包也在这转动中缩小了,下面的妙招将使我们在体验洗衣机的便利的同时也节省我们的腰包。

1.先浸泡后洗涤

洗涤前,先将衣物在流体皂或洗衣粉溶液中浸泡 10～14 分钟,让洗涤剂对衣服上的污垢脏物起作用,然后再洗涤。这样,不仅能够使衣物洗得更加干净,而且可使洗衣机的运转时间缩短一半左右,电耗也就相应减少了一半。

2.分色洗涤,先浅后深

不同颜色的衣服分开洗,不仅洗得干净,而且也洗得快,比混在一起洗可缩短 1/3 的时间。对于一些不是很脏的衣物,少放些洗衣粉,也可以减少漂洗次数。

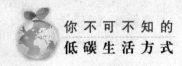

3.先薄后厚

一般质地薄软的化纤、丝绸织物,四五分钟就可洗干净,而质地较厚的棉、毛织品要十来分钟才能洗净。厚薄分别洗,比混在一起洗可有效地缩短洗衣机的运转时间。

4.额定容量

若洗涤量过少,电能白白消耗;反之,一次洗得太多,不仅会增加洗涤时间,而且会造成电机超负荷运转,既增加了电耗,又容易使电机损坏。

5.用水量适中,不宜过多或过少

水量太多,会增加波盘的水压,加重电机的负担,增加电耗;水量太少,又会影响洗涤时衣服的上下翻动,增加洗涤时间,也使电耗增加。

6.正确掌握洗涤时间,避免无效动作

衣服的洗净度如何,主要是与衣服的污垢程度、洗涤剂的品种和浓度有关,而同洗涤时间并不成正比。超过规定的洗涤时间,洗净度也不会有大的提高,而电能则白白耗费了。

7.调好洗衣机的皮带

皮带打滑、松动,电流并不减小,而洗衣效果差;调紧洗衣机的皮带,既能恢复原来的效率,又不会多耗电。

8.程序合理

衣物洗了头遍后,最好将衣物甩干,挤尽脏水,这样,漂洗的时候,就能缩短时间,并能节水省电。

9.尽量使用节水洗衣机

当然,如果有可能,我们建议您最好能拥有一台本身功能比较好,相对比较节水省电的洗衣机,那么可以为您节省不少的水耗电耗,并且省时省事,一举两得。

10.衣物集中洗

一桶含洗涤剂的水连续洗几批衣物,洗衣粉可适当增添,全部洗完后再

逐一漂洗,这样可以省电、省水,还可节省洗涤时间。洗衣粉是生活必需品,但在使用中经常出现浪费,合理使用,就可以节能减排。比如,少用 1 千克洗衣粉,可节能约 0.28 千克标准煤,相应减排二氧化碳 0.72 千克。如果全国 3.9 亿个家庭平均每户每年少用 1 千克洗衣粉,1 年可节能约 10.9 万吨标准煤,减排二氧化碳 28.1 万吨。

11.强洗更省电

全自动洗衣机可选择在晚上 22 点以后开动。洗衣机有"强洗"和"弱洗"的功能,"强洗"比"弱洗"要省电。同样长的洗涤周期,"弱洗"比"强洗"的叶轮换向次数多,电机增加反复启动次数。电机启动电流是额定电流的 5~7 倍,因此"弱洗"反而费电;"强洗"还可延长电机寿命。

12.按衣物的种类、质地和重量设定程序

按衣物的种类、质地和重量设定水位,按脏污程度、洗涤时间和漂洗次数设定,既省电又节水。洗涤丝绸等精细衣物的时间可短些,洗涤棉、麻等粗厚织物的时间可稍长;漂洗时把衣物上的肥皂水或洗衣粉泡拧干再漂洗,也可节电。一般合成纤维和毛丝织物洗涤 3~4 分钟;棉麻织物 6~8 分钟;极脏的衣物 10~12 分钟。在夏天应尽量选用简易程序,这样可以节约 1/3 的水。

13.脱水时间可缩短

洗衣后脱水 2 分钟就可以了。衣物在转速 1680 转/分情况下脱水 1 分钟,脱水率就可达 55%,尼龙制品仅 1 分钟就足够了,延长时间脱水率提高很少。

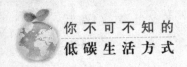

如何让电风扇省电?

电风扇是夏季经常使用的电器,也是夏季耗电量较大的电器,如何使电风扇更省电就显得尤为重要。

虽然空调在我国家庭中逐渐普及,但电风扇的使用数量仍然巨大。电风扇的耗电量仅是空调的 5%~10%,天气不太热的时候,用电风扇比较划算。

电风扇应放在室内相对阴凉处,将凉风吹向温度高处;白天宜摆于屋角,让室内空气流向室外;晚上将其移至窗口内侧,将室外空气吹向室内。电风扇的吹动力将使室内冷空气加速循环,冷气分布均匀,达到较佳的冷气效果。

电风扇的耗电量与扇叶的转速成正比,同一台电风扇的最快挡与最慢挡的耗电量相差约 40%。在大部分的时间里,中、低挡风速足以满足纳凉的需要。以一台 60 瓦的电风扇为例,如果使用中、低挡转速,全年可节电约 2.4 度,相应减排二氧化碳 2.3 千克。如果对全国约 4.7 亿台电风扇都采取这一措施,那么每年可节电约 11.3 亿度,减排二氧化碳 108 万吨。

如何用电炊具的余热来节电?

不要小瞧电炊具的余热,小小的余热也可以发挥很大的作用。

电炊具方便快捷,深受家庭主妇的喜爱,可是一直用电炊具,其每天的耗电量也是很惊人的,如何使电炊具更省电也成为人们关注的问题,用电炊具的余热来省电就不失为一种很好的省电办法。

1. 用电烤箱烤花生米等,可提前断电 5~6 分钟再开箱取出。

2. 用电饭煲煮面条时,水开后放入面条,煮 3~5 分钟将电源断开,保温几分钟即可。

3. 用电饭煲煮粥时,可在水沸腾后断电 7~8 分钟,再重新通电。

4. 用电饭煲煮米饭时,当煲内沸腾后,将键抬起即切断电源,利用电热盘的余热,待几分钟后再按下按键,饭熟后电饭煲自动断开电源。

台式电脑的使用与节电

电脑在我们的工作、学习、生活中扮演着重要的角色,我们已经离不开电脑,如何使我们的电脑使用寿命更长,耗电量更小,相信是每个人的心中都想知道的。这一小节,我们就来介绍台式电脑的使用与节电窍门。

现代社会,电脑不可避免地成为我们的学习、工作、生活的必需品,但电脑尤其是台式电脑的耗电量也是令人头疼的事,因为一个不注意,就会增加电脑的耗电量。下面我们就来看看日常使用电脑中有哪些被我们忽略却具有耗电量的细微之处。

1. 选择合适的电脑

电脑需要升级设备时,在购买时要考虑这些因素:重量轻、尺寸小的膝上型电脑比标准计算机使用的能源少 90%。电脑配置要与个人的需要相结合,不要一味追求高配置,如果用不到也是浪费。

2. 学会使用"待机"模式

减少电脑和显示器能源消耗的最好方法就是不用时关闭。如果电脑有"待机"模式,确保启用它,电脑在不用时即进入低能耗模式,可以将能源使

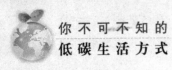
用量降低到一半以下。电脑在"待机"状态下也有 7.5 瓦的能耗；即便关了机，只要插头还没拔，电脑照样有 4.8 瓦的能耗。因此，不用电脑时请记得拔掉插头。

3.购买合适的显示器

购买电脑时要选择适当大小的显示器，因为显示器越大，消耗的能源就越多。例如，一台 17 寸的显示器比 14 寸显示器耗能多 35%。

4.显示器的使用

关机后注意也将显示器关掉，只用来听音乐时，可以将显示器亮度调到最暗或干脆关闭。

5.看电影时尽量选用硬盘

要看 DVD 或者 VCD，不要使用内置的光驱和软驱，可以先复制到硬盘上面来播放，因为光驱的高速转动将耗费大量的电能。

6.尽量少使用外部设备

尽量少用或者不要使用外部设备，任何 USB 和 PC 卡设备都会消耗电能。

7.关掉不用的服务程序

关掉不用的服务程序。MSN Messenger、桌面搜索、无线设备管理器等，在不需要的时候把它们都关掉。

8.上网节电

把需要的网站放入收藏夹，这样下次再用时不会浪费时间去搜索网站。

9.电脑需要常保养

对机器要常保养，注意防潮、防尘。机器积尘过多，将影响散热，显示器屏幕积尘会影响亮度。保持环境清洁，定期清除机内灰尘，擦拭屏幕，既可节电又能延长电脑的使用寿命。

笔记本电脑省电窍门

现今,拥有一个笔记本电脑对于大多数人来说已经不再是梦想,然而很多笔记本电脑的拥有者并不知道怎样使用才能让自己的笔记本电脑更省电,才能让自己的笔记本电脑使用寿命更长。这一小节,我们就为大家揭开笔记本电脑使用的这一困惑。

笔记本电脑电池的续航能力是笔记本电脑用户最关心的问题,怎么才能让笔记本电脑更省电、工作更长的时间、让电池发挥最大的效用是每个笔记本电脑使用者必须面对的问题,下面介绍了笔记本电脑省电的 10 个窍门。

1.降低亮度。毋庸置疑,把亮度开到最高是笔记本电脑电池的第一杀手。

2.不要使用外部设备。任何 USB 和 PC 卡设备都会消耗电能。

3.少开几个程序。做什么事就开什么程序,把其他的关掉。

4.保持冷却。保证排气孔没有被堵住,尤其是放在你腿上的时候。

5.关掉不用的服务程序。MSN Messenger、Google 桌面搜索、QuickTime、无线设备管理器等等,在不需要它们的时候把它们都关掉。

6.使用休眠(Hibernate)而不是待机(Suspend)。如果你的笔记本电脑支持休眠功能,往往比系统待机更省电。

7.调整能源管理器中的高级配置。两年前出产和现在的笔记本电脑基本上都有自己的能源管理器,调整一下配置,选择更省电的模式。

8.慎重选择应用程序。Word、Excel、Outlook 和文本编辑器都是比较省电的程序。所有 Adobe 的程序、所有 Google 的插件都是耗电能手。玩游戏也非常耗电。WinDVD 比 Windows 媒体播放器好一些。放 MP3 时记得关掉视觉效果,最好干脆不要放 MP3。

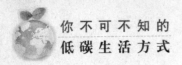

9.注意你的硬盘。不要用电脑放音乐,主要原因是硬盘耗电。有的硬盘启动耗电比较多,找找规律看看闲置多长时间后再让硬盘停转最合适。

10.时刻准备着。在上机前就做好系统调整,等上机后再做只会消耗更多的电源。做好调整后,让笔记本电脑休眠。

上网节电有妙招

网上虚拟世界的诱惑令人无法抗拒,但昂贵的上网费用和耗电量又使网迷们心疼不已。如何节省上网费用?本节中我们就给你支几招。

1.充分利用书签功能,可以节省输入网址的时间。我们可以根据自己的需要和爱好,创建若干子书签夹,这样便于分类检索。具体操作是打开书签编辑窗口 gotoBook-marks,再按照自己的需要在子书签夹之下建深层书签夹。我们还可以利用属性对话框,将其名称改为便于记忆的文字。

当我们在网上测览了许多内容后,突然又想回到起始或曾经到过的站点时,若返回一一寻找就要浪费很多时间,这时我们可以点按"地址"的下拉按钮,在下拉菜单中,就记录着本次上网走过的所有站点。

2.由于图形传输总比文字传输慢得多,因此,我们在打开一个网页时,估计文字传输得差不多了,不必等这个网页的文图内容全部显示在屏幕上,就按下"停止"钮,从中查找我们要链接的网页,这样我们就可以省去很多不必要的图形传输时间了。

◎篇幅较长的文章,可先将其存盘,下线后再细细阅读。

◎发送电子邮件内容较多时,可离线写好,上网后利用"附件"发出。

◎参加离线讨论组,多用离线浏览器,可在离线情况下获得大量的网上信息。

◎上网时间您一定要躲开高峰期。一般凌晨 3~6 点是上网的最佳时间。这段速度最快，要比白天快好几倍。白天由于"塞车"，有些网站暂进不去，而这段时间就可以方便地出入了。

不要让电器处于待机状态

长期处于待机状态的家用电器不仅会耗费可观的电能，而且其释放出的二氧化碳还会对环境造成不同程度的影响。

许多人喜欢让家中的各种电器长时间处于待机状态，以方便使用。这样做的直接后果是让这些家庭每月支付数额不小的"冤枉电费"。家庭每月因待机电器耗费的电量占他们月用电量的 10% 以上。在众多家电中，计算机显示器、打印机、电视机和微波炉等在待机状态下耗电量较大。

除此之外，待机状态下的电器会释放大量温室气体——二氧化碳，在一定程度上加速了气候的变暖。每年因这一原因排放的二氧化碳很多。因此，人们在不用电器设备的时候，将它们彻底关掉，这样不仅省电，而且也可减少空气中二氧化碳的排放量。

电视机、洗衣机、微波炉、空调等家用电器，在待机状态下仍在耗电。如果全国 3.9 亿户家庭都在用电后拔下插头，每年可节电约 20.3 亿度，相应减排二氧化碳 197 万吨。

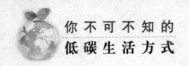

节电居家各国有妙招

随着国际石油价格的上涨和"低碳"观念的普及,各国为节约能源各出奇招。我们不妨多多借鉴的国外有用的节电妙招。

印度:电力不足强制节能

五六月份是印度最热的高温时节,人们使用空调、电扇引起的用电需求趋于高涨。据报道,2009 年 6 月 10 日当天,整个新德里市的高峰电力需求达 4030 兆瓦,但由于电力供应不足,多个地区长时间停电,一些中心商业区和主要居民区甚至每天累计断电在 5 个小时以上。

由于这种情况新德里市政府宣布了一系列"节能"措施来缓和供需矛盾,这些措施包括指令除药店、餐馆以外的所有的商业场所下午 7 点半前关门,所有的市场每周强制停业一天,政府部门下午 6 点半以后禁止使用空调。另外,工厂也被要求减少班次,暂停从晚上 6 点到午夜的夜班。

法国:夏时制节能效果好

法国气候类型特点是冬无严寒、夏无炎热且雨量适中。由于夏季相对而言比较"好过",法国家庭很少安装空调,因此不存在通过控制空调使用来节约用电的措施。

夏季,法国节能最重要的措施是实行夏时制。1976 年,即第四次中东战争导致首次石油危机后的第三年,法国及欧洲大部分国家开始实行夏时制,目的是为了减少照明用电,节约能源。法国环境与能源控制署公布的数字显示,实行夏时制每年可为法国节电 13 亿千瓦时,相当于节约 29 万吨标准油当量,占法国总电力消费的 4%,是一个拥有 20 万居民的城市一年的耗电总量。

在冬季,由于法国很多家庭采用电取暖,法国政府会号召大家节电。例如在 2006 年冬季,巴黎街头的 600 个广告牌和 450 个公园里的信息栏都张贴了节电宣传画,告诉市民:"冬季室内温度为 19 摄氏度最理想,让我们穿上套衫吧。"

埃及:为"电耗子"制定节能标准

随着夏季的到来,沙漠气候昼夜温差加大,埃及首都开罗白天最高温度达到 37 摄氏度左右,夜晚最低温度达到 23 摄氏度左右。由于空调等家电的使用频率加大,耗电量毫无疑问也在大幅上升,节能节电不仅成为埃及政府部门要考虑的问题,也是普通埃及人日常家居的关切所在。

从家居生活来说,埃及新能源和可再生能源管理局为埃及家庭三大"电耗子",即冰箱、洗衣机和空调制定了节能标准。埃及的家电节能标准主要包括:在埃及市场的渗透率、月耗能量以及改进后产生的节能量等。埃及有关部门对家电产品进行节能测试,推出节能产品,并贴上特殊标识在市场推广销售,以防节能性能不好的家电产品进入埃及市场。

从电器使用方面来说,埃及政府提倡节能节电,强调不要浪费能源,并加强宣传活动,增强人们的节能节电意识。埃及环境国务部电力工程部门官员希沙姆·伊拉格马威说,埃及政府部门在办公室里的空调通常设在 22~23 摄氏度,属于中等舒适水平。另外,埃及政府还鼓励人们在家中安装双层窗,阻隔热浪,使用太阳能热水器和节能灯等。

据了解,埃及一些民营企业和部门的老板非常重视员工的节能节电意识,经常会提醒员工人不在办公室时要注意关灯、关空调,空调温度不要设太低等。

日本:穿"清凉装"用节能灯

日本政府提倡夏天穿"清凉装",办公室空调冷气调到 28 摄氏度。提倡工作人员不穿西装上衣,不打领带,这种制度已经实施了三个年头。

调查表明有 64% 的男性表示夏天穿清凉装,既节约能源,又让人轻松愉快。过去大街上不打领带的日本人很少,现在打领带的人反而少了,清凉装

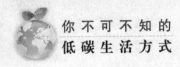

你不可不知的
低碳生活方式

已为广大日本人所接受。

日本早在 1997 年就实施了《促进新能源利用特别措施法》，在此基础上日本制定了《能源基本计划》。此外，政府还根据形势需要每年出台具体措施。

在政府的号召下节能已变成全社会的行动。日本企业有完善的节能规章制度，每月张榜公布节能的结果，不断挖掘节能潜力。日本百货店协会决定全国 266 家商店空调冷气比去年提高 1~2 摄氏度，去年高岛屋、三越百货店率先实行，今年推广到全国。很多日本的饭店注意节能，很少装修得灯火辉煌。为了进一步提高全民节能的积极性，日本还在全国举行"熄灯 2007"大型活动，夜间全国一齐熄灯两小时，目的是让节能的观念更加深入人心。

日本社会的节能运动逐步深入，近来重点转向家庭节能，日本前首相安倍晋三曾提议开展以"一人一日一公斤"为目标的温室气体国民减排运动。家庭减排的内容包括：每人每天减少一分钟淋浴时间，自带包装袋购物，夏天将空调冷气调高 1 摄氏度，冬天将空调暖气调低 1 摄氏度，空调、冰箱、灯泡换成节能产品，减少汽车空转，生活垃圾彻底分类，减少焚烧量，不用时切断家电电源等。

我国也提倡通过调整供暖时间、强度，使用分室供暖阀等措施，每户每年可节能约 326 千克标准煤，相应减排二氧化碳 837 千克。如果每年有 10% 的北方城镇家庭完成供暖改造，那么全国每年可节能约 300 万吨标准煤，减排二氧化碳 770 万吨。还有，有些电热水器因缺少隔热层而造成电的浪费。如果家用电热水器的外表面温度很高，不妨自己动手"修理"一下——包裹上一层隔热材料。这样，每台电热水器每年可节电约 96 度，相应减少二氧化碳排放 92.5 千克。如果全国有 1000 万台热水器能进行这种改造，那么每年可节电约 9.6 亿度，减排二氧化碳 92.5 万吨。

家用节约用水的小技巧

节约用水不仅可以帮你省钱,也是关系到节约能源的大问题。

面对水资源的紧缺和水费的提高,节水成为不少家庭重视的问题,下面几种节水小窍门可供参考。

1.洗菜水、洗衣水等可以用来冲马桶或是擦洗地板。

2.洗车时使用海绵和水桶来取代水管,可节省 1/2 的用水量。

3.用洗米水、煮面水来洗碗筷再用清水冲洗干净,可节水及减少洗洁精的污染。用养鱼及洗米水浇花能促进花木生长。

4.对非节水型抽水马桶,可尝试采用水箱内放置几只装满水的可乐瓶的方式来减少冲洗水量。

5.家里洗餐具,最好先用废纸把餐具上的油污擦去,再用热水洗一遍,最后才用较多的温水或冷水冲洗干净。

6.以前用洗洁精清洗瓜果蔬菜,需用清水冲洗几次,才敢放心吃,现在可改用盐水浸泡消毒,只冲洗一遍就够了。

7.洗衣机不间断地边注水边冲淋、排水的洗衣方式,每次需用水约 165 升。洗衣机采用洗涤—脱水—注水—脱水—注水—脱水方式洗涤,每次用水约 110 升,每次可节水 55 升,每月洗 4 次,可节水 220 升。衣物要集中洗涤,减少洗衣次数。小件衣物,提倡手洗,可节约大量水。洗涤剂要适量投放,过量投放将浪费大量水。

8.一个没关紧的水龙头,在一个月内就能漏掉约 2 吨水,一年就漏掉 24 吨水,同时产生等量的污水排放。如果全国 3.9 亿户家庭用水时能杜绝这一现象,那么每年可节能 340 万吨标准煤,相应减排二氧化碳 868 万吨。

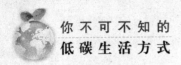

9.使用感应节水龙头可比手动水龙头节水 30% 左右,每户每年可因此节能 9.6 千克标准煤,相应减排二氧化碳 24.8 千克。如果全国每年 200 万户家庭更换水龙头时都选用节水龙头,那么可节能 2 万吨标准煤,减排二氧化碳 5 万吨。

洗脸刷牙怎样节水?

洗脸刷牙这些日常生活中的细微之处也隐藏着节约水资源的妙招,只要我们用心,我们也可以在这些举动中自然而然地节约水资源。

日常生活中的洗漱离不开水的使用,而在这些生活用水的使用中,我们不经意的浪费掉很多水资源,事实上只要我们洗脸刷牙时,多注意一点,那么在这些方面节水便不是问题。下面,我们就来看看在洗脸刷牙中有哪些细节是浪费水,又有哪些细节是节约水。

洗脸、洗手时,水龙头大开,水花四溅很浪费水资源。而控制水龙头开关至中小水量,及时关水则可以节约水。因此,我们平时洗脸、洗手最好使用面盆,这样可以节约一定的水资源。

刷牙时不间断放水 30 秒,用水约 6 升。如果我们用口杯接水,3 个口杯,用水 0.6 升。三口之家每日两次,每月可节水 972 升。可见,刷牙时用口杯能节约水资源。

怎样洗澡才能节水？

　　洗澡时，人们往往更注重的是怎样才能洗得更舒服，而忽略掉了洗澡时也需注意节水，其实，只要我们在洗澡时稍稍注意一些细节，我们不仅仅能洗得舒服，还能节约用水。

　　淋浴或者盆浴时，过长时间不间断放水冲淋，会浪费大量水。盆浴时放水过多，以至溢出，或者盆浴时，一边打开下水塞，一边注水，都会浪费水资源。我们在淋浴或者盆浴时可以采取下面的方法节省水资源。

　　用喷头洗淋浴时，我们要学会调节冷热水比例；适当将淋浴温度调低1℃，每人每次淋浴可相应减排二氧化碳 35 克。如果全国 13 亿人有 20% 这么做，每年可节能 64.4 万吨标准煤，减排二氧化碳 165 万吨。不要将喷头的水自始至终地开着，洗澡时应该及时关闭来水开关，以减少不必要的浪费。这样，每人每次可相应减排二氧化碳 98 克。如全国有 3 亿人这么做，每年可节能 210 万吨标准煤，减排二氧化碳 536 万吨。尽可能先从头到脚淋湿一下，就全身涂肥皂搓洗，最后一次冲洗干净；不要单独洗头、洗上身、洗下身和脚；洗澡要专心致志，抓紧时间，不要悠然自得，或边聊边洗；更不要在浴室里和好朋友大打水仗。另外，还应注意，不要利用洗澡的机会"顺便"洗衣服、鞋子。在淋浴洗澡的时候，底下可以放一个大盆，把接下来的洗澡水留着冲厕所。

　　盆浴是极其耗水的洗浴方式，如果用淋浴代替，每人每次可节水 170升，同时减少等量的污水排放，可节能 3.1 千克标准煤，相应减排二氧化碳8.1 千克。如果全国 1 千万盆浴使用者能做到这一点，那么全国每年可节能约 574 万吨标准煤，减排二氧化碳 1475 万吨。

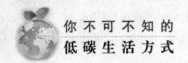

厕所如何节水?

厕所用水占人们日常生活中用水量中的较大一部分,如何节约厕所用水是每个家庭都应该重视的问题。

水箱漏水总是最多,进水口止水橡皮不严,灌水不止,水满以后就从溢流孔流走;出水口止水橡皮不严,就不停流走水,进水管不停地进水。水箱漏水的主要原因是把手连接皮碗用的铜丝经常卡住,使皮碗掉不下去,皮碗下不去就不能完全堵死漏水口,而导致漏水。可用塑料袋搓成塑料细绳,把塑料绳穿过皮碗上的铁环,双起两头连在把手摇臂上即可。塑料绳既结实又不怕水泡,半年换一次即可。

如果觉得厕所的水箱过大,可以在水箱里竖放一块砖头或一只装满水的大可乐瓶,以减少每一次的冲水量。但须注意,砖头或可乐瓶放置位置不要妨碍水箱部件的运动。此外用收集的家庭废水冲厕所,可以一水多用,节约清水。再者垃圾不论大小、粗细,都应从垃圾通道清除,而不要倒入厕所用水来冲。

浇花有什么样的节水法？

闲时养养花草不失为修身养性之道，但我们在养花时也不要忘了节约用水，在这方面，我们可以借鉴国外的一些做法。

你想得到吗？在国外有以下浇花妙招也可以为低碳作贡献。为了节水，澳大利亚首都堪培拉实施了强制性浇花限水条例，其内容主要如下：

第一，居民按照牌号的奇数和偶数分单双日用喷头喷灌草坪或花园，浇水时段限制在晚7时至早7时；

第二，浇草地时段缩短，为早5时至早8时，晚7时至晚10时；

第三，禁止使用喷头，须手持水管浇花淋草；

第四，洗菜、做饭等生活用水用于浇灌花木。

美国纽约市政府要求：家庭种植的草坪中的青草长高到5厘米，这样，草叶就会遮掩住根部，减少水分的蒸发；把植物和灌木地的周围用覆盖物盖住，以便遮住和隔离植物根部；尽量种植浇水量要求不高的青草和灌木品种，或者减少草地种植面积。

墨西哥科学家开发出一种能快速分解废水中有毒物质的新技术，可将废水转换成灌溉用水。墨西哥大都市自治大学生物技术研究员豪尔赫·戈麦斯说，传统的废水处理技术利用微生物的作用来净化水质，但有些有毒物质无法被分解，废水处理的效果不理想。与传统方法相比，新技术不仅能将分解废水中有害物质的速度加快100倍，而且能提高处理过的废水水质，被处理过的废水可以用来灌溉农田和花草树木。

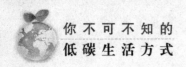
大扫除怎样节水?

要想保持家庭的干净卫生,每隔一段时间的家庭大扫除是必不可少的。然而每次的家庭大扫除耗费的不仅仅是劳动量,还有用水量,在家庭大扫除时可以采用本节所教的方法来减少用水量。

在打扫卫生的时候可以遵循这个次序:卧室、书房、客厅、厨房、卫生间。书房和卧室可以互换,但卫生间一定要排在最后。这样做是很有讲究的,因为最后清理出来的抹布等清洁用品势必要拿到卫生间清洗,如果卫生间提前清理好了,那打扫卫生的人进进出出肯定又把卫生间搞乱了。

在一个房间内大扫除时先从吊顶、顶灯开始,再到家具、电视机等,最后才是地板,这个次序是既可以避免重复劳动,也可以避免重复用水,从而节约用水。

擦东西的时候,一块抹布折成四折,一面擦脏以后换另外一面,这样可减少清洗抹布的次数,也可节约点水资源。

怎样洗菜更节水?

洗菜用水是家庭中的一大耗水量,在洗菜时如果注意节约用水可以节约很大一部分的家庭用水。

洗菜时可以采用分层用水的方法来节约用水,也可以先择菜后清洗或者用淘米水洗菜,这样可以节省家庭的洗菜用水。

1.洗菜时分层用水。分层用水就是合理安排用水的次序,让一盆水多次利用。

洗菜是生活中一大用水之处,比如要洗茭白、长豆和空心菜,如果不分层用水,洗茭白2盆水,洗长豆2盆水,洗空心菜3盆水,共得7盆水。而采用分层用水,第一盆水洗茭白后取出,再洗长豆取出,最后洗空心菜;第二盆水也按这个次序,第三盆也是这样,3盆水下来,3种菜已全部洗净了,相比于前面用7盆水,可以洗两天的菜了。分层用水需要在洗菜之前先思考一下,安排好洗菜的次序,然后动手。

2.先择菜后清洗。把青菜上的根及烂叶去掉,抖掉菜上的土再清洗,带皮的蔬菜,例如土豆,先去皮再清洗,可以减少清洗次数,节约用水。

3.用淘米水洗菜。淘米水能有效去除蔬菜上的沙土及残存农药,不仅节水,也有益健康。

4.用盆接水洗菜。用盆接水洗菜代替直接冲洗,每户每年约可节水1.64吨,同时减少等量污水排放,相应减排二氧化碳0.74千克。如果全国1.8亿户城镇家庭都这么做,那么每年可节能5.1万吨标准煤,减少二氧化碳排放13.4万吨。

厨房用水循环利用

厨房用水是家庭用水的大头,厨房用水循环利用是厨房节约用水的绝妙方法。

厨房是用水的大头,一日三餐下来,要耗费不少的水。所以,厨房节水是很有必要的。下面就来介绍一下厨房用水循环利用的节水妙招。

1.勿对着水龙头直接洗碗、洗菜,应放适量的水在盆槽内洗涤,以减少

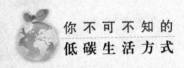

流失量。

2.用洗米水、煮面水、苦茶粉洗碗筷,可节省生活用水及减少洗洁精的污染。

3.用洗菜水、洗碗盘等清洗水来浇花及擦洗地板。

4.将除湿机收集的水及纯水机、蒸馏水机等净水设备的废水回收再利用。

5.不要用水冲食物退冰,改用微波炉解冻或及早将食物由冰箱冷库中取出,放置于冷藏室内退冰。

6.食物烹调完毕后,不要急着用清水冲洗锅、勺,可先用纸巾顺手将锅、勺的残油擦去后,再用一小滴洗洁精加一点热水洗一遍,最后再用较多的温水或冷水冲洗干净。这样不但节约了用水,也省了洗洁精。

7.用洗洁精洗瓜果蔬菜,需要用清水冲洗几次,才敢放心吃。而将蔬菜、瓜果放在淘米水或盐水中浸泡几分钟,再用清水清洗,只冲洗一次就够了。这样做不仅节约水,而且能有效清除蔬菜上的残存农药,有益健康。

8.清除厨房里的油污,可以用吃过的橘子皮、柚子皮或橙皮擦拭。这些水果皮不仅能去油,而且节水又环保。如果水果皮干了,把它放到水里泡泡还照样好用。

改变做饭习惯来节省燃气

也许你已经习惯了你的做饭习惯,也许你可以不在乎每个月多花一些买燃气的钱,但倘若你小小改变一下你的做饭习惯,就可以省下一些不必要消耗的燃气,更省下一笔不小的燃气费,何不改变一下你的做饭习惯呢?

普通家庭每月做饭所耗的燃气也是一笔不小的花费,我们可以通过下面的这些方法来节省燃气的耗量。

1.选择适当的锅

锅的大小根据所煮东西的多少来决定，不要大锅煮很少一点东西，也不要用那种小得连锅支架也放不上的小锅。选择合适大小的锅方便又节气。薄底锅比厚底锅更快受热。

2.选用平底锅更省气

应按锅底大小调节炉火大小，使火苗以与锅、壶底接触后稍弯，火苗舔底为宜；使用直径大的平底锅比尖底锅更省燃气。

3.擦干锅、壶导热快

做饭之前应先把锅、壶等表面的水渍抹干，并常清除水壶中的水垢，这样能使热能尽快传进壶内。

4.做好准备再开火

炒菜前要先把所有要煮的菜准备好，不要让锅在火上空烧，食用油在加热时产生致癌物，并造成油烟，污染居室环境，又浪费燃气。

5.炒菜也可省燃气

炒菜开始下锅时火要大些，火焰要覆盖锅底，但菜熟时就应及时调小火焰，盛菜时火减到最小，直到第二道菜下锅再将火焰调大，这样既省气，也减少空烧造成的油烟污染。

6.盖好锅盖保持热量

不管是烧菜、炖菜还是煲汤，盖上锅盖可使热量保持在锅内，饭菜可以热得更快，味道也更鲜美，既可减少水蒸气的散发，减少厨房和房间里结露的可能性，还可以防止热气从锅里散发出来，从而缩短做饭的时间，减少煤气用量。

7.蒸饭改为焖饭

做饭最好不要用蒸的方法，蒸饭时间是焖饭时间的 3 倍，蒸饭改为焖饭，节省燃气。

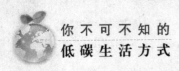

8.尽量多用高压锅

煲汤、炖菜、煮粥等尽量多用高压锅。据测定,使用高压锅不仅可以节约时间和燃气,还能减少食物中一些营养成分的损失。

9.少煎炸,多煮食

减少煎炒烤炸的菜肴,多煮食蔬菜。这样既对身体健康有帮助,又能节省燃气。

10.用微波炉代替燃气灶加热食物

微波炉比燃气灶的能源利用效率高。如果我国 5%的烹饪工作用微波炉进行,那么与用燃气炉相比,每年可节能约 60 万吨标准煤,相应减排二氧化碳 154 万吨。

节省燃气从合理使用灶具开始

也许我们仅仅是在日常使用灶具时多注意了一些细节之处,但带来的却是节省燃气和增强人身健康的好处。

合理使用燃具不仅仅可以节省燃气,而且有利于人身健康,我们在使用燃气时可以采取下面的方法,科学合理地使用燃具。

1.选择质量好的灶具

灶具应选择大厂名牌产品的节能灶具,切忌贪图便宜买杂牌灶具,以免既浪费燃气,又危害人体健康和生命安全。选择灶具时应选择一大一小两种炉头,在使用中可根据情况分别使用。

2.灶具摆放要注意

灶具要放在避风处,如果有风把火苗吹得摇摆不定,可以用薄铁皮做一个挡风罩放在灶具上,这样能保证火力集中,防止火苗偏出锅底。

3.燃气火焰要蓝色

煤气、天然气燃烧时要保持通风环境,火焰如为红黄色说明缺氧,燃烧不完全。这种情况既浪费燃气又会产生一氧化碳,对健康不利。应正确调整风门,加大进气量,使灶具火焰为纯蓝色。

4.使用灶具支架和炉盘节能圈

合理使用灶具的架子,炉灶与锅底保持大概 3 厘米的间距,使火焰的外焰接触锅底,使燃烧效率最高。在炉盘上放置个节能圈,方便、便宜又耐用。

5.注意先拧紧阀门

用完气后要拧紧气瓶或者管道阀门,再关燃气炉,这样既避免了漏气的危险还可以减少浪费。

6.安装节能罩和高压阀

给液化气瓶装上节能罩和高压阀。能用 40 天左右的 15 公斤装液化气装上节能设备后,可用更长时间,而且里面的气烧得特别干净。

7.煤气炉定期检修

煤气炉使用时间长了,出火口容易被灰尘堵塞,不仅影响"火力",还会造成漏气,所以每隔一段时间,应清除出火口上面的灰尘。

8.常检查灶具及管道是否漏气

可用肥皂水涂抹检查,以不冒气泡为合格。如有漏气,应及时修理,绝不可带病使用,以防发生危险。

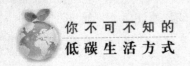
怎样烧开水节气又省时？

烧开水是很多人都会做的事，那么怎样烧开水既节气又省时呢，这就是我们这一节所要教您的。

同样是烧开水，不懂窍门的人烧开水时既费气又费时，如何才能做到既节气又省时呢，下面的方法也许可以借用。

1.烧水时越接近沸点，需要的热量更大，消耗的燃气就更多，所以在烧热水时，不要将水烧开后再兑凉水，可直接将凉水烧至需要的温度，这样可节省燃气。

2.开水喝多少，烧多少，一次不要烧太多。

3.烧水时火要开大一点，可以节省煤气，但切忌火舌窜出水壶底外。

4.不要把水壶装得太满，否则煮沸后溢出水，既浪费能源，又容易扑灭灶火，引发燃气泄漏事故。

第五章

朝九晚五也能过得低碳

——格子间中的绿色工作法则

对于朝九晚五的上班族来说，实践"低碳"生活的理念更主要的是体现在工作中的绿色工作法则。这是需要企业和个人共同努力才能实践的"低碳"工作理念，这种工作理念对于企业和个人来说有时只是举手之劳，比如说工作时自带一份工作午餐既环保又经济实惠，下班时随手关掉电脑，随手拔掉身边的插头这些小动作就可以为办公室节约下用电量，打印复印投影时多注意一些细节就可以省电，出差时的交通和住宿多注意一点，就可以做一个新时代的环保商旅人士。

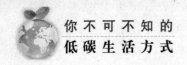

自己带一顿工作午餐

自带午餐不仅经济实惠而且环保，朝九晚五的工作族不妨试试这种新型的环保生活方式。

中午简单的午餐里也是危机四伏，埋藏着不合理、不营养的温柔杀手。外卖吃多了，口味如"鸡肋"；食堂的套餐就是那老三样；拼桌下饭馆，中饭的成本太高……一顿午餐竟引来无数感叹，要吃一顿营养搭配均衡，卫生又经济实惠的午餐，真的很难。

早晨拎着饭盒去上班，来到单位就把饭盒送到水房，等中午吃饭，人人手中捧着一盒热气腾腾的饭菜。这是上个世纪人们上班带午餐的情景。如今在上下班高峰时段的公交车上，经常看到不少白领除了肩包、手包，还多拎着一个袋子，这就是当下逐渐风靡的饭盒包，经济、环保、卫生又暖心。自带午餐具有环保功效。

1.省去从工作间至餐厅过程中来回搭乘电梯。目前全国电梯年耗电量约300亿度。通过较低楼层改走楼梯、多台电梯在休息时间只部分开启等措施，大约可减少10%的电梯用电。这样一来，每台电梯每年可节电5000度，相应减排二氧化碳4.8吨。全国60万台左右的电梯采取此类措施每年可节电30亿度，相当于减排二氧化碳288万吨。

2.省去在餐厅吃饭时用的一次性筷子及餐巾纸。我国是人口大国，广泛使用一次性筷子会大量消耗林业资源。如果全国减少10%的一次性筷子使用量，那么每年可相当于减少二氧化碳排放约10.3万吨。

3.省去叫外卖时餐厅使用的一次性塑料袋和快餐盒。

4.现在吃饭的时候大家会用废弃的打印纸张垫在饭盒下，这样可以节省餐巾纸，更加环保。

不喝袋装茶—年减碳 5 千克

不少上班人士为了在工作中减少泡茶时所用的时间，经常喝袋装茶，来减少沏茶环节。但是日益流行的"低碳"已渐渐成为办公、出行、家居等名词的定语或前缀。所以你的喝茶习惯，是不是也要"被低碳"一下呢？

早上到公司喝一包速溶咖啡，一天至少三包袋装红茶，朋友来家里都用一次性纸杯和袋装红茶、绿茶招待……这样的生活方式在年轻白领中很常见。

"我喜欢喝茶，但是从来不去茶叶店，觉得那里是老年人买茶的地方，我买茶都在超市，买那种袋装的。"在外企上班的黄小姐说。

但同样是喝茶，在环保组织工作的刘小姐却不是这样。每次买茶叶，她都到茶叶店去，然后用自带的铁罐子装回家里，喝茶的时候倒一小撮再用开水泡开。"袋装茶的味道也不错，但我买过一次就再也没买过，因为太不环保了。"刘小姐自己算过一笔账：一盒袋装茶是 25 包，按照一天喝 3 包来算，一盒能喝 8 天，一个月要喝 4 盒。

"这样算下来，一个月光是喝茶就产生 4 个纸盒、100 个纸袋、100 个茶包的废弃纸制品。而我每个月去买一次茶叶，用自带茶叶桶装回来，每个月产生的垃圾只有剩茶根，这些剩茶根我也不扔掉，把它埋在花盆里当肥料。"刘小姐说。

在网上，刘小姐找到了一份关于包装纸的碳排放数据：每 1 千克纸包装物会排放 3.5 千克二氧化碳。现在，她已经把这份数据当做 MSN 签名，提示自己的朋友、同事们尽量减少喝袋装茶、袋装咖啡，购买可回收的玻璃瓶、铁罐作为咖啡和茶叶的容器。

根据统计，每两秒钟，就有一片足球场大小的森林从地球上消失，每 10

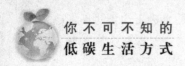
棵被砍伐的树木中，就有 4 棵被加工为纸浆。中国从 2003 年开始，就已经成为世界第二大纸张消费国。2008 年，我国一共消费印刷用纸 1852 万吨。一次性纸包装相比塑料包装虽然更容易降解，但生产环节却并不环保，那些生产包装纸的纸浆多数来源于树木。因此我们应尽量使用能够反复利用的金属、玻璃包装，减少二氧化碳的排放。作为朝九晚五的上班族，如果我们酷爱喝茶，那么我们应该选择不喝袋装茶，进而享受低碳生活。

包装的低碳账本

1.每 1 千克纸包装物排放 3.5 千克二氧化碳

2.袋装茶包装重量：总重量 80 克–净重 50 克=30 克

3.一年因喝袋装饮料产生的废弃纸制品：48 个纸盒（包括 1200 个茶包）×0.03 千克=1.44 千克

4.1.44 千克纸包装×3.5 千克二氧化碳=5.04 千克二氧化碳

"无纸化"时代的低碳工作

如果把世界上所用办公纸张的一半加以回收利用，就能满足新纸需求量的 75%，相当于 800 万公顷森林免遭砍伐。而无纸化办公更是节省大量的纸，能使更多的森林免遭砍伐。

无纸化办公，是指利用现代化的网络技术进行办公。主要传媒工具是计算机等现代化办公工具，可以实现不用纸张和笔进行各种业务以及事务处理。这种现象从 20 世纪末开始被提倡，在本世纪初逐渐增加，预计在本世纪头 10 年达不到普及。

无纸办公，即不用纸张而办公。在无纸化办公环境中，计算机、应用软件、通信网络是三个最基本的要素。尽管未来几十年之内也不能全部变成无纸化办公，但随着更多的信息都是以数字或电子的形式储存和维护，因此，管理数据的更新应用也就浮出水面。未来我们将慢慢实现无纸化办公。

在会计方面，人们对电子工作报告具有新鲜感。在零售市场，电子工作流程正在取代传统的装货单、发货单、发票和其他纸单据。

电子单据甚至在低端领域也正成为记账客户的一种可行方法。从实用账单如电话单和用电单，到电子零售商务的账单，都趋向不打印，而是提供电子邮件账单并加以说明。许多服务商如 Sprint 和 AT&T 都推出各种电子账单的优惠措施，比如，对申明接受电子账单的消费者提供一定的折扣。大多数会计系统让用户的电脑或传真机能够接收来自他们电脑或传真机上的电子账单或传真账单。务实的单位都意识到无纸化办公所带来的成本节约，纷纷加紧进行无纸化办公过渡。

用远程办公方式来支持低碳

远程办公正在改变传统办公模式，然而决定是否使用远程办公方式之前，我们不得不考虑一些实际情况。

远程办公是商务人群网络应用的重要梦想之一，与之对应就是远程连接和安全、通信等技术细节，在提出用远程办公方式节省燃料消费问题的同时，一些 IT 人士提出他们不知道如何把这个理论变成实践。换句话说，很容易说服更多的企业将允许某些特殊的员工在家里工作。但是，要让管理层做出善意的姿态，还需要更多的战略思考。

IT 人员正在努力把远程办公变成现实。当然，不仅是 IT 部门，其他部门也要参与这个努力。不过，在许多思想前卫的机构中，IT 部门将充当这个努力的先锋。下面是让其他部门参与这项努力的最佳做法：

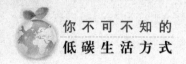
1.确定什么工作岗位能够在家里办公,这一类员工的数量有多少。

2.与公司这些领域的业务部门领导人谈这个问题。向他们解释 IT 技术如何能够帮助实施向远程办公的转变。解释这种举措如何能够提高员工的忠诚度和减少跳槽。

3.与这些设施的人员合作建立一个成本模型。确认让这些员工在办公室内工作的设施成本,对比在家里全职工作与他们进入企业办公楼之后共享办公室的兼职工作的成本。

4.确定办公室工作环境和家庭工作环境的成本。需要考虑网络成本、实施、服务台、硬件、软件、新的管理工具等因素。

5.首先向首席信息官或者其他 IT 官员说明这个情况,让他们接受这个观点。根据企业文化,让首席信息官向企业管理团队提出这个问题并且赢得批准。

显然,这些步骤之间还需要采取许多步骤。但是,关键的问题是在决策者和对企业有影响力的人中间建立共识。同时,重要的是理解有关成本的问题。

这些步骤超出了 IT 部门的日常职责。那么,为什么要找这个麻烦呢?其中有一个与低碳生活有关的理由:远程办公有助于节省同事支付的不断上涨的汽油开销。

办公室工作电脑省电十大法

办公室电脑的耗电量无论是对企业还是个人来说都是一笔不小的费用,节约办公室工作电脑的耗电量需要企业和个人的共同努力。

对于企业的 IT 部门来说,办公室用电和组织管理似乎已经超出了 IT 部门管辖的范围。但事实上,许多 IT 部门可以控管的小细节或措施,也能替办公室省下大笔电费。因此我们不要小看这些"小处着手"可以带来的省电效果。

举例来说，一台电脑如果一整天不关，其耗费的电量，可供一台打印机打印 1 万张左右。每少一台用电 250 瓦的设备（如计算机主机或打印机），企业每年就可以省下为数不少的钱。这些林林总总的设备用电，长期来看，如果能透过 IT 的几个小动作，达到省电效果，对企业来说也是一笔可观的费用。

办公室中最主要的省电目标，就是每个办公室的个人计算机。个人计算机的数量可是远高于机房内的设备。下文就将整理包括个人计算机在内，各种可供企业参考的办公室省电节能招式。

第 1 招：以整合通讯减少硬设备使用

整合通讯这个名词已经喊了很多年了，但是到近几年来才有越来越多的企业愿意开始尝试。整合通讯除了可以增加沟通的效率外，事实上其对于省电节能也带来一定的效果。

所谓整合通讯其实是一种试图把所有对外通讯整合到单一桌面或系统内的概念，很多厂商都推出了相关的产品方案供企业使用，但即便没有使用这些方案，如果能够把握整合通讯的概念，以类似的作法同样可以达到办公室通讯上的省电节能效果。

举例来说，透过软件的架接，如果能够将传真的功能整合至企业每个员工的电子信箱，这将能有效地减少传统传真设备的用电。再者就是 IP 通讯的应用，如果企业能够善用软件电话的程序部署，这将能够有效地减少每个人桌上 IP 电话的必需数量，同样通过减少硬设备也可达到省电节能的效果。

而整合视讯这一方面，更是能明显地展示出整合通讯带来的省电节能好处。和传统的会议室型视讯会议系统相较，每个人的计算机如果都能进行视讯会议，这意味着电费等原本传统会议室型视讯会议设备维持费用，将能大幅降低。当企业的传统会议室型视讯会议设备已经无法满足现有使用的需求时，考虑采用类似整合通讯方案中的桌面型视讯会议软件，事实上是一个很不错的省电节能方法。

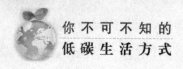

第 2 招：个人计算机用无硬盘系统

无硬盘系统对需要大规模部署个人计算机的企业来说，也是省电节能的妙招之一，特别是那些不需要太多功能的计算机使用区。由于使用端的个人计算机并无装置硬盘，主要透过后端服务器派送，因此计算机在注销后就会自动关机，根据统计，1 天计算机开机的时间减少 12 小时，1 年就可以节省 20 万元的电费。

第 3 招：拔掉没用的适配卡

桌上型计算机往往装有很多适配卡，例如显示卡、声卡、网络卡，或一些特殊用途的扩充卡等。但如果部分适配卡没有使用，却安装在计算机中，长久下来将会浪费相当多的电力在启动这些硬件上。以网络卡为例，每张就要让计算机多消耗 2 瓦的电力，其他一些特殊应用的卡片，耗费的电量可能还更高。

也就是说，如果能拔除或通过关闭驱动程序的方式，将这些不常使用的适配卡关掉，就能省电。

第 4 招：选择效能合用的计算机

要做到 IT 设备省电节能，很重要的一个原则就是"功能越多不见得越好"。这同样也适用于桌上型计算机，一台高阶的桌上型计算机使用的都是效能相对较好的零件组件，如果使用者不需用到多数的高阶功能，反而是无端耗电。

以显示卡为例，越高阶的显示卡花费的电力更是惊人，一片高阶显卡便需要 180 瓦的电力，除非是玩家，相信大多数人根本就不需要这些效能。目前许多主机板都有内建显示卡的功能，内建显示卡的耗电量约为 20~30 瓦，相较之下，便可节省 150 瓦，一天下来便可节省 9 元的电费。此外，目前市售的显示卡还可以调整频率，如果你已经购买高阶显示卡，透过降低频率还是可以节省一些电费。

第 5 招：采用操作系统省电功能

比起 XP 系统，Vista 系统在群组管理规则上，提供企业更多、更细的条目。XP 预设设定中，系统不使用时会进入闲置状态，但是 Vista 可以透过企业的设定，让个人计算机在一定闲置的时间内进入睡眠或休眠状态，例如 20 分钟，让计算机闲置时更为省电。

第 6 招：采用精简型计算机

精简型计算机整体的运作，都是透过后端的服务器派送应用和数据到终端，也因此，相较于一般个人计算机，精简型计算机的构造可以相当简化，甚至连风扇也没有，相对地，用电量也非常低，这一点可以从用电量很明显地看出来。

根据 HP 所公布的数据，一台个人计算机的耗电量约为 250 瓦，而精简型计算机只需要 23 瓦，不到个人计算机耗电量的 1 成。

若放大到企业的规模来看，采用精简型计算机省下的用电则更为可观。以 200 人规模的企业为例，200 台桌上型计算机要花费的电力为 50 千瓦，同样 200 台的精简型计算机却只要 4.6 千瓦，两者相差了约 46 千瓦，精简型计算机省电的效果可见一斑。

第 7 招：关闭笔记本电脑不用的功能

随着处理器大厂推出更低耗电量的处理器，硬盘现在反而是笔记型计算机耗电的元凶，在这样的状况下，使用者如果可以关闭工具列上不用的常驻程序，将能减轻硬盘用电的负担，或多或少省下一些电力。

第 8 招：桌上计算机切换到笔电模式

通过更改控制台电源选项中的电源配置，将桌上型计算机改为携带型/膝上型这一选项，将能让桌上型计算机在更短的时间进入休眠状态。这个方式适用每一台使用微软 XP（或 Vista）的计算机，当然这样的设定是为了减少笔记型计算机的待机时间。

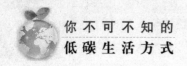

第 9 招：使用动态节能主机板

主机板搭上省电节能的潮流，厂商也开始推出动态节能的功能。其主要原理是通过动态切换处理器旁的用电回路，视计算机运作需求，提供 4 种不同的供电段位，(例如负载较轻时，提供较低电量)，以达到省电节能的效果。

第 10 招：随手关闭液晶屏幕

很多人在下班前都不会关闭液晶屏幕的电源，液晶屏幕在计算机关闭后，会直接进入待机状态，但在待机状态下，仍是需要电源保持待机状况，如果使用者长时间不使用计算机时，能做到随手关闭液晶屏幕的电源开关，也能省下不少电。

合理使用电脑、打印机

使用电脑和打印机是现代工作必备的技能，朝九晚五的上班族更要懂得怎样使用电脑和打印机才是合理的。

电脑和打印机都是现代工作必不可少的办公用具，那么究竟怎样使用它们才是合理的呢？下面，我们就为你支几招。

1.不用电脑时以待机代替屏幕保护

不用电脑时以待机代替屏幕保护，每台台式机每年可省电 6.3 度，相应减排二氧化碳 6 千克；每台笔记本电脑每年可省电 1.5 度，相应减排二氧化碳 1.4 千克。如果对全国保有的 7700 万台电脑都采取这一措施，那么每年可省电 4.5 亿度，减排二氧化碳 43 万吨。

2.用液晶电脑屏幕代替 CRT 屏幕

液晶屏幕与传统 CRT 屏幕相比，大约节能 50%，每台每年可节电约 20 度，相应减排二氧化碳 19.2 千克。如果全国保有的约 4000 万台 CRT 屏幕都被液晶屏幕代替,每年可节电约 8 亿度,减排二氧化碳 76.9 万吨。

3.调低电脑屏幕亮度

调低电脑屏幕亮度,每台台式机每年可省电约 30 度,相应减排二氧化碳 29 千克；每台笔记本电脑每年可省电约 15 度,相应减排二氧化碳 14.6 千克。如果对全国保有的约 7700 万台电脑屏幕都采取这一措施,那么每年可省电约 23 亿度,减排二氧化碳 220 万吨。

4.不使用打印机时将其断电

不使用打印机时将其断电,每台每年可省电 10 度,相应减排二氧化碳 9.6 千克。如果对全国保有的约 3000 万台打印机都采取这一措施,那么全国每年可节电约 3 亿度,减排二氧化碳 28.8 万吨。

随手拔下身边的插头

用完电器后随后拔下身边的插头已经成为省电的常识,无论是个人还是企业,使用节能插座或者定时器切断设备电源都是省电的好办法。

用完电器拔插头,才能省下待机电力,这几乎已经是省电的常识了。在办公室里,如果不能要求每个人下班都把计算机插头拔掉,可以使用一些更便利的插座设计,只要主插座上的计算机主机关机,它便会自动切断所有子插座上的电源。

许多办公室的设备,都能通过硬件的定时器来切断电源,这对于要管控员工下班之后有没有随手把 IT 相关设备关闭来说,会是一个好工具。

硬件的定时器种类繁多,而且还可以套用到很多其他非 IT 设备的用电上,比如说饮水机等。善用这些定时器,会远比逐一检查来的有效率,因为管理人员可以确定,时间到了,一定会关闭。部分厂商也有提供定时功能的插

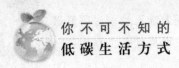
座,可以协助企业在一定时间内关闭不会使用到的 IT 设备。

　　一个手机的充电器约要耗费 16.5 瓦的电力, 一整天下来就要花费 1 元,一年下来就要支出 365 元。减少待机电源是省电节能措施中很重要的一环,不只是充电器,各种其他会耗费待机电源的电器,在办公室中如果不是 24 小时都需要使用,最好的方法还是在使用完后,将它们的插头都拔掉。

格子间的"低碳"小动作

　　格子间的一个小小的动作也许就可以节约资源, 这不仅可以为企业节约资源,也可以养成员工的"低碳"工作理念。

　　格子间如果不注意省电或者节约用纸,那么格子间将会有很多的资源浪费,事实上,企业可以采取强制员工上下班关机等措施来降低格子间的资源浪费。

　　1.强制要求员工下班关机。下班要求员工关机,会是办公室省电中很重要的一个举措。但是如何确保员工一定乖乖地执行?

　　不同单位各有奇招。例如许多公家单位现在会以监控 IP 地址的方式,确实地要求员工下班要关机。网管如果发现下班之后,计算机还持续向交换器发出讯号,就会以 IP 确认是否有使用者的计算机没有关闭。再将这些使用者的名单交给该部门的主管,然后通过主管针对该名使用者进行倡导。

　　2.定时检查电线。办公室的电线应该要定期检查,事实上如果电线因为老化或不正确的使用,而导致氧化或是接触不良,除了安全的问题外,在传输过程中也会浪费不少电力。

　　用手检测电线状况是最便捷的方法,当电线发生问题时,温度会异常的上升,如果用手可以明显感受到电线异常的温度,就应该全面检测该电线的状况，必要时立即更换电线。此外，还可以用三用电表去检测电线，来了解是否有漏电的状况发生。

3.不订阅或少订阅邮寄宣传品。我们每天都会收到商家发来的广告宣传品，大多数人将它们丢进垃圾桶，每天有那么多纸张白白地被当成垃圾一样扔掉，着实让人心疼，可以收集起来进行集中处理。还可以直接要求直销公司或机构停止邮寄及传真与服务无关的宣传品；设立程序，当收到其他人士或机构的停发要求时，须停止寄发各种宣传品及资料，才会建立联系。

工作时间手机省电的几种方法

工作时间，要想让手机省电，可以通过一些设置来达到目的。

工作时间，可以通过手机设置来省电，那么究竟哪些设置省电，哪些设置费电呢，下面我们就为你一一剖析。

1.很多手机铃声最初设置都是铃声+振动，其实完全可以只设成铃声或者震动的其中一种，理论上说铃声更省电，但是使用震动还可以避免临时来电给其他同事带来的不良影响。除非你的工作环境真的很吵，吵到听不到铃声的情况下可以两个设置都加上，最好的方法还是只用铃声。

2.开机动画音乐也可以省掉。加这些设置虽然只延长开机时间几秒钟，但是这样的几秒钟对一个讲求工作效率的白领来说也是一种无形的浪费。并且，开机的动画基本上是给你一个人欣赏的。

3.按键音关闭。这样既不给别人平添不必要的"噪音"，也为手机节约用电，一举两得。

4.不要设置动画屏保。这个非常的费电。原因基本与第2条相似。

5.不要设置自动锁键功能，因为这个功能会使手机在变成屏保状态后，自动锁键盘屏幕还需亮一次。

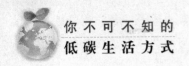

打印复印投影扫描，办公省电一个不能少

打印机、复印机、投影仪在方便我们办公的同时，也带来了电量的消耗，因此，办公省电，这些机器一个也不能少。

打印机、复印机，以及投影仪都是办公室中必备的机器，然而这些机器也是办公室耗电量的一个重要来源，我们要想节省办公室用电，就不能漏掉这些机器的省电方法。

1.以多功能复合机减少设备数

采用多功能复合机，事实上也是一种省电的方法。因为设备数量越少，用电量自然少。而多功能复合机就有这样的功能。

对于企业来说，多功能复合机最少能够取代4台设备，包括影印、传真、打印和扫描4种功能。

2.选择待机更省电的投影机

很多投影机厂商都开始研发更省电的产品，其中节省投影机待机时间，也是一个研发方向。一般来说，如果投影机处在待机状态下，通常需要耗费5瓦的用电，如果会议中常常有待机的状况，长时间下来，这也是一笔可观的费用。

3.选择 LED 投影机

越来越多厂商推出 LED 投影机，企业若能使用，将能减少投影机的用电。不过目前 LED 投影多还是以小型产品为主，取代企业用的较大型投影机可能还需要一段时间。LED 的应用不光是可以替投影机省电，发光源未来都可以靠它省电。

4.慎选复印机位置

复印机也需要注意设置的地点，方便其散热，否则其运转的效率会降低，连带让用电提升。不要将复印机设置在空气不流通的环境中，复印机后方也必须与墙面保持 10 公分以上的距离。目前有越来越多的复印机开始具有省电功能，如果复印机有 15 分钟未使用时，便会进入省电模式。

此外，在使用习惯上，避免影印失败，在影印前就需设定纸张大小与复印份数，来节省电力与纸张成本。

5.合理选择使用打印机和复印机

喷墨打印机使用的能源比激光打印机少 90%；选择适合需要、大小适当的复印机；打印机与复印机联网，可以减少它们的空闲时间，效益更高。

6.打印尽量使用小号字

根据不同需要，所有文件尽量使用小字号字体，可省纸省电。

7.运用草稿模式，打印机省墨又节电

在打印非正式文稿时，可将标准打印模式改为草稿打印机模式。具体做法是在执行打印前先打开打印机的"属性"对话框，单击"打印首选项"，其下就有一个"模式选择"窗口，在这里我们可以打开"草稿模式"（有些打印机也称之为"省墨模式"），这样打印机就会以省墨模式打印。这种方法省墨30%以上，同时可提高打印速度，节约电能。打印出来的文稿用于日常的校对或传阅绰绰有余。

8.断电拔插头

下班时或长时间不用，应关闭打印机及其服务器的电源，减少能耗，同时将插头拔出。据估计，仅此一项，全国一年可减少二氧化碳排放 1474 万吨。

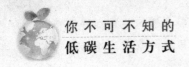
做一个环保商旅人士

"绿色商旅"倡导更便捷的旅行,这样既可以帮助企业节约时间和费用,同时也减少了"碳足迹"。

碳足迹指的是因你的活动而向大气排放的二氧化碳总和。对于商务旅行,你的大部分碳足迹是由交通产生的。旅行里程相同的情况下,不同的旅行方式如飞机、火车或者汽油汽车、柴油汽车等留下的碳足迹并不一样。

举例来说,行驶 660.15 英里的里程,飞机排放二氧化碳 305.42 磅,折价 1.39 英镑。火车排放 93.69 磅,折价 0.42 英镑;汽油汽车排放 425.81 磅,折价 1.93 英镑;柴油汽车排放 391.85 磅,折价 1.78 英镑。

以上计算显示,从开发可持续旅行的角度来看,少于 1000 公里的行程,乘坐火车更环保、效率更高。如果选择乘坐飞机,从支持环保的绿色航线角度来看,商旅人士最好只携带必需品,进行更轻便的旅行。因为一架飞机减少 1 公斤,1 年便可节省约 3.4 万升燃料。而且,商旅人士还可以不再单单根据航班的价格做决定,而是选择乘坐现代的省油耗的飞机。

无论是从环保出发还是企业的实际需求而言,绿色商旅都将改变企业的传统商旅模式。

豪客罗宾逊集团(HRG)是全球著名的商务旅行管理提供商,在 2008 年召开的国际商务旅行(中国)论坛暨商务技术展示会上,HRG 集团全球总裁大卫·拉德克里夫(David Radcliffe)花了大量的时间来讲述企业的社会责任以及对环境的影响。他表示,虽然在二氧化碳排放量方面,航空运输名列第四,占全球碳排放的 2%,比例并不高。但是因为航空旅行一直备受关注,所以航空旅行将如何处理二氧化碳排放量也成一个世界瞩目的问题。

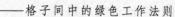

由欧盟提议的"排放交易机制"也将于 2010 年在欧洲生效，并于 2012 年扩展到飞至欧洲的所有航班。该机制于中国和亚洲的针对性十分明显，到时候，每家航空公司都将分配一定的二氧化碳额度。二氧化碳量将成为一种可控制的商业资源，被用来自由买卖。这意味着，一些达标的航空公司可以通过出售多余的二氧化碳排放份额来创造额外的商业收入。

是不是听上去有些不可思议？实际上，在欧洲等地区，"无碳商业"正在成为一种新的商业模式。"无碳商业"倡导一种"碳补偿"理念，通过支付给专门投资于减少二氧化碳排放项目的公司，以抵消在旅行等活动中产生的二氧化碳。

出差住宾馆也要注意低碳细节

商旅人士出差住旅馆时，只要多注意一些细节，节约用水用电等，就可以为环保作出一份贡献。

出差住旅馆的低碳生活，是指入住客人在生活作息时，尽量减少所耗用的能量，从而减低碳排量，以达到环保的目的。

首先商旅人士出差入住酒店期间应尽量减少用品的更换和洗涤，如床单被套枕套等卧具、牙刷肥皂拖鞋浴帽等消耗品、面巾、垫巾、浴巾等毛巾类。

来自《全民节能减排手册》数据显示：床单、被罩等的洗涤要消耗水、电和洗衣粉，而少换洗一次，可省电 0.03 度、水 13 升、洗衣粉 22.5 克，相应减排二氧化碳 50 克。如果全国 8880 家星级宾馆（2002 年数据）采纳"绿色客房"标准的建议（3 天更换一次床单），每年可综合节能约 1.6 万吨标准煤，减排二氧化碳 4 万吨。

其次商旅人士出差住旅馆或酒店也应注意节水节电。冬季空调设定的

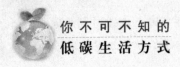
温度不高于 20 摄氏度、洗浴时间不超过 15 分钟、睡觉前关闭所有光源和电源、手机和电脑充电结束后及时拔去插头、多走楼梯少用电梯、正确点餐不浪费食物。

再者出差时离开酒店外出时,多使用无动力交通工具出行、多使用公共交通工具出行、不用一次性塑料袋、不用一次性木筷、减少购买过度包装的商品等。

某酒店曾推出了低碳住店的活动,并且推出这一活动前做过一个测算,按现有的全年入住量,如果有 50% 的客人响应该计划,仅六小件客用消耗品每年就能节省近 20 万元,洗涤费可节省 40 万元。如果每人每天缩短 5 分钟洗澡时间(包括擦肥皂时关闭水笼头),那么酒店全年仅洗澡一项就可省近万度电,5000 吨水。空调方面节约的能量就更大了:如果按冬季低于正常设定温度 4 度,夏季高于正常设定温度 4 度设置空调温度,大约全年节电 30 万度,也就意味着全年光空调一项就减少二氧化碳排放量 24 万千克,按一棵树的生命周期中可吸收 1 吨二氧化碳来计算,相当于种植并维护了 240 棵树。

或许有人会说,减少洗涤次数减少用电用水,首先是给企业省了成本!其实,把眼光放远一点,这是个多赢的举措:给酒店减少了支出,更重要的是,为保护环境出了一份力。

白领节假日学着"不用电脑"

上班时离不开电脑,情有可原,倘若节假日也抱着电脑度日,是很不利于健康的,上班人士要学着在节假日不用电脑,实行健康时尚的低碳生活。

有事没事总喜欢泡在网上,即使是节假日也不例外,很多人都是这样地道的"网虫"。事实上,节假日学着不用电脑,多出去走动走动,亲近自然不仅是健康的生活方式,也是低碳的生活方式。

在广西某事业单位工作的庞先生,以前到办公室的第一件事就是打开电脑,也不管需不需要。回到家的第一件事也是打开电脑,或上网浏览网页,或玩网络游戏,或网聊,有时甚至什么也不干。因此,不管是办公室还是家里的电脑,一开就是一天。

自从有网站发起"周末无电脑"活动,倡导网民适度上网,节能减排之后,庞先生意识到自己平时的生活基本围绕网络,每个周末是泡面和电脑组成的,外出踏青几乎没有,这样的生活现在看来是不健康的。从那以后,庞先生和女友也加入"低碳"一族,要求自己周末和节假日不开电脑不上网,平时没事也尽量少开电脑。刚开始,庞先生有点难受,不过,很快他就习惯了,因为周末去郊外踏青,或在家做做美食,比上网更舒畅和快乐。他说:"少开电脑,不但节省电能,也能逼着自己多接触大自然,这样的生活才是健康的。"

"低碳生活"也是一种态度、一种理念,衣食住行中,该排放的碳还是会排放,重要的是学会节俭,权衡着使用节能技术,养成低碳、节能的生活习惯。而节假日不用电脑,多出去走走,亲近大自然无疑是更健康的生活方式。

第六章

低碳产生在循环之中

——生活中的"再利用"小招数

对于大多数人来说,"低碳"生活理念并不是一件难以践行的事。日常生活中的一些不经意的、微小的细节也许就符合"低碳"生活的理念,其中生活中的再利用就是践行"低碳"生活理念的一个不可缺少的小的细节。况且日常生活中一些物品尤其是常用物品的再利用,不仅可以节约日常消费,而且便捷有利,因此大多数人很容易就能接受,并且很容易就能践行,这样一来,掌握生活中的一些"再利用"的小招数便成为大多数人所期待的事。这一章,我们介绍了日常生活中常用物品的一些"再利用"的小招数,希望做到急众人之所急,为大家指点一些迷津。

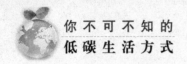
尽量不用一次性生活用品

一次性生活用品在给人们带来便利的同时，也为人类带来了健康的危害，少用一次性生活用品就会多一分健康。

现在，一次性的塑料杯、纸杯、塑料桌布等，不仅在城市，在农村也是高度普及。"一次性"的生活方式，的确带来了很多便利，然而，这种便利却是以牺牲人类健康和环境为代价的。一次性生活用品对人体的危害早已经被证明。

1.一次性生活用品有毒。塑料属于高分子化学材料，常含有聚丙乙烯或PVC聚氯乙烯等有毒的化学物质。用塑料杯装热水或开水时这些有毒的化学物质很容易析入水中。一次性塑料用品比一次性筷子的危害更大，因为，塑料对土壤的破坏是毁灭性的，塑料腐败过的土地几乎寸草不长。

2.一次性生活用品不卫生。塑料表面看似光滑，实际它的内部微观构造均有很多孔隙，其中易藏留污物。很多人用一次性塑料杯的时候，是不清洗的，因此一次性用品不卫生。

3.我国制造的一些塑料杯，尤其是那些价格非常低廉的塑料杯，不断被曝光是用有毒的医疗垃圾制造的，用这种一次性杯子，简直是拿自己的生命开玩笑。还有目前市场上的牙签多为"三无产品"，没有卫生许可证，牙签包装和消毒也达不到要求，任人抓取的牙签上附带各种细菌、病毒。通常牙签都是直接暴露在空气中，而且大多数牙签是缺少消毒就直接使用，因此附在牙签上的细菌也被直接送入口中，极易引起各种疾病，尤其是容易传染乙肝、结核等疾病。经卫生部门化验，这样一根小小的牙签上竟然藏着数万个细菌,比马桶还脏。

4.养成尽量自带毛巾和洗漱用品的良好习惯,尽量做到不用或少用酒店宾馆提供的一次性生活用品。比如一次性拖鞋就不及自己带双拖鞋穿着舒服,尤其是夏天,跟脚的凉拖也可以替代一次性拖鞋。还有用提前在超市购买的旅行装替换宾馆小六件。毛巾可以买一块速干的纳米毛巾,宾馆标识已消毒的毛巾总是不如自己的用着放心。

5.这些一次性用品你还在用吗?

一次性用品	可替换的用品
一次性塑料袋	便携式购物袋
一次性筷子	自带方便筷
一次性餐盒	可自带饭盒
一次性牙签	牙线或者健齿剔牙器
一次性拖鞋、牙刷	自带旅行装
一次性吸管	如果不是必须,就不用了吧
一次性手套	不用手套对手没有腐蚀的话,就尽量不用
纸巾、餐巾纸等	自备手绢
抽取式面巾纸	自备擦手巾或抹布

买卖二手物品

买卖二手物品可以使资源能更好的得到利用,不仅是对买方有益,而且对卖方也有益。

买卖二手物品的背后有很多隐形的意义,如资源得到再利用和重新分配,相关信息的流通,新的交友方式等,是一种潜移默化的文化。二手商品确实物美价廉,而且起到调节余缺、节约社会资源的作用,同时也能让城市里收

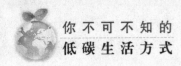
入不高的工薪阶层和刚毕业的大学生所能接受。不过现在经济层的意义已经被弱化,更多是成为一种新风尚被大家所认同。

二手物品处理的方式多种多样,可以拿到网上销售、到卖场去"以旧换新"、寄卖、到网上去转让和交换,或者拿去典当。对比一下,这几种处理方式各有各的好处,消费者不妨根据自己的需要去选择。

1.以旧换新

有些家电连锁店推出家电"以旧换新"的活动,彩电、空调、冰箱、洗衣机、电脑等都可以回收。但并非所有家电都回收,比如热水器等一些较小型的家电,就不在回收的范围内。相比之下,回收站的好处是可回收品种多,但缺点是价格较低。

2.网售或交换

不少人将二手物品拿到网上去处理,比如拿到小区内的论坛、二手市场网、淘宝网店去转让。通常,通过网上转让的成功机率更高。只要交换双方达成协议,没有什么闲置物品不可以拿来交换的。

3.典当

如果你手头拥有的闲置物品是高档品或者奢侈品,到典当行去典当是不错的选择。典当行一般都有专业人士来鉴定和评估。典当行的回收物品包括汽车、房产、乐器、黄金钻石玉器等装饰品和名表、电脑相机、mp3 等电子产品等等。典当不仅能够帮助个人和企业融资,还可以在当期内赎回当品。不过,典当行称,很多绝当品的价格都不会超过市价的一半,这意味着,除了黄金等保值性比较好的当品,典当的价格一般都不会过高,尤其是淘汰率比较高的产品。一般,当品均要拿到典当行去鉴定,才能确定抵押价。

放弃大灯泡,改用节能灯泡

　　传统灯泡在通电发光时所消耗的电能中仅有5%用于发光,而其余95%都转变成热能而白白浪费掉了。而节能灯所消耗的能源却少得多。

　　节能灯,又称为省电灯泡、电子灯泡、紧凑型荧光灯及一体式荧光灯,是指由荧光灯与镇流器(安定器)组合成一个整体的照明设备。节能灯的尺寸与白炽灯相近,与灯座的接口也和白炽灯相同,所以可以直接替换白炽灯。节能灯的光效比白炽灯高得多,相同照明条件下,前者所消耗的电能要少得多,所以被称为节能灯。

　　以前照明系统只讲究数量,而今天已经逐步走向精致,并讲究省能效果。由于照明技术及照明器具的广泛使用,使人们的生活水准普遍提高,对照明设备的需求日益激增,也使得耗电量扩大,于是开始重视高效率、高品质的照明设备的发展。电子节能灯主要是通过镇流器给灯管灯丝加热,大约在1160K温度时,灯丝就开始发射电子(故在灯丝上涂了一些电子粉),电子碰撞氩原子形成弹性碰撞,氩原子碰撞后,获得能量又撞击汞原子,在吸收能量后,跃迁产生电离;发出253.7nm的紫外线,紫外线激发荧光粉发光,由于荧光灯工作时灯丝的温度在1160K左右,比白炽灯工作的温度2200K~2700K低,所以它的寿命也大大提高到8000小时以上,又由于它不存在白炽灯那样的电流热效应,荧光粉的能量转换效率也很高,能达到每瓦60(lm)流明。

　　节能灯中含有微量的汞,平均含量为5毫克,体积相当于圆珠笔的笔尖。根据比较,一只普通体温计中的汞含量是500毫克,所以100只节能灯泡的汞含量相当于一只体温计中的汞含量。节能灯中含有的汞是目前节能

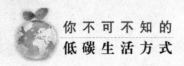

灯高效照明的必要元素。在使用节能灯的过程中不会造成汞污染。

与白炽灯泡相比,使用节能灯可以节省大量的能源,降低能源消耗。因此,节能灯也帮助减少了因燃煤发电而产生的汞污染。燃煤发电向空气中排放的汞含量远远超过节能灯泡的汞含量。

废纸回收:种植"第四种森林"

原始森林、天然森林、人工林,这些森林在人类生存环境的维护中起着重要的作用,但是么你听说过这三种森林之外的"第四种森林"吗?严格来说,"第四种森林"并不是常规意义上的森林,但种植好"第四种森林"也是必不可少的。

纸张源于木材,木材源于森林。目前自然的森林有三种:原始森林、天然森林、人工林,而科学家将再生纸之源——废纸称为"第四种森林"。因此我们要切实地做好废纸回收工作,种植好"第四种森林"。废纸回收再利用具有以下好处:

1.利用回收纤维造纸,可以大大减少林木、水、电消耗和污染物排放。回收一吨废纸能生产0.8吨再生造纸纤维,可以少砍17棵大树,节省3立方米的垃圾填埋场空间。

2.废纸被称为城市中的森林资源,因为无论是废旧的报纸、书刊纸、办公用纸,还是牛皮纸、纸匣、瓦楞纸等,都是宝贵的纤维原料。

3.用废纸造纸,能耗低、环保处理费低、单位原料成本低,在我国用废纸再生产的新闻纸,比用原生木浆生产成本可降低300元/吨,还可减少环境污染,因此人们把利用回收纤维生产的纸和纸板称为绿色产品。

1993年,美国总统克林顿颁布行政指令,要求各级政府必须使用80%

的再生办公纸,并将此项工作纳入政府采购。到 1999 年美国联邦机构使用再生办公纸已占到办公用纸总量的 98%。美国加州对回收和使用再生纸制定了《废纸利用法》。目前,美国已有 13 个州制定了类似法律。德国要求造纸工业以废纸为原料的使用率,自 2000 年 1 月 1 日为 60%。

4.以废纸为资源,节约与环保双赢。

据计算,回收一吨办公类废纸,可生产再生纸 0.8 吨。相当于节省木材 3 立方米,并可节水 100 立方米,节煤 1.2 吨,节电 600 度,节省化工原料 300 公斤。如果把今天世界上所用办公纸张的一半加以回收利用,就能满足所需求量的 75%,相当于 800 万公顷森林免遭砍伐。

除了能够保护森林资源,再生纸还能保护眼睛。按当今国际通用标准,纸张白度不应高于 84 度,这首先是从保护眼睛的角度看,纸张色泽并非越白越好,科学检测表明:纸越白在灯光、日光下的反射率越强,它对视力是有害的,这种光污染可对眼角膜和虹膜造成伤害,抑制视网膜感光细胞功能的发挥,引起眼疲劳和视力下降。相对于原木浆纸的超高白度(95 度~105 度),再生纸的白度为 84 度~-86 度。目前国际最流行 83 度本色再生纸,它不仅使眼睛感到舒适,而且色泽柔和,符合国际审美潮流。其次出于环保考虑,再生纸生产过程中不使用漂白剂,污染少,使用再生纸,可谓一举两得。

废旧衣服的再利用

在废旧衣物处理的方式中,最好的一种就是旧衣翻新,这既可以避免衣物被闲置或者被作为垃圾焚烧,又可以增加衣物利用率,减少新衣添置,从而减少碳排放。

别小瞧了衣服的碳排放量,以最常见的纯棉和化纤面料的服装计算,我

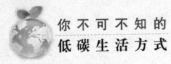

们的衣柜一年因新添服装而产生的二氧化碳排放至少就有 1000kg。我们来算算看,按照每季只买两件 T 恤(250g/件)、两件衬衫(250g/件)、两件外套(500g/件)计算,不经任何染色印花处理,纯棉服装的碳排放量总计约为 224kg,化纤服装的碳排放量约为 1504kg,一旦你选择了有颜色和图案的服装,再加上皮革、羊毛等服装,你衣柜里每年新添服装的碳排放量远不止 1000kg。

如果每人每年少买一件衣服,按腈纶衣服的能耗标准,每吨衣服消耗 5 吨标准煤计算,则少买一件 0.5 千克的衣服能够减少 5.7 千克二氧化碳排放。低碳着装,仅用环保材料是不够的,还要向环保的 5R 原则靠拢,真正把 Reduce(节约能源及减少污染)、Reeval-uate(环保选购)、Reuse(重复使用)、Re-cycle(分类回收再利用)、Rescue(保证自然与万物共存)落在实处。

旧衣翻新不仅是一种环保行为,也逐渐成为一种时尚趋势。许多媒体,包括杂志、电视、网络等,都有关于旧衣翻新方法的详细介绍,一些大城市也出现了专门提供旧衣翻新服务的缝纫店。下面介绍几种废旧衣物翻新的巧方法:

1.衬衫改围裙

材料:旧衬衫、装饰绳、打孔器、金属环扣、子母扣

步骤:

①拆下衣服上的口袋备用。

②在衬衫背面画一件围裙的样子。

③裁下领子、袖子及多余部分,并将衬衫前扣处裁掉形成斜角。

④给衣料滚边。

⑤安口袋(围裙上有个口袋很重要,可以把随时要用的工具放进去)。

⑥在前襟处用打孔器打两个洞装上金属环扣,穿上绳。前襟可以再做一条布带安上扣子,并且锁上扣眼、缝布条。

⑦在后面斜片处安子母扣。

⑧剪下的衣袖还可做成套袖。

2.旧衣做鞋套

一双比较贵的正装鞋存放起来需要鞋套和鞋撑来保护。而这个鞋套和鞋撑就可以用旧衣服来制作。

材料:旧衣服、棉花少许、缎带一条

步骤:

鞋套制作

①先把旧衣服裁一块 34 厘米长、15 厘米宽的长方形布料。

②将长方形布料缝制成一个小口袋。

③离开口 3 厘米处,将布料折三折形成一个边,匝好,穿绳。

鞋撑制作

①将旧衣服裁一块 15 厘米长、10 厘米宽的布料，底边是圆弧形，裁时叠在一起。鞋撑大小根据鞋的前脸来定,一般女士高跟鞋前脸比较尖,可以做成前尖后圆的草莓形;男式鞋可做成苹果型。总之,一般鞋撑的大小可以用自己的拳头来量,手的宽度相当于脚的宽度,拳的周长相当于脚长,一个拳头大小就是鞋长。

②将布料三边封口。缝制好后,在圆弧部位剪些小口,翻过来时平整一些。

③在做好的布袋子里塞棉花,注意一定要塞紧。

④用缎带做一个蝴蝶结,缝在带子收口的地方。

3.旧牛仔裤改成休闲包

牛仔裤很经穿,就算穿很长时间,布料还很结实,我们可发挥它的优势做一个能装不少东西的背包。

材料:旧牛仔裤、打孔器、金属环扣、尼龙绳

步骤:

①先把旧牛仔裤从腰部到腿部裁下 50 厘米长左右,相当于一个包长。

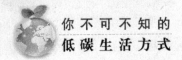

②在裤腿内侧垂直画一条直线直到拉链下方2厘米处。

③先剪下裤腿,再沿着画好的线剪。

④剩余的裤腿剪一块长方形布料做背包的明兜。

⑤将主料三面缝好,在布口袋的开口处卷边,上双明线,口袋上面可自由装饰、刺绣。

⑥用打孔器在腰部打几个间隔均匀的孔,下摆处打四个孔。

4.拼接和加放改造儿童旧衣服

①色调:用同色调的衣料拼接,或色调相差较大的衣料,如黄色配绿色,对比强烈,还可将素色旧衣配格、条或印花衣料,或条、格衣料旧衣配素色衣料拼接。

②裤子短小,可在腿缝中嵌一条色彩鲜明的拼料,裤脚口接长,可接成裤内侧低、外侧高的弧型,在弧型夹角处钉上一颗装饰扣,就显得活泼而富于变化。

③稍小的衣服,可将拼接的衣料镶嵌在中间。有的还可改变式样,重接搭配,有领的可改为无领的,贴袋改为插袋等。在接长、放宽的线缝中间,女童装可镶嵌花边,男童装可嵌线。还可用贴布花、刺绣遮饰线缝,但不宜过多与凌乱。

旧衣通过一定的处理,比如剪裁、缝纫等,变成生活中所需的其他物品,包括抹布、墩布、口袋等,既可以避免旧衣被当作垃圾扔掉,对环境造成污染,同时又可以开发出新的用途,同样也避免了新物品的购买,从而减少了碳排放。

旧丝袜的再利用

旧丝袜的再利用在我们的日常生活中随处可见,可以说是人们在日常生活中常见的一个变废为宝的物品。

旧丝袜具有很多的用途,尤其是在家居生活中,只要稍微动动脑筋,就可以发现。下面是日常生活中常见的旧丝袜用途:

1.家具抹布。从丝袜的脚尖约20cm处剪下;再将剩下的长筒袜揉成团,塞入剪好的脚尖部分中;最后将袜口处绑紧,就完成了这个制作简单的扫除工具。丝袜制成的抹布不但可以清洁电器,擦拭金属的效果也非常好,例如用它来清洁门把手,既干净,又不用担心留下划痕。

2.皮靴护套。用报纸和长筒袜制作填充物,防止鞋变形。并用长筒袜将鞋套起,放在透气性良好的地方,既可防尘又可避免损坏。首先按照鞋长,折叠报纸,并将纸的末端揉成团;再将长筒丝袜分割成三份,先用大腿的部分,将袜口的一头系紧,塞入报纸卷,再系上另一端;然后把它整理成鞋的形状,塞入鞋内即可;最后还可以把没有用完的小腿部分套在皮鞋外面。利用此法来收纳皮鞋、皮靴,不仅透气性好,还可以避免沾上油污。

3.保管地毯。为了不占空间,你可以将家中没用的地毯卷起来,将其套入长筒丝袜内后,再将两头系紧,一个简易的地毯收纳袋就做好了,防潮、防尘两不误。

4.固定衣架。风力很强的时候,将长筒袜的腿部剪下,在晾衣竿上螺旋缠绕。将衣架插入袜子和衣竿之间,就不必担心衣架被吹跑了。把丝袜包卷于铁制衣架上,可使吊挂的衣服不致起皱,也不会变形。

5.如果是袜子的上面坏了,可以废物利用。将碎香皂块儿放在袜子里挂

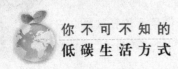

在洗手池旁边,这样很容易出沫,既节省了那些碎香皂,还利用了破掉的袜子。

6.可以用来擦绒面的鞋子。以前大家都用鞋刷处理绒面鞋,但效果并不好,用丝袜非常吸灰,同理也可以擦拭普通皮鞋和其他东西上的灰尘。

7.把换季的皮鞋清洁上油后,里面塞上废报纸后套上破丝袜收好,就不用担心受潮了。就连黄梅天也没事。

8.用丝袜包住照相机的镜头可以当柔光灯使用。

9.将脚踝以下的部分剪下来,套在洗衣机的排水管上,以橡皮圈固定,可以收集洗衣屑和线圈,避免阻塞水管。

10.折叠衣服时夹在折处,可免衣服起折痕。

11.隐形眼镜如果掉在地上,可以用套上丝袜的吸尘器找到。

12.丝袜的弹性及延展性都很好,拿来绑旧报纸,可以随意伸缩,又不浪费。

过期护肤品的再利用

护肤品尤其讲究时效性,过了期的护肤品扔了可惜,但又不能往身上涂,毕竟没有人会拿自己的皮肤开玩笑,怎么办?这一小节就来教教大家过期护肤品的再利用。

护肤品是日常生活中一笔不小的开支,尤其是注重皮肤保养的女性朋友,更是花大把大把的钱购买各种各样的护肤品,但护肤品具有时效性,过期的护肤品是万万不能再往身上涂的,这时,我们可以巧妙地再利用过期的护肤品,不仅避免了扔掉护肤品时的不舍,也使得过期的护肤品物有所用,避免浪费。

1.过期面霜的再利用

一般季节进入秋季,气候干燥,里面的棉秋裤和外面的长外裤产生静电,容易贴在一起,用手都拉不开,这时候可以在棉秋裤上从上至下轻轻涂上一点面霜,这个时候外面的裤子就不会和里面的裤子粘贴到一起了。

2.过期化妆水的再利用

含酒精的化妆水可以用来擦餐桌、瓷砖、抽油烟机、梳妆台等,之后用干净的抹布过一遍,十分方便。保湿的化妆水可以用来擦皮鞋、皮包、皮沙发等皮具。

3.过期洗面奶的再利用

可以用牙刷蘸着刷衣领、衣袖,效果不比衣领净差。还可以刷洗布面的旅游鞋,比肥皂温和多啦。

4.过期乳液的再利用

洗头发以后,将过期的乳液抹在发梢上,可以防止分叉,而且第二天头发变得超级柔软,手感特别柔顺。

5.过期粉底、散粉的再利用

用一个精致的布袋把它们装起来,放在衣柜里或是鞋子里,可以去潮气;地毯上洒了水、油、果汁等,可以先用这个散粉包压一下,就好处理了。

6.过期香水的再利用

一般的消耗方法是喷在洗手间、房间、车"间",或是洗完的衣服上,还有就是喷在化妆棉上,可以搽拭胶带留下来的痕迹,不过强烈建议姐妹们放在手包里,遇到色狼就对准他的绿豆眼"我喷我喷我喷喷喷"。用过期的香水擦脏的灯具,既能清洁,同时通过灯具的发热有利于香水的散发,可以使家里都香香的,会感觉不错。

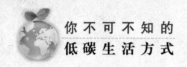
废饮料瓶的巧利用

一只小小的废饮料瓶却可以有千变万化的用途，只要在我们平时的生活中勤于动手，那么变废为宝并不是难事。

平时人们喝完饮料，习惯性的都把饮料瓶扔掉，至多是把饮料瓶作为废品卖掉，事实上，饮料瓶在我们的家居生活中有着广泛的用途，下面我们就来介绍一些变废饮料瓶为宝的方法。

1.可以替代钢丝球的方法。把饮料瓶的上半截剪去，然后顺势剪成0.2公分的长条，一点点剪，不要断掉。团成团，用开水稍微烫一下，就可以当钢丝球刷锅了。这样不仅可以省下买钢丝球刷的钱，而且它不会像钢丝球那样难以清洗和掉碎屑。

2.节约冰箱的空间。拿大号的饮料瓶，根据冰箱隔的高度把细的瓶子口剪掉，侧面从上到下剪一个3公分的口（主要是便于取东西出来）。在里面可以摆放鸡蛋，或者是摆放好几个比较矮小的罐头调味瓶，有的时候甚至可以摆3个，由于饮料瓶外周的固定作用，非常整洁，还可以省许多空间。

3.保存蔬菜。蔬菜有一个特点，在直立的情况下不容易老化。在冰箱门的里面，根据高度剪一个敞口的大号饮料瓶，可以竖立放大葱、芹菜、香菜、黄瓜等，也可以摆放大蒜和生姜。

4.利用虹吸的原理，可以疏通轻微堵塞的下水道。我们的水池轻微堵塞之后，把饮料瓶里面的空气挤出来捏住，迅速地将瓶子口紧密地放在水道的下水口，迅速松开手，就可以起到"拔子"的作用。

5.可以做冻虾的容器。新鲜的虾上市之后，非常便宜，我们喜欢自己冻一点。把饮料瓶侧面片下一块，盖子扭紧，把虾装满后，倒上水，一排排的放

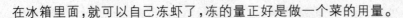

在冰箱里面,就可以自己冻虾了,冻的量正好是做一个菜的用量。

6.饮料瓶盖做针插。瓶盖里面放上双面胶,找一块小布头,包一点蓬胶棉,做一个和瓶盖差不多大的棉球缝好,塞在饮料瓶的盖子里面,再用花边把瓶盖侧面包上,装饰漂亮,一个方便的针插就做好了,针就不会到处丢了。

7.杂物包。取2个饮料瓶,从1/2处剪下来,只要2个下面的部分,找一个合适的拉链,把拉链打开,分别从里面缝到瓶子口处,外面用好看的不干胶把拉链的部分掩盖上,可以把针、线、剪刀等放进去,随身携带,在等候的时候做手工,或者放零碎的小东西。

8.制小喷壶。有些饮料瓶的色彩鲜艳,丢弃可惜,可用来做一个很实用的小喷壶。用废瓶子做小喷壶时,只要在瓶子的瓶盖处锥些小孔即可。

9.制量杯。有的瓶子(如废弃不用的奶瓶等)上有刻度,只要稍加工,就可利用它来做量杯用。

10.擀面条。擀面条时,如果一时找不到擀面杖,可用空玻璃瓶代替。用灌有热水的瓶子擀面条,还可以使硬面变软。

11.除领带上的皱纹。打皱了的领带,可以不必用熨斗烫,也能变得既平整又漂亮,只要把领带卷在圆筒状的啤酒瓶上,待第二天早上用时,原来的皱纹就消除了。

12.保护手表。将小塑料药瓶剪开,手表放在上面,用圆珠笔画下手表的形状后依样剪下,两边剪出穿表带的长形口子,将表带从口子中穿出,再从表的两端栓柱内通过,戴在手上,既平整、防汗,又不易脱落。

13.制漏斗。用剪刀从可乐空瓶的中部剪断,上部即是一只很实用的漏斗,下部则可作一只水杯用。

14.制筷筒。将玻璃瓶从瓶颈处裹上一圈用酒精或煤油浸过的棉纱,点燃待火将灭时,把瓶子放在冷水中,这样就会整整齐齐地将玻璃瓶切开了。用下半部做筷筒倒也很实用。

15.制风灯。割掉玻璃瓶底,插在竹筒做的灯座里即成。灯座的底上要打

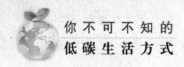

几个通风小洞,竹筒的底缘也要开几个缺口,这样把灯放在桌上,空气就能从缺口里进去。

16.制金鱼缸。粗大的玻璃瓶子,可以按照筷筒的方法做个金鱼缸。在下面的瓶塞上,装上一段橡皮管,不把金鱼捞出来,就可以给金鱼换水。

17.制吊灯罩。找一个大的、带瓶盖的、色彩艳丽的空酒瓶(如白兰地酒瓶等),割瓶子打磨光滑。在瓶子里装上吊灯头和灯泡,在原来的瓶盖上钻个孔,让电线穿过,拧上瓶盖。在瓶颈上套8厘米长的彩色塑料管。在瓶子中部贴上一圈金色的贴胶纸,就成了一盏美丽的吊灯了。

18.制洗发器。用塑料瓶可做一个齿形洗发器。将瓶子在其颈下面一点剪成两半,用剪刀修成锯齿形(锯齿尽可能地剪得尖一些)即可。

过期牛奶的巧利用

过期的牛奶也许你会毫不犹豫地倒掉,但其实大可不必,因为过期的牛奶还具有你所不知的妙处。

过期的牛奶用途也是很广泛的,不仅可以用来护肤、敷脸,也可以用来擦拭皮鞋、地板、皮制家具、洗去衣服上的墨迹。

最早发现过期牛奶可以护肤的是埃及艳后,喜欢用鲜奶沐浴的她,发现过期发酸的牛奶,沐浴后皮肤更滑更细,事实上,这些坏掉的牛奶,之所以能够护肤,主要是因为过期牛奶中的乳酸,其次则是牛奶中的脂肪能润肤,因此,全脂的牛奶护肤效果比较好,其中的差别就在于脂肪的多寡,但是过期的牛奶所产生的乳酸菌不会因脂肪含量的多少而有所影响。

过期的牛奶也可以用来敷脸,而一瓶过期牛奶倒进浴缸,被稀释之后,效果可能较差,因此建议可以先行涂抹全身,等5~10分钟之后,再泡进浴缸,这样效果较佳,而乳酸菌不会造成泌尿道感染,不需要担心。不过要注意的是,如果过期的牛奶已经结块,就不要使用,因为乳酸不会结块,会结块的是牛奶蛋白,对于去角质或是保湿没有效果。

过期的牛奶还可以用来擦拭皮鞋。我们可以先用刷子刷掉鞋面上的污垢,再用纱布蘸上过期发酸的牛奶均匀地涂抹在鞋面上,等干了以后用干布擦拭,鞋面可光亮如新,还能防止皮面干裂。

过期的牛奶也可以用来擦拭地板。擦拭地板前,可以先把过期发酸的牛奶用清水稀释,然后洒在地板上用拖把擦拭,地板可光亮如新。

过期的牛奶可以用来除去衣服上的墨迹。首先用清水把衣服清洗一下,再倒入过期发酸的牛奶轻轻搓洗,可除去衣服上的墨迹。

如果过期牛奶已经有少量沉淀,但是气味并没有改变,可以用它来擦拭皮制家具,使其恢复光泽,还可以修复细小的裂痕。

烟灰的再利用

大多数人会把烟灰视为毫无用处的垃圾,毫不犹豫地扔掉,事实上,烟灰在日常生活中还是有很大的用途。

烟灰可以用来止痒,被蚊虫叮咬后,疼痒难忍,将烟灰和成糊状,涂于患处,可以止痒。我们还可以用烟灰来去除油污,可以清洁厨房里面任何地方的油污,如瓷砖、抽油烟机上面的,燃气灶上面的,烟灰也是草木灰,能够和油污发生中和反应,起到洗洁精的作用,即省水,又环保。烟灰可以把残留在皮肤上的染发液轻松去除掉,用一块潮布沾一点儿烟灰,轻轻一擦就 OK。烟灰可以清理掉那些撕掉的标签、透明胶等留下的胶痕。烟灰可以除去家里养花出现的小虫子,将烟灰撒在上面,过几天小虫子就没有了。

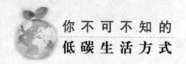
香烟产生的烟灰就能有效杀死皮肤表层上的真菌，使皮肤表面保持干燥，对治疗烂脚缝(脚缝流黄水,有的脚缝内有小水泡,俗称烂脚丫子)有奇效。脚缝溃烂主要是高温加潮湿，又长期得不到通风所之。其做法是将脚用清水洗干净，再将新鲜的香烟灰直接涂在脚缝患处(最好是刚刚产生的新烟灰,时间长的烟灰会有污染的)，将脚缝全部覆盖为止，第一次有疼痛感觉，以后便消失，一日3~6次，3天时间基本痊愈。注意在治疗期间，要让脚通风，保持卫生，尽量穿凉鞋、拖鞋为好。如果在治疗期间需要穿鞋袜外出办事，可先将烟灰涂在脚缝上，再用卫生纸夹在脚缝中间,让患部保持干燥。

香烟的烟灰对皮肤表面的擦伤也有很好的治疗作用。将新鲜的烟灰直接涂在被擦伤的皮肤上，这样可达到立即止血的作用，而且不会被感染。涂上后过一会儿，体内的淋巴液会浸湿烟灰，这些都不碍事，不要管它，一天涂2~4次。但要让伤口保持卫生、通风。

另外,将烟头里的烟丝收集起来,放在卫生间里,可以防止苍蝇、蚊虫的繁殖,还可以除臭。

保鲜膜内筒、废旧筷子的再利用

用完的保鲜膜内筒、废旧的筷子都是可以变废为宝的东西,我们在日常生活中不妨尝试一下利用这些废物的小窍门。

衣服、床单上沾了头发丝之类的小东西,用手摘很麻烦,于是很多人在超市里买那种带胶纸的滚子来粘除。利用保鲜膜内筒是一个更加经济方便的方法。制作方法如下:在一个用完的保鲜膜内的滚轴(即纸筒)的一端紧紧地缠上两根最普通的橡皮筋，然后手持纸筒的另一端，利用橡皮筋的摩擦力，即可把头发等杂物缠绕在橡皮筋上。清理完之后把橡皮筋取下来，放在水里洗净即可继续使用。

用过的保鲜膜内筒还可以套在一些单架的晒衣挂上，这样凉衣服时（尤其是夏天穿的小件）两肩不起皱，很自然。家里没有擀面杖，可以拿留着一层保鲜膜的保鲜膜内筒充当。

筷子用了半年以后，上面细小的凹槽里很容易滋生出细菌，从而引发疾病。可是扔掉那么大把筷子，有些可惜。其实，变换一下思路它还可以再利用。准备好剪刀、剪线钳、一些线绳。用剪线钳将废旧筷子剪成需要的长度。用绳子套住一根剪好的筷子，然后用两个手指把绳子拧一下，将筷子系牢，接着再按这种方法将筷子一根根并排固定在一起，直到其大小尺寸符合您的要求为止。可以制作成一个放锅或杯子的垫子，非常好用。当然，也可以把它卷成筒状，竖着放在桌上，中间放入玻璃杯或塑料瓶，既可以当花瓶，又可以作笔筒。还可以将家里用的废旧筷子，交叉组成不同的几何体，用胶水固定，然后找个底座，放上灯泡，就是很别致的台灯。

包装盒的再利用

现在的商品基本上都离不开包装，如果处理不好，家中就会被各种各样的包装盒所淹没，其实只要你会合理地再利用包装盒，你的家不仅不会堆着一层层的包装盒，反而可以凭借包装盒把屋子整理得更加井井有条。

袋装牛奶纸箱可用作鞋、靴盒。

杯装酸奶包装硬纸盒可放粮食、零食等。

酸牛奶杯做烟灰缸、小废物篓，可在家中用餐时吐刺、骨、核等。

白色小塑料袋衬在抽油烟机油盒里面，残油落满后，可取出塑料袋更换，不必清洗油盒。

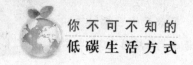

塑料豆腐盒可用作肥皂盒。

超市买的装肉食塑料底盘洗净后,可垫在小花盆下当盛水盆。

旧信封,质地较硬的又大的,可以装文件,小的作钞票夹。

面巾纸塑料袋,对折型的,可作钞票夹。

蛋糕、点心礼品盒可放文件、照片、资料、书刊。

精致的巧克力塑料盒可放首饰或小件玩物。

随报纸送的光面海报可在衣柜中隔开放置的毛衣或衬衣,便于抽取衣服。

超市买的装桑葚的小筐可以当笔筒或装杂物的小篮子。

大张的塑料纸包装或者服装购物袋,颜色鲜艳的,可以将侧面剪开当餐桌垫,也可以垫在厨台上,既美观又整洁。

小的圆柱体状的饼干桶可以当笔筒或者筷子筒。大的并且有盖子的饼干桶、月饼盒可以当急救箱收纳各种药品。如成正方体的较高的饼干桶,还可以当日常护肤品的收纳盒。有的饼干桶中间有个洞,还可以做厕纸桶。

小瓶的千岛沙拉酱吃完后,可以将其刷洗干净,当盐罐或者糖罐等。

用过的洗涤灵的塑料瓶将里面洗净,把买来的袋装洗衣液倒入其中也很好使,这样做可以省去直接从超市购买瓶装洗衣液的钱。

咖啡渣的再利用

咖啡渣是天然肥料,可以用来做花草的肥料。同时,咖啡渣也可以用作除味剂。

咖啡渣是很好的天然肥料。不用晒干倒在盆栽植物的栽培土上方,就可以帮助花草长得更好。将咖啡渣散撒在家中种的喜酸性花的花盆中,比如杜鹃花之类的,可以帮助种的花开出更美丽鲜艳的花朵。对于喜欢种菜的人来说,防虫一向是最让人头痛的事情。如果将咖啡渣铺在泥土上,便可防虫。但要注意,不要铺在根部。

把废弃的咖啡渣晒干燥后用小纸包包好放在冰箱中,可以很有效地去除冰箱里的异味。锅子用久了多少都有油味,把湿的咖啡渣放在锅中炒到干,可以去掉锅中异味。咖啡渣晒干,放到容器中再放入鞋柜,可消除鞋柜里的异味。也可用一个美观的容器盛着放在厕所中,可以起到除臭辟味的效果。将晒干的咖啡渣铺在烟灰缸,特别是汽车内的烟灰缸里,咖啡的香味可以取而代之烟卷的特殊气味,也更容易熄灭烟蒂。把咖啡渣晒干,装入丝袜中,用来打磨地板,可达到打蜡的效果,使地板变得光亮。

把平时剩下的咖啡渣收在一个小罐中,放在厨房里,切洋葱、剁蒜时候可以抓一点在手上搓搓去除异味。另外,在收拾鱼虾蟹,或者吃海鲜的时候也可以用咖啡渣除去手上的腥味。

淘米水的多种功效和再利用

淘米水可以用作除污剂、除味剂、洗衣剂、擦漆剂,因此我们要珍惜日常生活中的淘米水,变废水为宝。

淘米水一经加热后,清洁能力更强。这是由于其淀粉质变性,而变性淀粉具有较好的亲油性和亲水性,可以轻松吸附油垢。用淘米水洗手,不仅能去污,还可使皮肤滋润光滑。用淘米水刷洗碗碟,不仅去污力强,还不含化学物质,胜过洗洁剂。

案板用久了,会产生一股腥臭味。可将其放在淘米水中浸泡一段时间,再用盐擦洗,腥臭味即可消除。带有腥味的菜,放入加盐的淘米水中搓洗,再用清水冲净,可去除腥味。

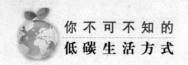

米的表面含有钾,经实验证明,头一两道淘米水会呈现 PH 值为 5.5 左右的弱碱性,洗过两次后,PH 值约为 7.2 左右,这种呈弱碱性的淘米水很适合清洗物品,可以代替肥皂水洗掉皮脂,而且与一般的工业洗衣粉相比,它的洗净力适中,质地温和,没有副作用。白色衣服在淘米水中浸泡 10 分钟后,再用肥皂清洗,能使衣服洁白如新。毛巾如果沾上了水果汁、汗渍等,会有异味,并且变硬。把它浸泡在淘米水中蒸煮十几分钟,就会变得又白又软。

另外,淘米水还可以用作擦漆剂。刚油漆好的家具,有一股难闻的油漆味,用软布蘸上淘米水反复擦拭,可除掉油漆味。

果皮的再利用

小小的水果皮,却也具有大大的作用,我们千万不要小瞧一些水果皮,而是要想法使这些水果皮为我们所用。

大多数人吃水果时都会选择削掉水果皮,而削掉的水果皮往往被视作垃圾,毫不心疼地扔掉,然而,正是这些扔掉的水果皮却有着各种各样的妙用,下面就是一些常食水果皮的妙用之法。

1.橘子皮、柠檬皮、柚子皮

在料理食物或清洗餐具时,一些扔掉的原料有一些回流到排水口里,时间久了就会散发出难闻的异味。橘子皮、柠檬皮、柚子皮都会散发出清香味,因而它们都是除臭的好帮手。将它们放入水中煮成黄绿色的汁液,稍微冷却后倒入排水口,一遍一遍地冲刷。在清洗的过程中,果皮水会流入排水管,这样能有效地去掉排水管的异味。

2.苹果皮

将苹果皮泡在水中作为茶饮,对支气管炎有很好的疗效。但是,要记得去掉表面的蜡。苹果皮除了能作为茶饮,还是很好的清洁剂。铝锅使用久了就会有一层黑黑的脏东西,怎么也洗不掉。把苹果皮放进铝锅里加入水煮大概 15 分钟,然后再清洗铝锅,黑黑的脏东西很轻松就洗掉了。

3.香蕉皮

香蕉皮中含有抑制真菌和细菌生长繁殖的蕉皮素,对"香港脚"等皮肤病都有效果。如果脸上长出硬硬的小包,可以将香蕉皮敷在上面,因为香蕉皮能够使小包软化。香蕉皮还能擦拭皮具,效果很不错。由于香蕉皮中含有单宁,因此也可以擦拭皮鞋,不仅能除掉皮鞋上的油污,还能让皮面保持光亮。

4.梨皮

梨的果皮不仅气味香甜,还能清洁油污。炒菜锅用得久了,锅子边缘会因为平时清洁时不注意而聚集很多油污。在锅里放入一些水,再放入梨皮,开火煮一会儿,当梨皮变得软软的时候,就可以用它清除那些顽固的油污。

5.西瓜皮

西瓜皮也有很大的用处,例如美容。把西瓜皮切成细长的条,放在脸上反复揉搓,然后再用清水洗脸,坚持使用一段时间,会让皮肤更加光亮细嫩。西瓜皮对长痱子的皮肤也是很有帮助的,把西瓜皮内侧的瓜瓤削掉,再用清水洗干净,然后用西瓜皮擦拭长痱子的地方,就会觉得很清凉舒服。每天擦 3 次,每次 5 分钟,坚持几天后痱子的状况就会明显得到改善。

肥皂的妙用

洗衣洗手的肥皂可不是只有简单的清洁功能呢,它的作用可大了!

（1）给自行车的把手套上塑料管套,或在踏脚上套上橡胶护套,都是很费劲的事。可在把手处或橡胶套内,用肥皂蘸水涂一下,即可起到润滑作用,

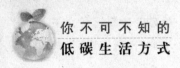
套入时比较省力。

（2）在硬木上旋入木螺钉非常费力。如果在旋入前先把木螺钉刮上肥皂，就能够比较省力地将木螺钉旋入木头中。

（3）在家中用钢锯锯金属材料时，可先把肥皂水涂于锯条上，然后再锯，会省力些，而且锯条不易折断。锯木头时，在锯条两面涂些肥皂，锯时又轻松又不夹锯。

（4）锅底的煤烟垢最难除去，如果使用之前在锅底涂上一层肥皂，用后再加以清洗，就可以减少锅底煤烟的积垢。

（5）手表金属壳上用肥皂涂后，再用布擦拭干净，就可防止汗液侵蚀。

（6）用一块纱布或旧丝袜做一个小口袋，将肥皂装入扎紧挂在马桶的水箱内。肥皂溶于水中，便可起到清洁马桶的作用。

（7）在糊墙纸的糨糊中放进适量肥皂，不但裱糊容易，而且不易脱落。

（8）在铝合金窗户的窗页轨道上涂些肥皂当润滑剂，可使窗户开关自如。

（9）衣服上的拉链拉不动时，可在拉链上涂些肥皂，即可拉动。

（10）用浓肥皂水涂抹煤气管接口，可检查煤气罐是否漏气。

（11）在潮湿的季节，家具的门、写字台的抽屉往往拉不动，可在门边、抽屉边涂一些肥皂，推拉起来就会容易些。

（12）冬季里眼镜片遇到热气容易生"雾"，使镜片模糊，可用风干的肥皂涂擦镜片周围，然后，抹匀擦亮即可。用此法后，即使在浴室洗澡，镜片也不会产生雾气。

（13）使用油漆时先在指甲缝里和手上涂些肥皂，油漆就不会嵌入指甲缝里，同时，即使沾上油漆也容易洗掉。

（14）粉刷墙壁后的刷子，可在肥皂水里泡一晚，第二天就很容易把刷子洗净。

（15）搬重物时，在地板上涂些肥皂，搬动起来省时省力。

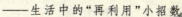

（16）家具被虫蛀后，用肥皂堵住洞口，可使蛀虫窒息而死，如用浓肥皂水灌入蛀虫巢穴，可将蛀虫杀死。

（17）往新布或光滑木板上写毛笔字而字迹不清时，可在墨汁中加入点浓肥皂液搅拌后再写，这样字迹便清晰可见。

（18）夏秋季节被蚊虫叮咬后，在患处涂些肥皂水，有消肿、止痛、去痒的作用。

（19）新麻绳或线绳太硬易断，若将其在肥皂液中浸泡5~10分钟，绳子既柔软又结实。

（20）在衣柜、衣箱、书架、抽屉内放块肥皂，可防止衣服、书籍在夏季产生霉斑。

苹果妙用不可不知

苹果作为最"家常"的水果，备受人们喜爱。但你知道苹果在"吃"以外的其他的妙用吗？

（1）利用苹果贮存土豆：把需要贮存的土豆放入纸箱内，里面同时放入几个青苹果，然后盖好放在阴凉处。由于苹果自身能散发出乙烯气体，故将其与土豆放在一起，可使土豆保持新鲜不烂。

（2）将柿子和苹果混装在封闭的容器里，过5~7天，柿子的涩味就会去除。

（3）将未熟的香蕉和苹果若干，装入塑料口袋里，扎紧口，约几个小时后，绿香蕉即可被催熟。

（4）苹果皮对于动脉硬化、关节炎及其他一些老年病症具有一定疗效。

（5）铝锅用的时间长了，锅内会变黑。可将新鲜的苹果皮放入锅中，加水

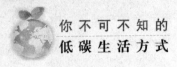

适量,煮沸 1 刻钟,然后用清水冲洗,铝锅就会光亮如新。

(6)苹果含有大量维生素 C,可以帮助消除皮肤的雀斑和黑斑,保持皮肤细嫩红润。

香蕉皮的妙用

看看本节中我们总结的妙用,你会发现香蕉皮不再是累赘的垃圾,只要有心,我们大可以把它变废为宝。

(1)面部是干性皮肤的人,可用香蕉皮内侧贴在脸上(皮的内侧朝脸皮的一面),晾 10 分钟左右,再用清水洗净。

(2)皮沙发或皮椅子,使用期很长,平时就应该注意清洁与保养工作,否则时间久了要清理就不那么容易了。这里有一个擦皮沙发的小窍门:吃完香蕉以后,顺手用香蕉皮的内侧摩擦沙发的皮面,就能消除污垢,保持皮沙发的清洁。

(3)用香蕉皮擦皮鞋,可使皮面洁净、光亮。

(4)在每次用热水洗手、足后,用香蕉皮的内侧在手、足上进行摩擦,可防止皮肤皲裂。如果已经有裂口了,可将香蕉皮直接在裂口处摩擦,一般连用数次即可治愈。

(5)取香蕉皮 30~60 克,煎汤服用,可治高血压。

(6)取鲜香蕉皮 30 克煎汤代茶饮,能扩张血管,防止中风和心绞痛。

(7)取三个香蕉皮,炖熟后服用,能治疗痔疮疼痛,大便出血。

(8)香蕉皮中含有抑制真菌和细菌生长繁殖的蕉皮素。香港脚、手癣、体癣等引起的皮肤瘙痒症,用香蕉皮贴敷患处,能使瘙痒消除,促使疾病早愈。

巧用鸡蛋壳

鸡蛋吃掉后，蛋壳怎么办？本节中有你想得到和想不到的蛋壳妙用法。

（1）除水壶中的水垢。烧开水的水壶有一层厚厚的水垢，坚硬难除，只要用它煮上两次鸡蛋壳，即可全部去掉。

（2）使皮肤细腻滑润。把蛋壳内一层蛋清收集起来，加一小匙奶粉和蜂蜜，拌成糊状，晚上洗脸后，把调好的蛋糊涂抹在睑上，过30分钟后洗去，常用此法会使脸部肌肉细腻滑润。

（3）治小儿软骨病。鸡蛋壳含有90%以上的碳酸钙和少许碳酸钠、磷酸氢等物质，碾成末内服，可治小儿软骨病。

（4）治胃痛。将鸡蛋壳洗净打碎，放入铁锅内用文火炒黄（不能炒焦），然后碾成粉，越细越好，每天服一个鸡蛋壳的量，分2~3次在饭前或饭后用清水送服，对十二指肠溃疡和胃痛、胃酸过多的患者有止痛、制酸的效果。

（5）消炎止痛。用鸡蛋壳碾成末外敷，有治疗创伤和消炎的功效。

（6）治烫伤。在鸡蛋壳的里面，有一层薄薄的蛋膜。当身体的某一部位被烫伤后，可轻轻磕打一只鸡蛋，揭下蛋膜，敷在伤口上，经过10天左右，伤口就会愈合了。它的另一个优点是敷上后能止痛。

（7）治妇女头晕。蛋壳用文火炒黄后碾成粉末，与甘草粉混合均匀，取5克以适量的黄酒冲服，每天两次。

（8）治腹泻。用鸡蛋壳30克，陈皮、鸡内金各9克，放锅中炒黄后碾成粉末，每次取6克用温开水送服，每天3次，连服两天。

（9）生火炉。将蛋壳捣碎，用纸包好，生炉子可用它来引火，效果甚好。

（10）灭蚂蚁。把蛋壳用火煨成微焦以后碾成粉，撒墙角处，可以杀死蚂

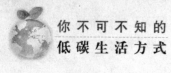
蚁。

（11）驱鼻涕虫。将蛋壳晾干碾碎，撒在厨房墙根四周及下水道周围，可驱走鼻涕虫。

（12）将清洗蛋壳的水浇入花盆中，有助于花木的生长。将蛋壳碾碎后放在花盆里，既能保养水分，又能为花卉提供养分。

（13）使鸡多生蛋。将蛋壳捣碎成末喂鸡，可增加母鸡的产蛋能力，而且不会下软壳蛋。

（14）防家禽、家畜缺钙症。蛋壳焙干碾成末，掺在饲料里，可防治家禽、家畜的缺钙症。

（15）煮钙质米饭。蛋壳洗净后放在锅中用微火焙酥，然后碾成粉末，掺入米中煮成饭，便是"钙质米饭"，对缺钙者和正常的人都有好处。

（16）煮咖啡。煮咖啡时，加一些蛋壳（约两杯咖啡加半个鸡蛋壳），可以使咖啡澄清味甘。

（17）除炸食物后油的黑色。炸食物的油使用几次后，油会发黑，可在油罐里放一小块鸡蛋壳，蛋壳会把掉在油中的炭粒吸附掉，使油变清。

（18）洗衣服。把蛋壳捣碎，装在薄布袋里，放入盆中，加热水浸泡5分钟左右。然后用这种水洗衣服，就能把衣服洗得格外白净。一般5只鸡蛋壳泡的水可洗7~8件衣服。

（19）清洁陶瓷器皿。将蛋壳碾成碎末，可以用它代替去污粉，用来清洁陶瓷器皿，效果比肥皂还要好。

（20）擦家具。新鲜的蛋壳在水中洗后，可得一种蛋白与水的混合溶液，用这种溶液擦玻璃或其他家具，可增加光泽。

（21）清洁热水瓶。热水瓶中有了污垢，可放入一把捣碎的蛋壳，加点清水，左右摇晃，可以去垢。

（22）清洗玻璃瓶。油垢不净的小颈玻璃瓶中，放一些碎蛋壳，加满水，放置1~2天，中间可摇晃几次，油垢即自行脱落。如果油垢不严重的话，在瓶内放些碎蛋壳,加半瓶水,用手堵往瓶口,摇晃几次,即可使瓶子干净。

（23）制应急小漏斗。要把油装入瓶子里,一时又找不到漏斗,可用蛋壳代替。把蛋壳洗干净,在一端打一小孔,就成为一个小漏斗了。

剩茶水巧利用

对于爱喝茶的人士而言,怎样巧妙利用剩茶水也是一项必备的功夫。

剩茶水的用途非常广泛,可以用来洗脸、洗脚、洗头;可以用来漱口除口臭;可以用来除污;可以用来浇花草等。

喝剩的茶水可以用来洗脸。利用喝剩的茶水,或是泡完茶后利用用过的茶叶再泡几次,甚至是未冲泡完足够次数的茶叶再冲泡几次。在洗脸时,先依一般洗脸程序洗完脸后,用茶水轻擦或轻拍着脸,尤其对皮肤容易过敏的人特别好,由于茶叶中具有镇定肌肤的成分,可以解除肌肤的紧张及易过敏的现象。而茶中所含的维他命 C 也具有美白的效果,爱美的女生就可将茶汤先置于冰箱,待做过基本的清洁程序后,拿化妆棉沾茶汤敷脸,敷完后再以清水冲净即可。茶水洗脚不仅可以除脚臭,还可以消疲劳。洗脚前把茶水倒入脚盆,洗脚时就像用肥皂一样光滑,洗后轻松舒服,还能缓解疲劳。这是因为剩茶水中含有微量矿物质,如氨基酸、茶绿素之类的矿物质。喝剩的茶水可以用来洗头。利用喝剩的茶水,或是泡完茶后利用用过的茶叶再泡几次,甚至是未冲泡完足够次数的茶叶再冲泡几次。在洗头时,先依一般洗发程序洗完头后,再用茶水冲头皮,最后以清水冲净即可。对于头皮容易痒或很容易出油的人很有效。

喝剩的茶拿来漱口,可以消除及预防口臭。例如,早上刷牙时,也可以用隔夜茶代替清水先漱口,茶水能清除口腔内的细菌、预防蛀牙。平时在吃完

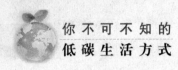

重口味的食物后，或者有口臭困扰的人也应尽可能借喝茶来消除口中异味，喝茶利尿的功能也可使终日在办公室坐着，缺乏运动的上班族多上厕所，排出体内代谢废物及毒物。

剩茶水可以去污。衣服上若是不小心沾到了蛋液，若直接用水洗不容易洗净时，可以先将沾到蛋液的地方放入冷茶水里面稍微浸泡、搓洗一下，然后再用清水冲洗干净即可。不过，容易褪色、不能水洗以及白色的衣物不要使用，以免因此而不小心染到茶色或是缩水。喝剩的茶水可以用来洗碗。用喝剩茶水去除碗盘内油污。将茶水倒入使用过的碗盘中放置约5分钟，用清水及洗碗布依一般洗碗程序洗净即可，过程中可省去使用肥皂或洗碗精。

喝剩的茶水可以用来除味。刚买的家具会有刺鼻的油漆味，可用茶水将家具擦拭去味，擦拭过后再用清水擦一遍，若是木质家具则需要让室内保持通风，让家具风干以免发霉。而家中若有席制品、榻榻米或竹制品，使用久了容易累积汗味而有臭味，此时亦可以用抹布沾茶水后拧干，再将席制品的正反面都擦拭一遍，最后再用清水擦拭一次即可去除味道。另外，剥完蒜头、洋葱或是处理完海鲜类，手上会残留有腥味或是辛辣的味道无法去除时，可以直接用茶水来洗手，再用清水冲净，就可以将味道除去了。

另外，剩茶水是可以用来浇花草的。茶水所含的物质花草也同样需要，所以用它来浇花草一举两得。有一点要注意：直接把茶水和茶叶一起倒入花草盆里是不好的。因为湿茶叶风吹日晒后，会生霉，产生的这些霉菌对花草有一定的伤害。

过期啤酒的再利用

过期啤酒可以用来擦冰箱、洗头发、洗真丝织物等,可以说过期啤酒利用好了就是宝,利用不好就是废物。

用过期啤酒擦冰箱一是好擦,二是擦完很明亮。由于啤酒里所含的有机酸能够很好地去掉污渍,而且冰箱也不同其他物件的地方,装的都是入口的食品,所以用啤酒清洁冰箱的卫生,既起到了杀菌消毒的作用,又让人感到比使用洗涤灵擦更安全。由于啤酒是胶体溶液,抹布蘸啤酒擦玻璃有它的优点,它不仅会使玻璃变得格外明亮,用它擦完玻璃也不会留下抹布的纤维。这是因为用啤酒擦完玻璃后,啤酒里的酒精成分飞散了,所以使得玻璃晶莹剔透。

用软布蘸上啤酒擦拭植物叶子会使叶子油亮,增添光彩。这主要是啤酒里的营养成分溶解在了叶片的表面,如果把剩下的啤酒直接倒入花盆里,还是一种极好的肥料,因为啤酒里所含的酵素会使花卉长得茂盛,花朵更艳丽。

在用洗发精洗过头发后,在水中加入过期啤酒,用它来浸泡和漂洗头发,啤酒中含有的大麦和啤酒花会带给头发一定的养分,并会令干后的头发富有光泽。

真丝织物常会由于频繁洗涤或清洗不当造成颜色发乌发旧。把过期啤酒兑入冷水中,浸泡已清洗干净的真丝衣物 20 分钟,再捞出漂洗后晾干,原本暗淡的色泽就会恢复本来面目。您不妨用这种方法来挽救一下已失宠的真丝衣物。

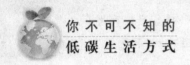

过期蜂蜜的再利用

选购的蜂蜜往往由于种种原因未能及时食用,时间一长便忘了,有时一忘就是好几年,虽然看起来蜂蜜还是好的,但早已过了保质期。过期的蜂蜜和蜂王浆自然是不可以再食用了,这时候外用较好,如用作美容、护发等。

过了保质期的蜂蜜扔了怪可惜了的,不妨"废物"利用,尝试以下方法,为美丽的脸蛋做个面膜吧。蜂蜜能供给皮肤养分并能保持肌肤弹性,因此也被称为是"营养敷面"。

1.蜂蜜黄瓜面膜

取鲜黄瓜汁加入奶粉、蜂蜜适量,风油精数滴调匀后涂面,20~30分钟后洗净,具有润肤、增白、除皱的作用。

2.蜂蜜番茄面膜

先将番茄压烂取汁,加入适量蜂蜜和少许面粉调成膏状,涂于面部保持20~30分钟,具有使皮肤滋润、白嫩、柔软的作用,长期使用还具有祛斑除皱和治疗皮肤痤疮等功能。

3.蜂蜜白芷面膜

取白芷6克、蛋黄1个、蜂蜜1大匙、小黄瓜汁1小匙、橄榄油3小匙。先将白芷粉末装在碗中,加入蛋黄搅均匀。再加入蜂蜜和小黄瓜汁,调匀后涂抹于脸上,约20分钟后,再用清水冲洗干净。脸洗净后,用化妆棉沾取橄榄油,敷于脸上约5分钟。然后再以热毛巾覆盖在脸上,此时化妆棉不需拿掉。等毛巾冷却后,再把毛巾和化妆棉取下,洗净脸部即可。

4.蜂蜜双仁面膜

将冬瓜子仁、桃仁晒干后磨成细粉,加入适量蜂蜜混合成粘稠膏状,每晚睡前涂在斑点上,第二天早晨洗净,敷三个星期后,斑点会逐渐变淡,治疗时要注意防晒。冬瓜仁内含脂肪油酸、瓜胺酸等成分,有淡斑的功效。桃仁有丰富的维他命 E、维他命 B$_6$,不仅帮助肌肤抗氧化,还能减少紫外线的伤害。蜂蜜有保湿效果和滋养的功效,让面膜的效果更好。

5.蜂蜜珍珠粉面膜

准备一个干净的小瓶子,倒入大半瓶珍珠粉,再缓缓倒入蜂蜜,边倒边搅拌,使蜂蜜和珍珠粉充分混合,注意蜂蜜不要倒得过多,调成糊状即可。这样面膜就做好了。使用前,先用温水把脸洗净,然后用小棉签蘸着调好的面膜均匀地涂在脸上,不要太厚,薄薄一层即可,过 1~2 小时后洗掉,可以使脸光滑,有光泽。

6.红酒蜂蜜面膜

将 1 小杯红酒加 2 到 3 勺蜂蜜调至浓稠的状态后,均匀地敷在脸上,八分干后用温水洗干净。

7.蜂蜜甘油面膜

蜂蜜 1 勺、甘油 1 勺,兑换勺水,充分混合即成面膜膏,使用时轻轻涂于脸部和颈部,形成薄膜,20~25 分钟后小心将面膜去掉即可。这种面膜可用于普通、干燥性衰萎皮肤,每周 1~2 次,30~45 天一个疗程。

8.蜂蜜敷面

将蜂蜜加在面粉或麦粉之中,搅拌成糊状,在洗完脸后敷在脸部,约过 30 分钟后用温水洗掉便可以了。因蜂蜜中有异味,可适当加入几滴柠檬汁以减少味道。

9.蜂蜜酸奶面膜

有两种做法:

①蜂蜜和酸奶以 1:1 的比例拌在一起,涂在脸上,15 分钟后用清水洗去即可,此款面膜是收敛毛孔的。

②酸牛奶、蜂蜜、柠檬汁各 100 毫克,加 5 粒维生素 E 调匀,敷面并保留

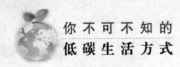

15 分钟,然后用清水洗净。此法可促进皮表上的死细胞脱落,新细胞再生,从而达到健美皮肤的目的。

10.蜂蜜洗面美容法

每次洗脸时,先用温水清洗面部,然后倒出适量蜂蜜于手掌心,双掌对搓(如果感觉太稠,可用指尖蘸取少量水混合均匀),然后双手在面部向上向外打圈按摩,重点在下述几个部位细致按摩:眼角鱼尾纹处,用双手指肚作环状按摩;额部抬头纹作垂直按摩;鼻冀两侧环状按摩,鼻梁边缘作上下按摩;颈项部位由下而上按摩;耳朵两侧上下按摩;口部四周作八字或倒八字按摩。按摩完毕,用温水清洗干净,涂搽营养护肤品。蜂蜜洗面不仅简单方便,而且美容效果十分显著,坚持 1 周以上就能明显感觉到面部洁白细腻,自然红润,富有光泽,皱纹减少。使用后肌肤无紧绷感,舒适自然,长期使用,效果尤其明显。

其实,科学研究和实践证明,蜂蜜具有很强的抗菌能力,是世界上唯一不会腐败变质的食品。1913 年美国考古学家在埃及金字塔古墓中发现了一坛蜂蜜,经鉴定这坛蜂蜜已历时 3300 多年,但一点也没有变质,至今还能食用。可见,真正成熟的蜂蜜久置后完全能食用,没有什么严格保质期,但作为食品上市,根据《食品法》都要求在食物商品上标明保质期,因此蜂蜜生产厂家一般把蜂蜜保质期定为 2 年。

过期精油的再利用

过期精油并非一无用处，一样可以达到净化环境的作用。平时，一些过期精油还具有除污的作用，只要我们巧妙利用过期精油，那么过期精油还是很有用的。

一般精油的最佳使用期限是开封后1～2年，柑橘类的精油则是开封后半年使用完毕最佳。即使超过了最佳的使用期限，精油只要保存得当，其实并不会坏掉，只是气味与能量会稍稍变得比较薄弱，功效相对地也没那么明显了。

如果你不想用来熏香的话，可以用来拖地，或者加入喷雾瓶中用来喷洒居家环境，一样可以达到净化环境的作用。滴1～2滴过期精油到有臭味的下水道，起到消毒和去臭味的作用。不要超过两滴，否则的话会精油会有损供水。滴1～2滴精油到垃圾桶底部，有助于消除异味以及减少虫子和啮齿类的损害。

薄荷精油特别有助于抵御啮齿类。用化妆棉蘸取一些精油，用来擦拭一些沾染了脏污的物品表面，效果很好。例如擦洗桌面、镜子、熏香灯等等。还可以把过期精油做成喷雾，喷屋子，或者滴到你的洗脚盆里洗脚，或者是滴到洗发水里，不过不是把精油滴到洗发水的瓶子里，是每次你洗头的时候把精油滴到你挤出来的洗发水中，然后用手揉开，均匀地涂到头发上，用精油洗过的头发很柔顺。还可以香薰，用来熏房间，可以起到安眠或者其他作用。

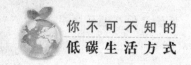

过期牙膏的再利用

过期牙膏的用途非常广泛，不仅可以用来清除垢类物质，而且可以治疗一些皮肤病。

过期牙膏可以用来除垢类物质。用过期牙膏来清除搪瓷茶杯中留下的茶垢和咖啡渍时，可在杯内壁涂上牙膏后反复擦洗，一会儿就可以光亮如初。水龙头下方容易留下水锈和水垢，涂上牙膏进行擦洗，很快就能清理干净。衣服染上动植物油垢，挤些牙膏涂在上面，轻擦几次，再用清水洗，油垢可清除干净。炖煮东西时一不小心常会有汤溢出锅外弄脏灶台，这时可将抹布浸在热水中，拧干后盖在灶台的焦垢上，让它闷一会儿，不久污垢便会软化浮起，之后，只要用尼龙洗碗布蘸牙膏用力刷除污垢，再用抹布擦干净即可。

用牙膏擦拭不锈钢器皿的表面，就能使其光亮如新。电熨斗用久了，会在底部留下一层糊锈，可在电熨斗底部抹上少许牙膏，轻轻擦拭，即可除去。银器久置不用，表面会出现一层黑色的氧化层，只要用牙膏进行擦拭，即可变得银白光亮。

小面积的皮肉之伤，可在伤处涂上牙膏进行消炎和止血，再包扎上作为急救。受到烫伤的时候，可用少许牙膏涂抹伤处，能消炎止痛、预防感染。受到蜂蜇或蚊虫叮咬后，奇痒难忍，涂上一点牙膏按摩一会儿，即能止痒消肿。冬季手脚发生皲裂时，可在裂口处涂上一些牙膏，能够止痛，防止感染，促进伤口早日愈合。手脚如果受冻，只要受冻面没有破损，可用纱布蘸取牙膏在红肿处摩擦，帮助活血消淤。

夏天生了痱子后，在洗澡时，用少许牙膏在痱子多的部位进行搓洗，再用清水洗净，连用几次，能止痒消痱。旅途中发生头痛、头晕时，可在太阳穴涂上牙膏,因为牙膏中有薄荷脑、丁香油,可以镇痛。牙膏还能治脚气,每天洗脚后,挤少量牙膏涂抹在脚气部位,坚持一段时间后,脱皮、水肿、奇痒的现象就会消失,脚气即可痊愈。夏日人体容易发生皮癣,用清水将患处洗净、擦干,将牙膏涂抹患处,对治疗皮癣很有帮助。夏天,脚癣患者的脚趾间非常容易出现浸渍、溃烂及奇痒感,如果洗净后在患处涂上少许牙膏,便能止痒。

男子剃须时,可用牙膏代替肥皂,由于牙膏不含游离碱,不仅对皮肤无刺激,而且泡沫丰富,且气味清香,使人有清凉舒爽之感。女性若患有轻微的阴道炎症,可在水里放入少量的牙膏,搅拌均匀后再清洗患处,症状可消失。有腋臭的人,用牙膏擦腋窝部,可减轻其臭味。

过期酸奶的再利用

只要我们合理利用,即使是过期的酸奶也具有很大的用途,这一小节我们就来介绍把过期酸奶变废为宝的妙招。

过期酸奶可以用来擦拭皮鞋、地板、除去衣服上的墨迹、浇花、擦拭皮制家具,同时,过期酸奶还可以用来做面膜、发膜、酵母粉和洁净剂。

1.擦拭皮鞋。先用刷子刷掉鞋面上的污垢,再用纱布蘸上过期酸奶均匀地涂抹在鞋面上,等干了以后用干布擦拭,鞋面可光亮如新,还能防止皮面干裂。

2.擦拭地板。把过期酸奶用清水稀释,然后洒在地板上用拖把擦拭,地板可光亮如新。

3.除去衣服上的墨迹。先用清水把衣服清洗一下,再倒入过期酸奶轻轻搓洗,可除去衣服上的墨迹。

4.浇花。如果过期酸奶已经有了明显的酸腐味,这时可以用它来浇花。

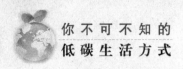

过期酸奶加水稀释后，洒在盆花里，对花卉类有益，但不要洒得过多。为了避免不好的味道扩散，可以在花土中间挖一个小坑，把酸奶埋进去。

5.擦拭皮制家具。如果过期酸奶已经有少量沉淀，但是气味并没有改变，可以用它来擦拭皮制家具，使其恢复光泽，还可以修复细小的裂痕。

6.做酸奶面膜。酸奶中含有大量的乳酸，作用温和，而且安全可靠。酸奶面膜就是利用这些乳酸来发挥剥离性面膜的功效，每日使用会使肌肤柔嫩、细腻。做法也很简单，举手之劳而已。需要酸奶一杯、面粉适量、小钵一个。将适量的酸奶和面粉放在小钵中，调匀成浓稠的酸奶糊(不要调得太稀，否则无法将面膜涂厚)。均匀地敷于全脸，待10~15分钟后，用温水洗净即可。酸奶面膜可以兼做洗脸之用，使用前后不必刻意清洁脸部。使用4~5回后，肌肤将会有全新的感受。

7.发膜。像发乳一样倒在头发上用手揉搓，然后再用清水洗净，长期使用可以使头发保持光亮，不分叉。

8.酵母粉。酸奶过期后，可代替酵母来发面做成馒头，蒸出来的馒头还有淡淡的奶香味，勤俭持家之余又可口。

9.洁净剂。手提包、皮鞋失去光亮时，使用过期酸奶擦洗，可使其光亮如新。

过期茶叶的再利用

过期的茶叶可以用来做吸湿剂，也可以用来除臭味，还可以用来做枕头或者小香包，真可谓是一废多用啊。

如果用过的茶叶罐没有盖好，一段时间后原来缩成一团的茶叶会膨胀成一片。你可以将过期的茶叶倒一点在容器里，放在冰箱内或是抽屉等怕受潮的地方，一段时间后茶叶会因为吸收湿气慢慢开始膨胀，等到膨胀到一定程度，再换一些新的即可，效果很好，而且还能散发淡淡的茶香，兼具除臭的效果。

可以在烟灰缸里面铺满一层过期的茶叶，加一点点水，把烟灰弹在里面，或在里面把烟熄灭，比较不会让烟及臭味满天飞散，瘾君子们可以多考虑。

如果过期的茶叶堆积如山，那就可以考虑用茶叶来当枕头的填充物。如果茶叶不够多的话，也可以做成小的香包，随处挂随处香，不过不管是枕头还是小香包，都不能沾到水。

过期红酒的再利用

红酒中含有丰富的营养物质，即使是过期的红酒，我们也不可以把它丢弃掉，而是要再循环利用。

过期红酒可以用来作为一些食料，也可以被人们用来加在沐浴水中起到保健作用，还可以用来去除污渍。

1.调制沙拉酱

沙拉酱一般来说太过黏稠，不是油就是甜，可以用过期红酒自行调制沙拉酱，不但好吃健康，且口味很清爽。取一碟子加入红酒、盐、黑胡椒、橄榄油拌匀，将调好的红酒酱淋在沙拉上即完成。

2.让肉无血色

煎牛肉前，先将牛肉泡在红酒内再煮，可让牛肉表里一致，不会有血色流出。取一容器将牛肉放入，倒入淹过肉的红酒，可再加洋葱切片一起泡渍，对健康有加分效果。腌渍约 40 分钟后，再起油锅煎即可。

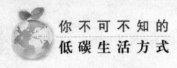
3.软化肉质

红酒内含有单宁,可软化脂肪,在烹调猪、牛等肉前,先用些红酒腌渍,去除肉类本身骚味。建议红酒浸泡时不要加入调味料,仅先用红酒腌渍,才不会让肉质变软。

4.煮鸡汤

冬天可煮鸡汤温暖身体,而红酒经沸煮后,酒精挥发,只有酒香却没酒味。取面粉1杯、鸡腿数支、奶油20克、洋葱1个、培根2片、红酒1/2瓶、蒜头2片、百里香1匙、洋菇数个。鸡腿氽烫后裹面粉。将奶油、培根、蒜头、洋葱及鸡腿入锅炒至金黄,加入红酒、百里香、洋菇再煮30分钟。煮红酒鸡时会黏锅,可随时加红酒拌煮。

5.沐浴保健

在法国,许多人泡澡时,会将浴缸内的葡萄皮拿来摩擦皮肤,让皮肤接触更多的葡萄多酚。放过期的葡萄酒拿来泡澡,可加速身体的新陈代谢。半浴缸的水加半瓶至1瓶的红酒,若再加入些葡萄皮效果会更好。1盆热水加1/3瓶红酒泡脚可加速脚部血液循环。

6.去渍

红酒内含酒精,有去渍功能,不能喝的红酒,可以拿来擦深色的木地板、木桌椅,可让木头颜色越擦越亮,另外也可拿来擦玻璃,让玻璃更亮。

家居不可无"低碳"

——挑选家装建材中的低碳智慧经

家是温馨的港湾，是疲惫之人的避风港，拥有一个温暖舒适的家是很多人的梦想。然而，温暖的家首先要有一个良好的环境，这样的家离不开舒适清洁的居室，这就使得居室的装修和居室环境的维护成为萦绕大多数人心头的大事。居室的装修和维护符合环保标准，住进去便多一分舒适，更多一分安全。现在流行的是"低碳"装修，这样的居室才更环保健康。那么究竟怎样的装修，选择什么样的装修材料，选择什么样的家具才符合"低碳"装修的理念也成为困惑很多人的难题。而装修后怎样维护居室的环境才能让你的居室少一点碳，多一分清洁也日益引起人们的关注。

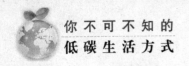
你的居室存在健康隐患吗？

　　一个健康环保安全舒适的居家环境，无论是对于我们的生理还是心理健康都是至关重要的。

　　长期居住在一个空间里，如果空气清新，周围安静，室内采光好、明亮无不让人身心愉悦，但如果空气污浊并含有大量有害物质，周围嘈杂不断，并且室内采光不足长期昏暗，人的身体和心理都会出现问题。

　　可是，人的各种感觉器官不够灵敏，还不能通过感官直接判断室内环境的好坏，有些居室感觉很好，但其实其中各项指标均已超标，而室内空气中的有害物质只要稍过量，长期吸入人体都会导致严重的后果，像其他放射性物质及辐射的量也只能通过专门仪器才能检测出来，人体基本感觉不到。既然如此，想要确定我们的居室是否存在安全隐患，可以从我们的家装材料中检测。

　　家装对人体的危害主要是空气污染。这些污染源主要有甲醛、氨、苯以及天然石材的放射性元素等，其中对人体危害最大的主要是甲醛和放射性元素。甲醛的散发性较慢，会长时间积存在室内不能挥发掉。而放射性元素，不但看不见、摸不着，而且连闻也闻不到，无色无味，所以一旦超标释放对人体造成的伤害就可想而知了。

　　目前，市场上的环保装饰材料不是没有有害物质，而是这种物质的含量或释放量要低于国家标准。如果正常使用，或使用面积较小，环保材料确实比一般材料更加安全。但如果使用不当或者是超标使用，环保材料同样会污染室内空气，从而影响人体健康。

　　其实在家庭中，温度、湿度和空气流动速度都会影响到装饰材料中有害物质的释放。例如居室中温度、湿度越大，材料中有害物质散发的速度越快。而室内良好的通风条件，则可以将有害物质带走，降低对人体的伤害。

环保居室的标准是什么？

究竟什么样的居室才是环保型的居室，才有利于人体的健康，这一小节我们就为大家介绍环保居室的标准。

人的各种感觉器官不够灵敏，不能通过感官直接判断室内环境的好坏，而室内空气中的有害物质只要稍过量，长期吸入人体都会导致严重的后果，因此环保居室就成为人体健康的第一重保证。为此，国家制定了 10 项室内环境标准，它们分别是：

1. 居室内氡浓度≤100 贝可/立方米（新建房）或≤200 贝可/立方米（已建房）。

2. 建筑材料中放射性比浓度符合国家规定的 A 类产品要求。

3. 空气中甲醛的最高浓度≤0.8 毫克/立方米。

4. 苯释放量≤2.4 毫克/立方米。

5. 氨释放量≤0.2 毫克/立方米。

6. 空气中二氧化碳标准值≤2000 毫克/立方米。

7. 室内可吸入颗粒日平均最高浓度为 0.15 毫克/立方米。

8. 噪音值白天小于 50 分贝，夜间小于 40 分贝。

9. 易挥发有机物的总释放量应低于 0.2 毫克/平方米·小时。

10. 居室内无石棉建筑制品，无电磁辐射污染源，无令人不快的气味。

按照这样的标准检测合格的居室才不会对人体造成伤害。所以，在搞室内装修时一定要本着简洁、实用的原则，尽量采用环保材料，进行环保装修，以使室内环境达到环保居室的标准，这样才不会在付出了高昂的装修费用代价后再付出健康的代价。在健康安全的前提下去追求美观舒适，这样的美才是真正的美。

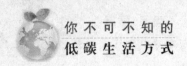
什么是节能装修?

　　家庭装修中怎样装修才是节能装修,是困惑很多人的难题,这一小节,我们将为大家解开节能装修的神秘面纱。

　　节能装修既环保又时尚,是很多家装人士所追求的,那么究竟怎样的装修才是节能装修,节能装修主要是指在哪些方面节能,下面,我们将从一些装饰材料的用料上来揭开节能的面纱。

　　1.减少装修铝材使用量

　　铝是能耗最大的金属冶炼产品之一。减少 1 千克装修用铝材,可节能约 9.6 千克标准煤,相应减排二氧化碳 24.7 千克。如果全国每年 2000 万户左右的家庭装修能做到这一点,那么可节能约 19.1 万吨标准煤,减排二氧化碳 49.4 万吨。

　　2.减少装修钢材使用量

　　钢材是住宅装修最常用的材料之一,钢材生产也是耗能排碳的大户。减少 1 千克装修用钢材,可节能约 0.74 千克标准煤,相应减排二氧化碳 1.9 千克。如果全国每年 2000 万户左右的家庭装修能做到这一点,那么可节能约 1.4 万吨标准煤,减排二氧化碳 3.8 万吨。

　　3.减少装修木材使用量

　　适当减少装修木材使用量,不但保护森林,增加二氧化碳吸收量,而且减少了木材加工、运输过程中的能源消耗。少使用 0.1 立方米装修用的木材,可节能约 25 千克标准煤,相应减排二氧化碳 64.3 千克。如果全国每年 2000 万户左右的家庭装修能做到这一点,那么可节能约 50 万吨标准煤,减排二氧化碳 129 万吨。

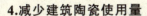

4.减少建筑陶瓷使用量

家庭装修时使用陶瓷能使住宅更美观。不过,浪费也就此产生,部分家庭甚至存在奢侈装修的现象。节约 1 平方米的建筑陶瓷,可节能约 6 千克标准煤,相应减排二氧化碳 15.4 千克。如果全国每年 2000 万户左右的家庭装修能做到这一点,那么可节能约 12 万吨,减排二氧化碳 30.8 万吨。

什么时候是居室装修的好时机?

买了房子,就不得不想装修的事,人人都想选个居室装修的好时机,那么究竟怎样选择时机,哪个时机才是装修的好时机,就成为摆在人们面前的问题。

对装修来讲一般 8、9、10、11 月属于旺季,也就是说这个时候装修的人较多。但事实上,我们可以根据自己对是否急于住房的要求计划装修时间。刚交房应考虑让房子结构有 1~2 个月的过渡期,甚至可更长,因为这样可以看出房地产商所交付的房子是否存在问题或者是否完善(如墙体出现裂缝、下水管处渗水、地面空鼓等等)。打算春节前入住,8、9 月即可装修,完工后通风过渡 2~3 个月适宜。

在人们固有的观念中,冬季不宜施工。因此,每到冬季,大多数急盼早日乔迁的人家,都盼着寒冬早日过去,来年春天好对自己的新居进行装修。于是,装修的大好时机就这样被白白浪费了。其实,冬季恰恰是装修的最佳季节。

由于冬季的施工条件比其他季节恶劣,在冬季施工,存在着很多不可避免的问题,为此,冬季家装时要注意以下几点:

1.由于涂料的喷刷工作必须在零下 5 摄氏度以上,所以温度对它的影响较大;冬季的气候较为干燥,油漆的浓度增大,不易涂刷。

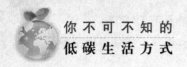
2.在冬季装修时,由于板材本身处于收缩状态,如果这时候安装过密,到了夏季气温炎热时板材会热涨,如果施工的当时接缝过小,日后会因为没有伸展位置而造成变形。

冬季装修虽然有些弊端,但也有它适于装修的因素。只要处理得当,扬长避短,屏蔽一些冬季装修容易出现的问题,冬天一样可以成功装修,完美装修。主要表现在:

1.在目前的装饰材料市场上,由于受价格因素的制约,几乎没有真正烘干的木材,冬季的木材含水率最低,干燥的程度最好,在这个季节里木材不易开裂和变形。

2.冬季不影响涂料喷刷。油漆质量的好坏直接影响到装修的最终效果,由于冬季室内暖气的烘烤使空气干燥,油漆干燥便很快,从而有效地减少了空气中尘土微粒的吸附,此时刷出的油漆效果最佳。

如何装修才能把钱用在"刀刃"上?

装修,是个费钱的事,如何精打细算把钱花在刀刃上,是一件让人头疼的事情。

对很多人来说,装修是继买房之后的又一次"大出血"。如何将钱使到刀刃上,如何达到预期的效果,有些事你不能不知。

1.巧与装饰公司洽谈

装饰公司的报价方式有两种:一是让您先报出想投入多少钱,由装饰公司结合您的要求,开始设计;二是您提出居室装修的具体要求,由装修公司报出实现您的要求要花多少钱。

消费者都想让装修公司先报价,目的是为了避免被装饰公司把"底"探走,自己也有个比较和还价的余地。其实,这是没有必要的。正规的装修公司的报价相差不多,不同的是设计和售后服务的好坏。所以,最好直接将自己准备花多少钱,想达到什么样的效果,全都交代给装修公司,看他们是否接受。如果装修公司同意承接您的家庭装修工程,才能进入具体的设计、报价和协商阶段。

2.装修与买家具,孰先孰后?

这也是装修之前要考虑的一个问题,也是让人头痛的事。一个大前提就是,家具与装修效果应达到一种"材质、功能与视觉"相协调的结果。

有人认为先装修后买家具比较保险,也不尽然。有些人装修完房子后,跑遍了全城都很难买到一套完全配衬的家具,而有的人在装修时花费太多,以至到买家具的时候囊中羞涩,买了一些难以与装修风格和档次相匹配的家具。

因此,专家建议在装修房屋前应先把家具的款式、颜色、尺寸及价位等确定下来,然后制订装修方案。这样,可以使这两者的风格、色彩、质量得以统一协调。

3.装修上的省钱绝招

装修,是个费钱的事,如何精打细算把钱花在刀刃上,是一件让人头疼的事情。其实,在设计阶段只要多花点心思,就可以节约很多钞票。

第一,减少大面积施工,风格越简单越好。

陈女士的家是一套120平方米的三居室,在装修上,她遵循的原则是轻装修重装饰,因而在工程总造价费用上并不高,花费共计3.4万元。

陈女士家的吊顶只做简单又实用的灯槽,墙面没有太多的装饰。通过后期家具配饰,最终营造出一个温馨的家居环境。在施工时,用木龙骨做的框架,9厘米的厚度封的面,再用浅色饰面板贴面,最后在其表面涂油漆,因其施工面积不是很大,成本自然就降低了。中间的墙纸也是根据自己的经济条件去选择购买的,所以电视背景墙的造价不是很高。

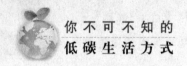

吊顶的省钱处在于不繁杂,简单的一条灯槽巧妙地点缀,就可在空间上显示出丰富内涵和活力来。最后电视背景只花了1200元,而吊顶才花650元。

有些业主是在现代家居"轻装修,重装饰"的理念下,把家具作为家居设计的主体,居室的整体风格与装饰都以家具为中心展开,这是一种既重风格又重功能的家居设计方式;也是目前比较流行的一种装修手法,但这种装修方式往往造价过高。

如果业主一定要先买家具,那么在购买家具时,对居室空间的布置、格局都要提前仔细考虑一下,然后据此来购置家具和进行装修。不要被家具所束缚,使装修受太大的限制。

家具饰品的选择是无止境的,所以在装修开支中会占很大比例,同时也是一个不确定的比例。如果业主开始装修时经济不是特别宽裕,就要控制好预算,以免资金超出太多,造成经济负担。选购家具时,最好列出一张家具预算明细表,把价格控制在一定的范围。购买家具不要一次全部到位。先买能满足使用功能的家具,然后将可买可不买的家具列出一张明细单,等到有空、有财力时再仔细挑选,一步步把家布置得温馨浪漫。

第二,不迷信品牌,适合就省钱。

说起自己的装修经历,朱女士第一个感觉是:现在装修的费用越来越高了。朱女士装修第一套房时,50平方米花了2万元;装修第二套房子,90平方米花了5万元;装修第三套房子,128平方米花了近9万元。

朱女士认为,装修的时候千万不要迷信品牌。以橱柜为例,装修前,她去长湖路一家高端家居建材市场逛,比较便宜的品牌也要2000元/平方米,后来到古城路橱柜一条街,相同材质的橱柜只要1200元/平方米,一平方米便宜了800元。再比如买窗帘,一模一样材质的窗帘,在某卖场的一家专卖店里卖300元/平方米,但西关路的窗帘布艺市场才98元/平方米,每平方米省了202元。而这两项就省了好几千元。

朱女士认为,买建材最好货比三家。她举了个例子,在买水管、接头时,第一次她相信包工头的介绍,到包工头介绍的那家店买了700元的产品,商家说可以帮送货上门。谁知第二天她所装修的小区楼下开了一家专卖水管的店,一模一样的东西,这家店至少便宜了200元。

在买家具方面,朱女士的做法也值得大家参考。朱女士告诉记者,她买的是全套的香樟木家具。当时在家居卖场里,一套1+6的餐桌的价格在7500元左右,打完折也要5500元左右。发现超出了自己的装修预算后,有心的她,发现这个品牌家具的外包装上有厂家的地址和电话,于是记下来后,她就打电话去厂家,因为是全套要,厂家最后同意给她发货。为此,她省了6000元。

而她买灯的经验也很有意思,就是先到灯具城看准自己想要的,然后上网淘,一般都能找到一模一样的,在网上买灯要便宜至少3折以上。朱女士总结说:"装修前最好做好预算,要不然,一不小心就会超出装修预算好几倍。"

由此,我们在装修时,要想省钱,首先要做到不迷信大品牌;其次选购建材、家居一定要亲历亲为;再者家具如果能定制就不要现买;最后不要到包工头介绍的店里去买东西。

第三,国产不比进口差。

刘先生家的装修,重点的省钱策略在于橱柜和瓷砖、木工活和大理石改换瓷砖等。

原本刘先生打算厨房设备采用一些进口货的,但为了控制预算,厨房设备最后全部采用的是国产品牌。"国产橱柜及瓷砖质量绝对不比进口产品差,但费用却可以省下将近8000多元。"刘先生说。

刘先生认为,装修要省钱,一定得要从木工活上动脑筋。为了省钱,他请木工制作柜身,再用系统柜的门片,这样可以省下不少钱。为了不让来客一眼就看到客厅,刘先生一直希望在入门处能做玄关隔屏。刘先生介绍说:"后来考虑到实用及预算,我建议用鞋柜代替。虽然鞋柜的价格比玄关隔屏贵,

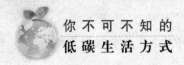
但比较实用,最重要的是省了玄关隔屏的费用。由此省了将近2000元。"此外用抛光石英砖代替大理石,不仅效果好,也省下不少钱。

装修前一定要留出足够的时间,前期准备越充分,正式装修时施工速度才会越快,实际花费也就越低;精心的策划和完美的设计是省钱的第一途径;采用"画龙点睛"的方法,重点装修的地方,可选用高档材料、精细的做工;其他部位的装修采取简洁、明快的办法,材料普通化,做工简单化。

第四,保持原貌,少做改动。

莫先生坦言,装修父母那套房子时,被折腾得半死,所以当自己买房子时,为了省事,他就买了所谓的精装修房,虽然省了装修的烦恼,但精装房的装修效果不尽如人意。

从省钱的角度考虑,莫先生还是决定维持原样,尽量不做大的改动。因此,只对房子做了后期的修改,增加了一些软装。莫先生认为,买精装修的房子有时会遇到一个问题,就是开发商装修好的房子自己不喜欢,因此许多人会把自己不喜欢的部分进行重新装修,他建议最好不要随便改动,因为改动不仅费事,而且装修费用会大增。

莫先生算了一下:70多平方米的房子,他买冰箱、电视机、洗衣机和空调等家电花了1.3万元,家具花了大约9000元,房间的灯具花了1000多元,其他软装饰花了2000多元,总共花了大约2.5万元。

虽然在装修上没费太多功夫,但在房价上却浪费了不少钱,因此在装修时,能省就省了。他的装修经验是:自己的家首先要自己喜欢,住得舒服。因此,在选装修风格时,尽量简单化,越复杂越花钱。

买精装修的房子尽量不要做大的改动,否则改动的成本会很高。如果不满意可以通过装饰来做些弥补;买灯具、家饰品,最好是去网上淘,不仅便宜,而且还可以找到许多有创意的东西;买家具尽量选择一物多用,如床、茶几、凳子等选择有收纳功能的;家电尽可能的成套买,可获得更多的折扣优惠;装修风格越简单越省钱。

装修前应做哪些准备工作？

正所谓"有备无患"，家庭装修是一项耗费人力、物力、财力的工作，需要我们投入相当多的精力，如果我们在装修前做些准备工作，那么我们在装修时就可以少一分茫然，多一分把握。

装修前，我们不仅要了解房屋的构架和面积，而且要做好资金准备，做好材料预算和费用分配；同时也要做好市场调查研究，了解房屋装修的价格以及家庭装修的运作方式，进而为装修房屋做好准备工作。

1.前期准备：首先应对自己的房屋结构做一番仔细了解，测量一下实际面积并绘制详细的结构图。主要是了解一下具体布局（包括对原有结构进行合理更改）以及装修总费用（包括材料的价格和人工费用），这样可对自己的房屋如何装潢有大致的思路。

2.资金准备：一般来说，装潢的总费用应为房屋价格的 10%~20%。

3.材料预算和费用分配：目前人们追求以舒适为本的装修理念，那材料费用合理的分配比例是：卫生间与橱房占 45%，厅占 35%，卧室占 20%。

4.工期准备：以两室一厅为例，在正常情况下，工期在 30 天左右，如算上些其他因素，诸如更改设计方案等，也至多 40 天。

5.专业知识准备：在家庭装修前，要做好专业知识的一定积蓄。

6.市场调查研究：在装修前，我们要做一些关于基本装修价格，市场状况以及家庭装修运作方式的选择性调查，这样才能做到心中有数。

基本价格的调查：家庭装修是一项经济活动，价格就是重要的因素，在设计、施工价格方面，也需要家庭有初步的了解，才能做到心中有数，在装修运作时才能做到应付自如。

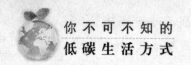

市场状况的调查:对家庭装修市场的状况进行全面的了解。应该到专业的机构、单位或组织去了解,如装饰协会、装饰服务中心等。

家庭装修运作方式的选择:直接找装饰队伍,这种方法具有一定的风险,主要是对施工单位不了解;到家庭装修市场找装饰队伍是一种比较节省精力的方式;或通过中介确定施工队伍:中介有两种情况,一种是通过亲朋好友介绍,这种方法受中介方接触行业的广度、深度的限制,另一种是通过专业的服务组织进行介绍,由其介绍的队伍应该是安全可靠的;通过网络确定施工队伍:这是一种全新的方式,相对节省金钱和时间。

如何选择家装公司?

选择一家信誉可靠,专业水平高的家装公司,不仅有装修质量上的保证,而且也可以省去家装者的一些不必要的顾虑,那么如何选择家装公司就成为每一位家装者的难题。

在选择家装公司时,我们至少要考察装潢公司的信誉,公司的可靠性以及装潢公司的专业水平,在与装潢公司洽谈前做好一些准备工作,这样我们才能根据实际情况选择适合自己的家装公司。

1.多种途径选择可信赖的装潢公司

如果我们对应该联系哪家公司拿不定主意,我们有几种选择:通过朋友的介绍;在网上查阅相关资料,比如各网站的相关栏目;去家装市场(展览会)了解,那里集中了许多公司;查阅报刊杂志中的有关版面,那里有不少相关公司的广告……至于哪些公司才真的可信,这点必须详细考察才行。而且,同一家公司的不同施工队的能力都可能大不相同,所以即便公司可信,也要再了解施工队伍。

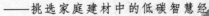

2.考察装潢公司的专业水平

这可以从装潢公司具有的资质证书看。不过,另一方面,有些装潢公司是一些包工队或小公司挂靠在一些大公司的名下,他们虽然能出示资质级别很高的证书,但是单看资质等级并不能说明他们的真实水平。综合地考察装潢公司是很重要的。具体的说就是从各个角度了解公司情况,最重要的方面有设计师的设计能力,可以通过与设计师交谈,了解观看设计师已往的作品;公司的各个施工队哪个质量比较好,在暂时还没有更方便而公正的方法时,最好能够找到接受过某个施工队施工的消费者了解。

3.与装修公司洽谈前要做好准备工作

在与装潢公司洽谈前,如果你没有做好必要的准备工作,洽谈可能因为资料不足而不能进行下去;相反,做好准备工作可以让你高效清楚地进行谈判。

(1)有尺寸的详细房屋平面图,最好是官方(物业等部门)出具的;

(2)将各个房间的功能初步确定下来,拿不定主意的可以留待与设计师讨论,就这些问题要尽量与家人统一思想;

(3)分析自己的经济情况,根据经济能力确定装修预算。重点考虑:装修所需的费用,更换家具、洁具、厨具、灯具等费用,向物业管理部门缴纳的费用等。

装饰材料与绿色居室有什么关系?

绿色居室主要依赖于装饰材料的选择,因此我们在选择装饰材料时要严格把关,选择环保安全型的材料。

绿色室内环境主要是指无污染、无公害、可持续、有助于人们健康的室内环境的建筑、设计和装饰。绿色室内环境不仅要满足消费者的生存和审美

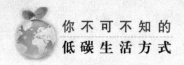

需求,还要满足消费者的安全和健康需求。具体说来,绿色室内环境主要依赖于装饰材料的选择。绿色居室的主要要求是:

1.在设计上,力求简洁、实用。尽可能地选用节能型材料。特别是注意室内环境因素。合理搭配装饰材料,充分考虑室内空间的承载量和通风量,提高空气质量。

2.在工艺上,尽量选用无毒、少毒,无污染、少污染的施工工艺。尽量降低施工中粉尘、噪音、废气、废水对环境的污染和破坏,并重视对垃圾的及时处置。

3.在装修材料的选择上,严格选用环保安全型材料。选用不含甲醛的粘胶剂,不含苯的稀料,不含苯的石膏板材,不含甲醛的大芯板、贴面板等,以保证提高装修后的空气质量;要尽量选用资源利用率高的材料,如用复合材料代替实木;选用可再生利用的材料。如玻璃、铁艺件、铝扣板等;选用低资源消耗的复合型材料,如塑料管材、密度板等。

什么是绿色装修材料?

随着人们生活水平的不断提高,居室装饰也逐渐走向现代化。一些装饰装修材料的使用带来的污染性、放射性、致癌性、窒息性等的危害日益引起人们的重视。选择绿色装饰材料已经是关系到居民人身健康的大事。

当今世界,环保已经成为全人类普遍关注的话题,在住宅建设的全过程中,时时刻刻涉及到环保的问题:建筑材料的生产涉及土地、木材、水、能耗等资源;土建工程涉及扬尘、噪声、垃圾等环境污染问题;房屋装修过程中涉及结构破坏、装修材料污染指数严重超标、噪声扰民等问题;住宅使用过程中涉及采暖、空调使用耗能、建筑隔声、防火等问题。绿色材料是指在原料采取、产品制造、使用或再循环以及废料处理等环节中,对地球环境负荷最小,有利于人类健康的材料,也称为"环境调和材料"。绿色饰材也叫生态饰材、环保饰材和健康饰材,是采用清洁生产技术,少用天然资源和能源,大量使用工业或城市固态废弃物生产的无毒害、无污染,有利于人类健康的装饰材料。下面介绍几种绿色装修材料和产品以及注意事项:

1.不含甲醛的木地板产品:根据产品的各种不同类型,其价格从每平方米 150~300 元(包含安装费)不等。

2.塑胶弹性地板产品:本身绝不含甲醛且有产品本身的各种环保认证,在施工过程中也不用在地板上钻孔,而且没有灰尘和噪音,这对于进行二次装修的用户来说,可以避免许多麻烦。与此同时,废弃的地板最后还可以回收,经过压碎处理后再循环利用。塑胶弹性地板有许多种颜色系列和花纹系列,还可以做到传统地板所做不到的拼花,比如拼出花纹图案。由于有不开裂、不翘曲、防水的特点。在欧美也同样广泛地应用在卫生间,厨房和有地热的场所。

3.整体厨房,简单来说就是一套大致包括吸油烟机、燃气热水器、电热水器、燃气灶、水龙头、水槽、消毒碗柜等厨房产品。整体橱柜的上下柜,根据不同的配置,每米在 2000~5000 元之间。如果消费者选用了整体橱柜来装修自己的厨房,并且包括电器和燃气具等配件,那么只需要将厨房的墙地砖贴好,然后接下来的事就可以全部交给整体厨卫方面的人员来进行装修配备。要求整体厨房全部使用进口板材,质量达到欧洲的 E1 标准,确保绿色和环保。

4.浴霸和整体浴室,应选择节能环保型的知名品牌。

5.购买家具方面,要注意新买的家具不要急于放进居室,有条件最好放在空房间里,过一段时间再用。人造板制作的衣柜使用时,不要把内衣、睡衣和儿童的服装放在里面。因为甲醛是一种过敏源,当从纤维上游离到皮肤的甲醛量超过一定限度时,就会使人产生变态反应皮炎,多分布在人体的胸、

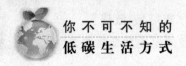

背、肩、肘弯、大腿及脚部等。夏天放在衣柜里的被子里面会吸附大量甲醛，一定要充分凉晒后再用。在室内和家具内采取一些有效的净化措施或放置一些净化材料，可以降低家具释放出的有害气体。

在绿色材料、绿色产业、绿色产品中，绿色度表明对环境的贡献程度，以及可持续发展的可能性和可行性，绿色已成为人类环保愿望的标志。那么与传统建材相比，绿色建材具有以下五方面的基本特征：

1.资源消耗最小化。其生产所用原料尽可能少用天然资源，而大量使用尾矿、废渣、垃圾、废液、农作物剩余物等废弃物。

2.能源消耗最小化。采用低能耗制造工艺和利用太阳能、风能等自然能源。

3.生产过程清洁化。在产品配制或生产过程中，不使用甲醛、卤化物溶剂或芳香族碳氢化合物，产品中不得含有汞及其化合物，不得用含铅、镉、铬及其化合物的颜料和添加剂，即不使用对环境产生污染和对人体有害的物质。

4.产品安全和友好化。产品的设计以改善生活环境、提高生活质量为宗旨，即产品不仅不损害人体健康，而且应有益于人体健康。产品还具有多功能性，如抗菌、灭菌、防雾、除臭、隔热、阻燃、防火、调温、调湿、消声、消磁、防射线、抗静电等。

5.产品处理无害化。产品可循环或回收再生利用，无污染环境的废弃物。

所谓绿色家装材料，并不是说材料中不含有毒有害气体物质，而是指有毒有害物质的释放量符合国家环境检测标准。环保装饰材料只是指有害物质在国家规定的释放量以内，也就是说仍会有一定的有害气体释放量。

例如：涂料中的有害物质（TVOC）规定的指标限量值是 200g/L，如果涂料中 VOC 的指标含量低于国家标准指标，这种涂料就可以称为"绿色涂料"。

人造板中的有害物质"甲醛"规定的指标是 1.5mg/L，如果人造板中甲醛的指标含量低于国家标准指标，这种板材就可以称为"绿色人造板"。

居室空间有一个环境容量的问题,如果环保材料使用量过多,也会使化学制剂难以迅速挥发,产生污染叠加,导致装修污染。而这种叠加污染目前除了从一开始就控制室内装修、家具等的使用外,还没有特别好的办法。

环保材料 ≠ 环保装修

目前部分装饰材料,基本能达到国家的十项标准,有些还能达到环保标准,但是,环保材料并不等于环保装修。

随着生活水平的提高和环保意识的增强,人们在进行居家装修时都希望自己的家装修得既美观、时尚,又安全、健康。国家十项强制性标准的实施,推动了各建材厂商改善材料环保性能的步伐,商家也推出绿色环保材料,应该说目前部分装饰材料,基本能达到国家的十项标准,有些还能达到环保标准。但是,作为消费者,我们应该清楚,环保材料并不等于环保装修。

所谓的环保建材只是达到了国家标准规定的有害物质的限量,而不是不存在有害物质。国家标准只是对装饰材料中的有害物质给予了一个限量,并不是完全杜绝,这就是说,环保的装饰材料仍带有对人体有害的物质,只是量的多少而已。在有限的居室内,使用一两张环保板材,空气中的有害物质也许是达标的,但如果使用十几张这样的板材,那么室内的有害物质就有可能超标。

我们可以通过简单的计算,了解一下室内装修可能带来的空气污染。

以 80 平方米居室(其空间体积大约为 80×3=240 立方米)中的甲醛为例。现已知:国家标准规定一张 E1 级大芯板或胶合板每天可向空气中散发的游离甲醛平均释放量为 17.86 毫克/日·张;《室内空气质量标准》规定室内空气中甲醛最高允许浓度为 0.10 毫克/立方米。

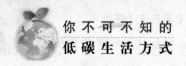

如果使用 20 张达到国家标准的 E1 级大芯板进行装修，则每天房间空气中可能有 20×17.86=357.2（毫克）甲醛存在，空气中甲醛浓度将达到 357.2÷（80×3）=1.488（毫克/立方米），超出国家标准近 14 倍。

这组数据还不包括装修时使用的胶水及涂料中的甲醛，如果再选用一些不合格的装饰建材，其危害程度可想而知。

选用了环保建材不等于进行了环保装修。那么,如何才能降低室内装修污染,拥有健康舒适的居室呢？除了选择环保建材并合理使用之外,我们还可以在装修之前,先将选购的板材进行清除甲醛的处理,防患于未然。面对市场上品种众多的清除甲醛剂,最好选择植物型,既安全有效,又可避免化学型所带来的二次污染。

"绿色装修工程"是室内装饰行业针对装修后空气中有害物质的浓度低于国家有关标准的特定名词。是根据装修后室内空气中有害物质浓度指标来衡定的。"绿色装修"是指房屋装修以后室内空气中有毒有害物质浓度低于国家《民用建筑工程室内环境污染控制规范》的验收规定。凡符合此规定的装修行为,都称其为"绿色装修"。

还有人认为,装修完的房间气味不大就是安全的。有时房间装修完感觉气味不大,有几方面原因,一是冬季有害气体释放量相应较低；二是冬季由于呼吸系统的刺激,人的嗅觉器官相对迟钝。所以最好依据权威检测结果来说话,有时低浓度长时间的危害比刺激性浓烈气味的危害更大。

因此,房屋装修完之后,不要急于入住,应当有一定时间让材料中的有害气体充分散发,同时保持室内空气流通,有利于有害气体的排出,尽量不要在通风不好的新装修房间里过夜。

空气清新剂对室内空气有好处吗？

空气清新剂并不能改变空气的质量，相反，使用过多的空气清新剂，对身体健康还有一定的害处。

空气清新剂被称作是"环境香水"，其具有价格便宜，使用方便，选择香型种类多等特点，吸引了很多人来购买空气清新剂，甚至更有消费者把空气清新剂当作是治理室内空气污染的法宝，殊不知，在使用空气清新剂带来芬香的同时，空气清新剂也在危害你的健康。空气清新剂有毒吗？可以这样理解，空气清新剂使用过量，对身体健康肯定是有害的。

空气清新剂实际上不能改变空气的质量，因为它是用另外一种气味来掩盖空气中的气味。同时，专家指出，空气清新剂由乙醇、香精、去离子水等成分组成，通过散发香味来掩盖异味，减轻人们对异味不舒服的感觉，根本起不到净化空气的作用，而且罐装产品中含有的丁烷、丙烷和压缩的氮气本身就是挥发性的有毒物质，它们在挥发香味的同时会对人体造成伤害。比如说二甲醚、乙醚这类化合物，也是挥发性化合物，它会引起一些知觉的改变，二甲醚和乙醚曾经作为医药用的麻醉剂。其他一些成分比如丁烷、丙烷这些推进剂也是(有)挥发性成分，对人体也是有害的，会引起神经衰弱或者上呼吸道系统病变，尤其对一些免疫系统有伤害。

另外，一些空气清新剂标称自己是天然产物合成的，没有危害，一般消费者也多会选择这类纯天然的产品，其实在这类空气清新剂中，也同样含丁烷、丙烷和二甲醚等化学物质，过于频繁地使用空气清新剂只会对室内空气造成二次污染。其实有许多方法可以改变室内空气的质量，比如通过开窗换气，达到室内空气流通；另外，种植适量的绿色植物也可以提高空气质量，同时更应该注意消除卫生死角，做到真正意义上的净化空气。

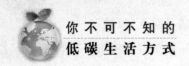

正确认识石材的放射性

石材的放射性水平属低剂量辐射，不能也绝不可能很快（短期内）导致确定性效应。

物质世界中几乎无不含有放射性的物质，其中也包括土壤、空气、水和人体本身。据环球石材技术专家介绍，石材取之于自然，含有放射性物质是肯定的、正常的。石材放射性主要是指石材中含有的镭、钍、钾三种放射性元素在衰变中产生的放射性物质，主要为"氡"气。按 1993 年国家建材局发布的《天然石材产品放射防护分类控制标准》来看，目前 80% 的石材样品属于可以在任何场合使用的 A 类石材。

按国家规定，A、B、C 三类都属于符合标准的石材，只是使用范围不同。所谓的超标石材，大部分为 B 类产品，C 类产品仅有少数几个。总体而言，国产石材的 80% 以上均满足百姓家居装饰使用。其实对于使用于灶台、窗台等用量很少的石材，无需考虑放射性大小问题。而有些地方采取入户检测也很不科学，一般需在厚度约为 100mm 的铅室内（屏蔽 γ 射线），才能排除干扰准确判定石材类别。因此，我们应正确认识和评价石材的放射性，没有必要大惊小怪，不要曲意解释、夸大石材的放射性，以偏概全，危言耸听。那么，天然石材究竟是一种什么样的物质？是否会有放射性物质？能否会给人造成伤害呢？我们应如何去科学认识和合理使用它呢？现从以下几个方面对有关问题作一些阐述。

1.自然界中物质的放射性并不可怕

自然界中物质的放射性并不可怕。同其他建筑材料存在放射性一样，石材的放射性也是客观存在的，这是一种自然现象，是正常的，我们应以一颗

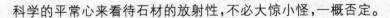

科学的平常心来看待石材的放射性,不必大惊小怪,一概否定。

2.我国绝大多数石材是安全的

石材放射性是指石材中含有的镭、钍、钾三种放射性元素在衰变中产生的放射性物质,主要为"氡"气。如可衰变物质的含量过大,即放射性物质的"比活度"过高,则对人体是有害的。目前世界各国基本上都制定了石材放射性的标准。从数值标准上看,中国和波兰两国的标准最为严格。根据国家建材局地质勘查中心、卫生部工业卫生实验所的测验数据表明:花岗石石材的比活度要比大理石和板石的高。从石材颜色看;比活度从高到低依次为红色、肉红色、灰白色、白色和黑色。

我国检测过的石材绝大多数是安全的。因为:

(1)并不仅仅只是天然石材存在放射性,大自然中和其他物质中都不同程度地存在放射性,地面土壤放射的氡也是居室内氡浓度的主要来源。

(2)从氡的析出率上看,我国花岗石表面的析出率平均值介于"砖+白灰"的墙面材料和油漆材料之间,所以不值得谈石色变。

(3)许多国家制定住宅主要危险源"氡"的上限值为 100 Bq.m-3,而我国测得的室内氡浓度仅为 70~90Bq.m-3。

(4)室内空气交换率也是影响室内氡浓度的重要因素,在我国一般只需通风半小时,室内氡浓度就可接近室外氡浓度水平。

(5)1996 年,在福建和广西两地实测的石材放射值,A 类、B 类石材的值分别为 1msv 和 3msv 与自然状态下天然辐射源对成年人的基础放射值(年均剂量为 2msv)相差不大。而据了解,放射值要连续 5 年在 20msv 时,才会对人体产生较大损害。由于石材放射性的特殊性,一次抽样及个别样品的放射性不能反映和代表某个品种的平均放射性水平。

3.分清 A、B、C 三类石材标准

根据国家建材局和卫生部共同制定的建材行业标准《JC518-93 天然石材产品放射性防护分类控制标准》中,按放射性比活度把石材分为 A、B、C

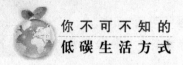

三类,每一类都有分类控制值,且 A、B、C 三类都属于符合标准的石材,只是使用范围不同。标准规定:放射性比活度相对较小的为 A 类石材,其使用范围不受限制;放射性比活度相对较高的为 B 类石材,除不宜用于居室内饰面外,可用于其他一切建筑物的内外饰面;放射性比活度较高的为 C 类石材,只可用于建筑物的外饰面、海堤、桥墩及碑石、园林等外装修材料等。因此,不能笼统地说 B、C 类石材就是超标石材。

4.石材放射性是石材内在品质的表现

石材放射性并不是石材企业产品质量高低的指标,不是人为所控制或改变的,应该将放射性检测放在地质找矿勘查阶段加以控制,石材生产企业检测产品的放射性只是分类而已。

专家解释说,石材的放射性水平属低剂量辐射,不能也绝不可能很快(短期内)导致确定性效应。"因为即使是超标的石材,其放出的射线被人体全部吸收,也属于低剂量照射,不可能是导致不育、鼻癌、喉癌的罪魁祸首"。据了解,放射值要连续 5 年在 20msv 时,才会对人体产生较大损害。而随剂量升高诱发癌变的几率,一般为十万分之几,并不比坐汽车、坐火车危险。

保持室内通风良好是消除一切辐射物质的最简单有效的方法。如果不了解天然石材含放射性物质状况,或者不慎误将"B 类"石材(可用于除居室内饰面以外一切建筑物的内外饰面)装修在家庭室内,也不必惊恐不安。只要注意室内通风、保持室内空气新鲜,如每天清晨起床后和每晚入睡前各开窗半小时至 1 小时,许多污染问题就可以轻松解决了。

室内空气污染的来源以及危害有哪些？

室内空气的化学污染，物理污染和生物污染主要是来自家居的装饰材料，这些装饰材料造成的空气污染对人体健康以及气候变化等都有危害。

造成室内空气污染的原因很多，涉及的面也很广。主要可以分为：化学污染、物理污染、生物污染三个方面。

1.化学污染主要来源于室内进行装饰装修使用的装饰材料，如：人造板材、各种油漆、涂料、粘合剂及家具等，其主要污染物是甲醛、苯、二甲苯等有机物和氨、一氧化碳、二氧化碳等无机物。

2.物理污染主要来源于建筑物本身、花岗岩石材、部分洁具及家用电器等，其主要污染物是放射性物质和电磁辐射。

3.生物污染主要是由居室中潮湿霉变的墙壁、地毯等产生的，主要污染物为细菌和病菌。

空气污染可对人体健康造成危害，对生物造成危害，造成酸雨，破坏高空臭氧层，对全球气候造成影响。

1.对人体健康的危害。使人体受害有三条途径，即吸入污染空气、表面皮肤接触污染空气和食入含大气污染物的食物，除可引起呼吸道和肺部疾病外，还可对心血管系统、肝等产生危害，严重的可夺去人的生命。室内空气污染与高血压、胆固醇过高症及肥胖症等被共同列为人类健康的十大威胁。室内环境污染已经引起35.7%的呼吸道疾病，22%的慢性肺病和15%的气管炎、支气管炎和肺癌。室内空气污染已经成为对公众健康危害最大的五种环境因素之一。来自我国的检测数据表明，近年来，我国化学性、物理性、生物性污染都在增加。我国每年由室内空气污染引起的超额死亡可达11.1

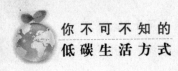
万人,超额门诊数 22 万人;超额急诊数 430 万人,严重的室内空气污染也造成了巨大的经济损失。

2.对生物的危害。指动物因吸入污染空气或吃含污染物的食物而发病或死亡,大气污染物可使植物抗病力下降、影响生长发育、叶面产生伤斑或枯萎死亡。

3.对物品的危害。如对纺织衣物、皮革、金属制品、建筑材料、文化艺术品等,造成化学性损害和玷污损害。

4.造成酸性降雨,对农业、林业、淡水养殖业等产生不利影响。

5.破坏高空臭氧层,形成臭氧空洞,对人类和生物的生存环境产生危害。

6.对全球气候产生影响,如二氧化碳等温室气体的增多会导致地球大气增暖,导致全球天气灾害增多,又如烟尘等气溶胶粒子增多,使大气混浊度增加,减弱太阳辐射,影响地球长波辐射,可能导致天气气候异常。

怎样选择环保漆?

市场上用于装修的油漆种类很多,而选择环保漆无疑是家装人士的明智选择,那么究竟哪些漆才是环保漆,环保漆又应该怎样选择呢?

顾名思义,环保漆就是具有环保功能的油漆,油漆环保不环保要看它的成分。通常市场上销售的聚酯漆,都含有甲苯、二甲苯等大量的有机挥发物,打开漆桶,会有浓烈的油漆味,这种油漆即使是品牌油漆也是这样,你能说环保吗?环保漆的成分主要有水性丙烯酸、水性环氧、水性醇酸树脂等。真正能实现零 VOC 的水性漆是环保漆中的环保精品。

水性漆是以水作为稀释剂的漆。水性漆一般可分为三类,一类是以丙烯酸为主要成分的水性木器漆，其主要特点是附着力好，不会加深木器的颜色，但耐磨及抗化学性较差。因其成本较低且技术含量不高，成为目前市场上的主要产品。第二类是以丙烯酸与聚氨酯的合成物为主要成分的水性木器漆，其特点除了秉承丙烯酸漆的特点外，又增加了耐磨及抗化学性强的特点。第三类则是百分之百的聚氨酯水性漆，其耐磨性甚至能达到油性漆的几倍，为水性漆中的高级产品，该技术只为少数几家专业公司掌握。第四类就是水性环氧树脂漆，其应用范围主要是地坪行业，及桥梁地铁的水泥类产品的加固，其在耐磨性能及耐化学药品方面都表现出了优越的性能。

那么，怎样选择一款既好用又环保的油漆呢？大家可以遵循以下四个步骤：

第一，选择品牌企业生产的产品。消费者最好在大型家居市场或专卖店购买知名品牌企业所生产的产品。

第二，向销售人员索要产品检验报告。目前国内销售的漆类产品大多未标注 VOC 及苯等重要有害物质成分，大多仅标有符合"GB……"的字样，至于 VOC 等成分，只有通过查阅检验报告才能知晓。

第三，闻气味。一般来讲，非环保型的劣质漆，由于 VOC、甲醛等有害物质超标，大多有刺鼻的异味，使人恶心、头晕等。此外，如果闻到涂料中有不正常的香味也要小心，这些涂料有可能掺入了工业香精来掩盖刺激性的气味，需要慎重选择。

第四，看外包装。凡是真货的桶身与桶盖的连接处以及桶身的焊接处都经过了防腐处理，上面涂有一层胶状物。

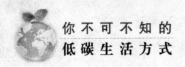
"低碳"从地板开始

家庭装修中,地板材料的选择是一个颇为重要的问题,究竟选择什么样的地板才符合低碳的要求呢? 实木复合地板也许是一种不错的选择。

在森林资源匮乏的今天,我们应该意识到保护森林、保护树木对于我们的重要性。当哥本哈根会议召开后,"低碳"这两个字成为了全世界人民共同关注的话题,那么,在家庭装修时,我们就应该将节能减排放在首位,相对于实木地板来说,实木复合地板仅仅是面层部分采用实木木片,这样不仅对木材的利用率更高,而且能保证产品像实木地板一样美观,一举两得。

实木复合地板是从实木地板家族中衍生出来的地板种类,以其的天然木质感、容易安装维护、防腐防潮、抗菌且适用于地热等优点受到不少家庭的青睐。其次,世界各国普遍重视森林资源保护问题,实木复合地板与实木地板相比能够节省稀有木材资源。此外,实木复合地板安装简便,一般情况下不用打龙骨,但是要求地面找平。

比如常用的桦木实木复合地板。桦木生长于北半球,具有闪亮的表面和光滑的机理。黄白色略带褐,年轮明显,木身纯细,略重硬,结构细,力学强度大,富有弹性,吸湿性大,它所制的地板光滑耐磨,花纹明晰,又因为以桦木为地板面层,其纹理直且明显,美观度不错。由于桦木的木纹并不是很有规则,表面折纹效果让地板富有生气。因此,在制作时,厂家特意打造出一些蜿蜒曲折的折纹效果,让这类地板表面显得更生动,具有强烈的跳跃感。

如何选购环保家具？

中医讲究"望闻问切"，而现在选择环保家具也讲究如此。

为了我们的身体健康，如何选择环保家具似乎已经成了家装者必备的技能之一，以下推荐几种专家总结的选购环保家具时可运用的方法。

1.望——寻找绿色标志

在选择家具时，如果偏好现在风头正劲的人造板材等材料制作的家具，就要注意查看家具上是否贴有国家认定的"绿色产品"标志。凡贴有此标志的家具，即可以放心购买和使用。

2.闻——让刺激气味无处藏身

在挑选家具时，要打开门闻一闻里面是否有强烈的刺激性气味。如果购买的是品牌家具，那么可以仔细询问销售人员，请他们对气味做出合理解释，同时查看质检合格证，如果确实通过国家检验，有些气味是油漆、黏合剂等必然附带的，回家之后打开柜门一段时间即可消除。

3.问——了解背景事半功倍

向销售人员询问价格的同时，切记询问家具是否符合国家有关的环保规定，是否有相关的认证等。另外，可以了解一下家具生产厂家的情况，一般知名品牌、有实力的家具生产厂家生产的家具，污染问题较少。

4.切——严密封边的奇效

可以摸摸家具的封边是否严密，材料的含水率是否过高。因为严密的封边会把游离性甲醛密闭在板材内，不会污染室内空气；而含水率过高的家具不仅存在质量问题，还会加大甲醛的释放速度。另外，如果购买的家具已经给室内空气造成了污染，除了要注意室内通风外，还可以购买一些"甲醛吸附剂"，来消除家具释放到空气中的甲醛。

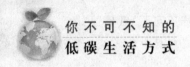

噪声对人的危害有哪些?

噪声是一种污染,既干扰他人的正常生活、工作和学习,又会对人体健康产生危害。

一般认为40分贝是人类正常的环境声音,高于这个值就有可能会产生一些危害,包括影响睡眠和休息、干扰工作、妨碍谈话、使听力受损,甚至引起心血管系统、神经系统和消化系统等方面的疾病,噪声对人的危害基本上可以归纳出以下几类:

1.干扰睡眠

噪声会影响人的睡眠质量和数量,出现呼吸频繁、脉搏跳动加剧、神经兴奋等,第二天会出现疲倦、易累,影响工作效率,长期下去会引起失眠、耳鸣、多梦、疲劳乏力、记忆力衰退等症状,在高噪音情况下,这种病的发病率可达到50%~60%。实验证明,噪声影响睡眠的程度大致与声级成正比,在40分贝时,大约有10%的人受到影响;在70分贝时,受影响的人则上升至50%。突然一个响声将人惊醒的情况也基本上与声级成正比,40分贝的突然噪声一般将10%的睡眠者惊醒;60分贝的突然噪声则通常会惊醒70%的睡眠者。在强噪声下,还容易掩盖交谈或者危险警报信号,分散人的注意力,导致意外事故的发生。

2.损伤听力

85分贝以下噪声不至于危害听觉,而超过85分贝的声音可能对听力造成损伤,但是这种伤害只是暂时的,只要不是长期生活在这种高噪音条件下还是可以恢复的;人在强烈的噪声下呆一段时间后,会引起一定程度的听觉疲劳,听力变得迟钝,经过适当休息之后,听力会逐渐恢复。但是,如果长期

在比较强烈的噪声下工作,听觉疲劳就不易恢复,并会造成内耳听觉器官发生病变,导致噪声性耳聋,这种情况通常称为职业性听力损失。如果人们突然暴露在高强度噪声(140~160分贝)下,就会造成听觉器官急性外伤,引起鼓膜破裂流血,双耳完全失听。在战场上发生的爆炸声浪就很容易产生这种爆震性耳聋。

3.对人体的生理影响

噪声会引起人体的紧张反应,刺激肾上腺的分泌,引起心率改变和血压上升。噪声可使人的唾液、胃液分泌减少,胃酸降低,从而易患胃溃疡和十二指肠溃疡。据观察研究,在强噪声的影响下,可能诱发一些疾病。已经发现,长期在强噪声下工作的工人,除了耳聋外,还常常伴有头晕、头痛、神经衰弱、消化不良等症状,从而引发高血压和心血管病。更强的噪声刺激内耳腔前庭,使人头晕目眩、恶心、呕吐,还会引起眼球振动、视觉模糊以及呼吸、脉搏、血压等发生波动。

4.对儿童和胎儿的影响

在噪声环境下儿童的智力发育缓慢,有研究表明吵闹环境下儿童智力发育比安静环境中的低20%。噪声还会对母体产生紧张反应,引起子宫血管收缩,以致影响供给胎儿发育所必需的养料和氧气。

家庭消毒的正确方法有哪些?

平日在家居生活中要做好家庭内的日常消毒,同时也要做好食用餐具的消毒,以及衣物、毛巾等的消毒。

家庭成员与社会接触频繁,常易将呼吸道传染病病菌带入家庭。家庭中一旦发生传染病时,应及时做好以下重点环节的消毒,以防病菌在家庭成员

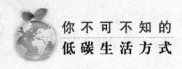

中传播。

1.要做好家庭内环境,包括空气、地面和物体表面(如床、桌椅等)的日常消毒。空气消毒可采用最简便易行的开窗通风换气方法,每次开窗10~30分钟,使空气流通,病菌排出室外。有条件的还可以用一些经卫生行政部门批准的空气消毒剂,按照其使用说明进行喷雾或熏蒸消毒。地面可进行湿式清扫,以避免尘土飞扬而将病菌带入空气中,同时应注意地面保持干燥。物体表面,如桌椅、热水瓶、把手、开关、地面、厕所、浴池等可用500mg/L有效氯消毒剂喷洒或擦拭,像水龙头、厕所门把手上以及比较潮湿的地方,病菌容易沾染和繁殖,所以要注意在重点区域进行消毒。注意一些金属材料,如家用电器、五金装潢等受消毒剂作用后易生锈,最好选用不腐蚀物品的消毒剂进行消毒。

2.要做好食用餐具的消毒,餐具可连同剩余食物一起煮沸10~20分钟。餐具可用500mg/L有效氯,或用0.5%过氧乙酸浸泡消毒0.5~1小时。餐具消毒时要全部浸入水中,消毒时间从煮沸时算起。

3.要做好个人卫生如手的消毒。经常用流动水和肥皂洗手,在饭前、便后、接触污染物品后最好用250~1000mg/L 1210消毒剂或250~1000mg/L有效碘的碘伏或用经批准的市售手消毒剂消毒。

4.做好体温表的消毒。病人用后的体温表可用1%过氧乙酸,或1000mg/L有效氯浸泡消毒几分钟,然后清洗,使用前用酒精揩擦。

5.做好衣被、毛巾等的消毒。棉布类与尿布等可煮沸消毒10~20分钟,或用0.5%过氧乙酸浸泡消毒0.5~1小时,对于一些化纤织物、绸缎等只能采用化学浸泡消毒方法。病人使用的垫被、被褥、毛毯以及衣服等要经常在日光下曝晒,尤其是对卧床不起病人所用的床上用品和衣服一定要勤换、勤洗,晒时要注意翻转,里外面都要充分晒到。有些东西不便全部洗,但如果弄脏了的话,可以局部地洗、晒。在梅雨季节和寒冷的冬天,尤其要注意日光直射,不仅可以保持干燥,更是消毒的好方法。

6.分泌物、呕吐物、排泄物消毒。病人的痰液应吐在能密闭的容器内,以免扩散,丢弃前应用含有效氯10000mg/L的含氯消毒剂消毒2小时以上。其他分泌物、呕吐物、排泄物应及时用含有效氯10000mg/L的含氯消毒剂消毒2小时以上。

要使家庭中消毒达到理想的效果,还需注意掌握消毒药剂的浓度与时间范围,这是因为各种病原体对消毒方法的抵抗力不同所致。另外,消毒药物的配制,因一般家庭中无量器,故可采用估计方法。可以这样估计:一杯水约250毫升,一面盆水约5000毫升,一桶水约1万毫升,一痰盂水约2000~3000毫升,一调羹消毒剂约相当于10克固体粉末或10毫升液体。如需配制1万毫升0.5%过氧乙酸,即可在1桶水中加入5调羹过氧乙酸原液而成。

家里适合种什么植物?

家居生活中种植一些适合的绿色植物,不仅可以装饰房屋,也可以改善居家的生活环境。

居室装修完,需要植物来点缀。家居绿色植物装饰比其他任何装饰更具有生机和活力,它可丰富剩余空间,给人们带来全新的视觉感受,同时还可与家具和灯具结合,增添艺术装饰效果。适合家庭装饰的绿色植物主要有:

1.千年木

只要对它稍加关心,千年木就能长时间生长,并带来优质的空气。在抑制有害物质方面其他植物很难与千年木相提并论,它的叶片与根部能吸收二甲苯、甲苯、三氯乙烯、苯和甲醛,并将其分解为无毒物质。

光照条件:中性植物,适合种植在半荫处

所需养护:保持盆土湿润,经常施肥

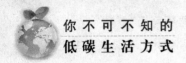

可以去除：甲苯、二甲苯、苯、三氯乙烯、甲醛

2.常春藤

常春藤能有效抵制尼古丁中的致癌物质。通过叶片上的微小气孔，常春藤能吸收有害物质，并将之转化为无害的糖分与氨基酸。

光照条件：中性植物，适合种植在半荫处

所需养护：保持盆土湿润，有规律地施肥

可以去除：甲醛、尼古丁

3.白掌

白掌是抑制人体呼出的废气如氨气和丙酮的"专家"。同时它也可以过滤空气中的苯、三氯乙烯和甲醛。它的高蒸发速度可以防止鼻粘膜干燥，使患病的可能性大大降低。

光照条件：喜阴植物，适合温暖阴湿的环境

所需养护：保持盆土湿润并有规律地施肥，叶子需要经常喷水

可以去除：氨气、丙酮、苯、三氯乙烯、甲醛

4.吊兰

被放置在浴室、窗台或者搁架这些狭小空间里的吊兰是非常引人注目的，它细长、优美的枝叶可以有效地吸收窗帘等释放出的甲醛，并充分净化空气。吊兰自然下垂的枝叶非常美观，枝繁叶茂时，它还会偶尔微微转动。而且照顾它一点也不复杂。

光照条件：中性植物

所需养护：保持盆土湿润

可以去除：甲醛

5.散尾葵

散尾葵每天可以蒸发一升水，是最好的天然"增湿器"。此外，它绿色的棕榈叶对二甲苯和甲醛有十分有效的净化作用。经常给植物喷水不仅可以使其保持葱绿，还能清洁叶面的气孔。

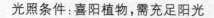

光照条件:喜阳植物,需充足阳光

所需养护:保持盆土湿润,经常施肥

可以去除:二甲苯、甲苯、甲醛

6.波斯顿蕨

波斯顿蕨每小时能吸收大约 20 微克的甲醛,因此被认为是最有效的生物"净化器"。成天与油漆、涂料打交道者,或者身边有喜好吸烟的人,应该在工作场所放至少一盆蕨类植物。

光照条件:中性植物,喜半阴环境

所需养护:保持盆土湿润,需经常喷水

可以去除:二甲苯、甲苯、甲醛

7.鸭掌木

鸭掌木给吸烟家庭带来新鲜的空气。它漂亮的鸭掌形叶片可以从烟雾弥漫的空气中吸收尼古丁和其他有害物质,并通过光合作用将之转换为无害的植物自有物质。

鸭掌木对生长环境要求不高,非常适合没有经验的种植者。如果修剪掉芽附近的嫩枝,它可以长到 3 米之高,并且非常漂亮和浓密。体积较大的鸭掌木需要用竹竿来加固。

光照条件:中性植物

所需养护:适量浇水,不喜欢太潮湿的土壤

可以去除:尼古丁

8.垂叶榕

垂叶榕这类植物表现出许多优良的特性。它可以提高房间的湿度有益于我们的皮肤和呼吸。同时它还可以吸收甲醛、二甲苯及氨气并净化混浊的空气。

光照条件:中性植物,适合种植在半阴处

所需养护:充足的水分,保持盆土湿润

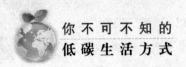

可以去除：甲醛、甲苯、二甲苯、氨气

9.黄金葛

黄金葛可以在其他室内植物无法适应的环境里"工作"。通过类似光合作用的过程，它可以把织物、墙面和烟雾中释放的有毒物质分解为植物自有物质。

此类植物易于照料，即使在阴暗的环境中也能长得很好，是初种者的最佳选择。

光照条件：喜阴植物

所需养护：水分适中，微量肥料

可以去除：甲醛、苯、一氧化碳、尼古丁

10.袖珍椰子

它是高效空气净化器。由于它能同时净化空气中的苯、三氯乙烯和甲醛，因此非常适合摆放在新装修好的居室中。

光照条件：中性植物，适合种植在半阴处

所需养护：充足的水分，保持盆土湿润

可以去除：苯、三氯乙烯、甲醛

11.和果芋

可提高空气湿度，并吸收大量的甲醛和氨气。叶子越多，它过滤净化空气和保湿功能就越强。

12.银皇后

银皇后以它独特的空气净化能力著称。空气中污染物的浓度越高，它越能发挥其净化能力。因此它非常适合通风条件不佳的阴暗房间。

这种有着灰白叶子的植物喜欢生活在恒温环境中。假如用温水浇灌，它可以生存较长时间。

13.绿箩

家用清洁洗涤剂和油烟的气味也是危害人体健康的杀手。在厨房或者

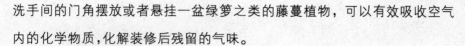

洗手间的门角摆放或者悬挂一盆绿箩之类的藤蔓植物，可以有效吸收空气内的化学物质,化解装修后残留的气味。

护理常识:不能接受强烈直射的阳光,适合于室内的温和光线。需每天浇水以保持土壤潮湿,但不可积水滋生蚊虫。每一两个月施肥一次可使叶色更加光泽亮丽,但应避免肥料直接接触到叶面。

14.仙人掌

电脑、电视以及各种电器的辐射向来是家居空气的一大污染源,放一盆仙人掌类植物在这些电器附近可以吸收大量的辐射污染。

护理常识:约5~10日淋水一次,浇水时不要直接淋在果肉上。1~2个月施肥一次。

15.绿帝黄

这类植物有宽大的叶片,能有效地吸收大量二氧化碳,并释放出氧气,使空气倍觉清新。放置一盆在客厅,从废气充斥的马路上一回到家马上就可以呼吸到净化后的新鲜空气,精神也许会顿时为之一爽。

护理常识:喜高温高湿,因此应当常喷水保持叶片浓绿亮泽。夏季避免阳光直射。每月两次施肥以保持叶片肥大光泽。

16.艾草

艾草是具有安神助眠功效的植物,小小一盆放在床头或者卧室的梳妆台前,点缀绿意的同时更散发安眠的气息,让你每晚都能香甜一觉。

护理常识:保持放在通风的位置,每天浇一次水,一月施一次肥。

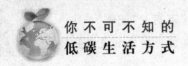

为什么要进行垃圾分类回收?

垃圾分类回收不仅能为居民营造蓝天绿水的美好生活环境,更是"低碳"生活的重要组成部分。

目前,我国垃圾处理的方法还大多处于传统的堆放填埋方式,占用上万亩土地,并且虫蝇乱飞,污水四溢,臭气熏天,严重地污染环境。进行垃圾分类收集可以减少垃圾处理量和处理设备,降低处理成本,减少土地资源的消耗,具有社会、经济、生态三方面的效益。垃圾分类处理的优点如下:

1.减少占地:生活垃圾中有些物质不易降解,使土地受到严重侵蚀。垃圾分类,去掉能回收的、不易降解的物质,减少垃圾数量达50%以上。

2.减少环境污染:废弃的电池含有金属汞、镉等有毒的物质,会对人类产生严重的危害;土壤中的废塑料会导致农作物减产;抛弃的废塑料被动物误食,导致动物死亡的事故时有发生。因此,回收利用可以减少危害。

3.变废为宝:我国每年使用塑料快餐盒达30亿个,方便面碗5~6亿个,废塑料占生活垃圾的3~7%。1吨废塑料可回炼600公斤无铅汽油和柴油。回收1500吨废纸,可免于砍伐用于生产1200吨纸的林木。一吨易拉罐熔化后能结成一吨很好的铝块,可少采20吨铝矿。生产垃圾中有30%~40%可以回收利用,应珍惜这个小本大利的资源。

孩子的房间怎样装修才环保?

在家庭装修中,儿童房占有很重要的位置。尤其是环保方面,未成年人抵抗力弱,因此更要注意儿童的房间装修。

儿童房装修前,家长应该找有关室内空气检测部门做"预评价",就是让环保专家讲解一下设计方案所使用的材料和工艺对儿童房的小气候有什么影响。据了解,室内小气候条件包括以下几个方面:温度、湿度、相对湿度、风速、气压等。

根据国家有关规定,儿童房中的室内环境是有指标的:二氧化碳要小于0.1%;一氧化碳每立方米小于 5 毫克;细菌要小于 10 个皿;气温冬季控制在 18 摄氏度以上,夏季控制在 28 摄氏度以下;湿度应该保证在 30%~70%之间;噪音应该低于 50 分贝……另外一些室内环境指标有:装饰装修工程中所用人造板材中的甲醛的释放量限量值应该小于 $1.5mg/L$;建筑物中每立方米空气中氡的浓度为 200 贝克;居住区大气中有害物质的最高容许浓度空气氨的标准是,每立方米空气中氨气的控制浓度不超过 0.2 毫克……在儿童房装修之后,最好请有关检测部门来家中测一测。

儿童房间的建材要选择环保材料,但是,并不是使用了绿色材料,就等于进行了绿色装修,要知道,装饰装修材料的加工、施工、使用量,甚至温度、湿度都会影响有害物质的释放。因此,绿色装修要从四个环节把关:绿色建材、绿色施工、检测和治理。

在儿童房的装修中尽量使用天然材料,如木制材料,但是,尽量避免使用天然石材,因为天然石材中具有放射性危害。此外,选择有害物质含量少、释放量少的材料比较好,即使用符合国家《室内装饰装修材料有害物质限

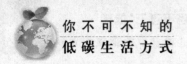

量》十项标准的装饰装修材料。超过此标准的材料坚决不用,特别是一些油漆、人造板、材料、胶类产品坚决要检测把关。

装饰装修材料经过施工和加工过程,已经在形态上发生了完全的变化,而装饰装修材料中有害物质的释放量必然也会产生变化,真正影响有害物质释放量的是材料的加工和复合过程。例如:做一扇门,使用符合国家标准的大芯板一张和三合板一张,经过加工制作并刷上三遍油漆形成门之后,有害物质的释放量肯定与加工之前有很大区别,真正影响空气质量指标的正是这种复合后的情况。因而,要选择加工工序少的装修材料。

另外,儿童房装修后,要注意通风换气。据室内环境专家测试,室内空气置换的频率,直接影响室内空气有害物质的含量。越频繁地进行室内换气或使用空气过滤器、置换器等,空气中有害物质的含量就会越少,甚至不存在。研究显示,儿童每小时所需的新鲜空气约 15 立方米。而通常情况下儿童房空间较狭窄,这就需要经常性地换气通风,也可在室内配备一个换气装置,保持空气清新,使居室中被污染的空气及时排放出去,有利于空气流通。

第八章

乘用绿色交通工具

——低碳出行的 N 种可能

行是人类生活的一个重要的方面，人类的生活离不开行，然而行这一人类的生活方式造成的污染也是不容忽视的。基于此，人类不得不关注自身的出行方式，因此，什么样的出行方式产生的污染最少，并最终有利于人类自身的健康便成为直接关系到人类切身利益的问题。现在，社会上倡导的低碳出行方式无疑是有利于环境保护和人类自身健康的出行方式。因此，每一个热爱生命的人士，都应该尽量选择低碳出行方式，出门时尽量乘用绿色交通工具，做低碳出行的先行者，为保护环境，贡献自己的一份力量。

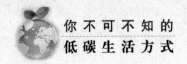

能少开车就尽量少开车

现在城市中的公共交通极为便利，选择公共交通或者自行车也不失为一种不错的途径。有车一族出行时也应尽量少开车。

自从19世纪80年代第一辆汽车诞生后，汽车几乎成了人们最重要的代步工具，转动的四个轮子缩短了城市的距离，为人们带来了更为便利和舒适的生活。有人甚至笑言：现在是属于汽车的时代，人类腿脚的功能从直立行走演变成了只踩刹车和油门。但是，随着汽车工业的高度发达，汽车所引发的城市交通堵塞、环境污染等问题日益严重，"无车生活"、"无车社区"开始出现在人们的视野之中。

在德国南部弗莱堡有一个只有5300人口的沃邦小镇，在那里几乎看不到汽车的踪影。沃邦社区居民出行以自行车为主，大多数街道都不允许开车，只有社区角落的几条街允许汽车上路，而且汽车只能停留几分钟，放下货物后得马上离开。社区里很少有停车场、行车道和家庭车库。在这样的一个无车的环境中，社区显得更为安全和宁静，沃邦的孩子们可以自由自在地在马路上画粉笔画，居民可以悠闲地在街道上漫步、遛狗，而无需担心疾驰的车辆。

沃邦的规划着眼于方便居民生活，居民们沿街居住，商店、餐厅、银行以及学校等生活配套设施更靠近住宅楼，使人们享受合理的生活距离。居民如果需要远距离出行，门口就有通往弗莱堡市中心的有轨电车，搭乘电车15分钟可到达市中心。因此，在他们的生活中，很少有汽车的参与，偶尔用到汽车的情况，则多是社区居民一起租车集体旅行。

沃邦小镇无车的环境与如今拥堵的大都市相比，就像是个超然世外的小型社会。在全世界都饱受着城市污染和交通问题困扰的今天，无休止的堵车和对环境的破坏让人们不堪忍受，越来越多的人们意识到，选择不开车的生活方式也许能缓解这些社会问题，于是在欧美一些国家，有些人开始主动放弃开车，尝试过起了没有汽车的日子。

汽车的使用是为了人们出行便利，如果城市和社区能够提供成熟的配套设施和合理的生活距离，无车生活才能成为一种可能。

《纽约时报》曾经在网上组织了有关无车社区的可行性讨论，试图将沃邦作为实际参考的榜样。参与讨论的有城市规划专家、房地产开发商以及其他业内人士，他们普遍认为良好的城市规划、发达的城市轨道交通、完善的社区生活配套是实现无车生活的关键。

《Carfree》的作者克劳福德表示："在小范围的生活设施足够完备的前提下，无车生活是最为节能并能减少生活成本的，如果无车生活舒适度高，谁还会买车、养车、花力气开车呢？以步行为主，偶尔配合自行车代步，加上必不可少的轨道交通服务就足够了。"对于一些高密度的大城市，这一想法并不能快速实现。但所有专家的态度几乎一致而且明确：理应从新城市主义开始，循序渐进地改善城市环境，逐步实现纯无车时代。而更多的专家则认为，对于拥挤的大都市而言，拥有发达的城市公共交通，才是实现无车的关键。

事实上，每月少开一天车，每车每年可节油约 44 升，相应减排二氧化碳 98 千克。如果全国 1248 万辆私人轿车的车主都做到每月少开一天车，每年可节油约 5.54 亿升，减排二氧化碳 122 万吨。而骑自行车或步行代替驾车出行 100 公里，可以节油约 9 升；坐公交车代替自驾车出行 100 公里，可省油 5/6。按以上方式节能出行 200 公里，每人可以减少汽油消耗 16.7 升，相应减排二氧化碳 36.8 千克。如果全国 1248 万辆私人轿车的车主都这么做，那么每年可以节油 2.1 亿升，减排二氧化碳 46 万吨。

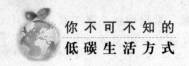

低碳选车这点事儿

低碳选车其实并不是特别难,只要我们在选择车辆时多注意一点,低碳选择也不再是难题。

汽车造成的环境污染是有目共睹的,因此低碳选车是势在必行的事,那么,究竟选择什么样的车才算是低碳选车呢?下面,我们就来教教你怎样选择低碳车。

1.选购小排量汽车

汽车耗油量通常随排气量上升而增加。排气量为 1.3 升的车与 2.0 升的车相比,每年可节油 294 升,相应减排二氧化碳 647 千克。如果全国每年新售出的轿车(约 382.89 万辆)排气量平均降低 0.1 升,那么可节油 1.6 亿升,减排二氧化碳 35.4 万吨。

2.选购混合动力汽车

混合动力车可省油 30% 以上,每辆普通轿车每年可因此节油约 378 升,相应减排二氧化碳 832 千克。如果混合动力车的销售量占到全国轿车年销售量的 10%(约 38.3 万辆),那么每年可节油 1.45 亿升,减排二氧化碳 31.8 万吨。

3.科学用车,注意保养

汽车车况不良会导致油耗大大增加,而发动机的空转也很耗油。通过及时更换空气滤清器、保持合适胎压、及时熄火等措施,每辆车每年可减少油耗约 180 升,相应减排二氧化碳 400 千克。如果全国 1248 万辆私人轿车每天减少发动机空转 3~5 分钟,并有 10% 的车况得以改善,那么每年可节油 6 亿升,减排二氧化碳 130 万吨。

养成省油驾驶的好习惯

平时注意养成省油的良好驾驶习惯，那么驾驶时便可以省下一些油，排放到空气中的污染也可以少一点。

从车主的角度来说，良好的驾车习惯，可以很大程度上提高燃油经济性，有如下几点驾车习惯可以降低油耗。

1.杜绝不必要的轰大油门

日常行车，脚踏油门要轻缓，做到轻踏缓抬。轻踏油门之所以能节油，这因为一般化油器都有加速装置和省油装置，若猛踏油门，加速装置和省油装置都会提前起作用而"额外"供油，使混合气过浓，造成汽车油耗量增加。测试表明，原地轰一次大油门，至少等于行驶一公里。在路口遇到红灯停车，变绿灯后起步加速跑 500 米。先用比较舒缓的方式换挡，转速为 1500~2000 转之间，到 500 米计时点车速为 86km/h，用时 35.2 秒，平均油耗约 13.14L/100km；然后用相对凶猛的方式，额定转速 5000 转换挡，终点速度达到 114km/h，用时 23.9 秒，平均油耗几乎高出一倍，达到 25.89L/100km。

2.避免长时间的怠速运转

一般汽车运转一分钟以上所消耗的燃油要比重新起动所消耗燃油多。根据测算，怠速运转 4 分钟的耗油量就大约相当于以 60km/h 速度行驶 1 分钟的耗油量。因此，较长时间停车还是熄火更好。

3.减少汽车不必要的启动次数

汽车每启动一次对发动机的磨损相当于行驶 50 公里的磨损量，所以尽量不要让汽车非正常熄火，频繁地启动将会增加不必要的油耗。

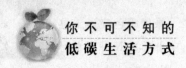

4.避免不必要的紧急制动

汽车每紧急制动一次,所浪费的油可行驶 2 公里,对轮胎的磨损相当于行驶 80 公里的磨损量。

5.空挡滑行不省油

测试表明,在 60km/h 等速下,完全抬起油门踏板,直线滑行至停止,在这个过程中空挡滑行的耗油量是 31.4mL,滑行距离为 890 米;而带档滑行的测试结果是 15.7mL,其滑行距离比空挡短,是 608 米,但算起来还是省了油。空挡滑行时最低油耗相当于怠速油耗,而带挡滑行时,发动机会在一段时间内完全停止喷油,这时的最低油耗是零。因此带挡滑行更省油。

6.及时合理换挡

由于发动机是高转速发动机,所以建议一挡在 2000 转换挡,其他挡位在 2300~2500 转换挡。85 公里速度以内不用五挡,市区行驶一般不用上五挡,90 公里以上一定换五挡。换挡的动作要准确迅速及时,避免因动作过慢而使车速下降过多。不要在把油门加得很大、发动机转速很高的情况下再慢慢换入下一个挡位。而应当在油门开度不大,发动机转速不高的情况下迅速换挡。换挡过程的快慢直接影响汽车的油耗,试验证实两者可使油耗相差一倍以上。发动机的大部分时间在中等转速下运转,而且节气门开度适当(70%左右)时耗油量最小。在道路状况良好的情况下,尽量使用高速挡行驶,避免在中间过渡挡位停留过长时间,这样会获得较好的燃油经济性能。在高速挡时不要拖挡,在低速挡时不要使发动机转速很高,这是合理使用挡位的原则。

7.适当的胎压可以降低油耗

理论上若胎压比规定值低 0.5 公斤/平方厘米,油耗将增加 5%。轮胎亏气会造成滚动阻力增加,所以更费油。测试表明,都是在样本车规定胎压 2.1bar 的状态下进行,分别测试其比规定胎压多 0.5bar 和少 0.5bar 两种状态下的 60km/h 等速油耗,测试结果+0.5bar 的数据是 3.89L/100km,省油

0.23 升；-0.5bar 的数据是 5.10L/100km，竟然增加油耗 0.98 升。可见"亏气"的负面效果比"多气"的正面效果更明显，所以在实际使用中一定要注意经常检查胎压，不要亏气行驶。

爱车保养的低碳小贴士

平时多注意汽车的保养，你的汽车的寿命才能更长，但在保养时也要注意选择有利于环境保护的保养方法。

年深日久，车子总会看起来没有以前那么拉风，开起来也开始吱吱扭扭的了。这时你就得做点什么，才会让这种情况有所好转。下面总结了 10 点爱车小贴士。只要你稍微注意一下，将来就会发现这些保养绝对物超所值。

1.选择合适的汽油

95 号的汽油也不可能把你的 Kia 变成 Koenigsegg。应该使用 87 号汽油的车，超号的无铅汽油并不会帮助车子缓和压缩冲程。当然，也不是说高号的汽油就会损害发动机，就是比较浪费，你完全可以把这笔钱花到别的地方。

2.经常清洗

定期洗车、打蜡，能保护油漆、防止生锈。不要忘了汽车里面，来个彻底清洗，用吸尘器吸吸。

3.注意季节变化

无论是冬天来了，还是要准备夏季旅行，相比其他的部件，季节变化总是最能考验爱车的电池、冷却剂和轮胎，这就意味着你得多多注意了。这些关键部件决定了你是被困还是一路顺风。如果你能花钱升级一下轮胎，那将会换来无价的牵引力和控制力。

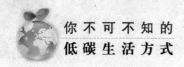

4.研究召回品

召回品和技术服务公报有时候就是汽车生产商发布的，却不是所有的都能上晚间新闻。这就需要你留心他们的信息，多研究，才能让爱车寿命更久。只要登陆全国公路交通安全管理局（NHTSA）网站或是订阅像《汽车新闻》这样的简报就行了，比如它会告诉你有些型号的丰田车上不能有地板垫，不然它可能会粘着加速器，一不小心就加速了。

5.留意"引擎故障灯"

人们总觉得引擎故障灯很小题大做，总是像小报一样过分夸大车载诊断设施（OBD）的小毛病。但是说实话，它确实也提供了你需要的信息。大部分商店或汽车零部件商店都能扫描这些代码，查出问题。有可能是油箱盖松了，也可能是动力传动系统的问题，总之，知道就会好得多。

6.慢点儿开车

轰油门那一瞬间的速度不是你的安全时速；发动机高速运转的声音应该会让你有些意识。不严重的话，你也就是低耗开车，损点车；就算天气再寒冷，空转都是一种无意义的浪费，而且它还会增加碳排放量，造成催化转换器的老化，同时还会向大气排放更多污染气体。

7.按说明书来

按照说明书使用，会延长爱车的寿命，从长远角度来说，也能替你省钱。不要自欺欺人，以为你的车不花钱保养，照样能跑很久。你花钱保养的时候，也就意味着将来你能省钱又省力。

8.结合自己的具体情况

之前的技巧能让你保养好爱车，但你也不可能每次都做到，不可能每天都把车开到店里保养。你只需要养成习惯，定期检查灯光和信号，同时小心别让爱车受伤，这样你就不太可能再遇到让你措手不及的情况了。

9.选用合适的润滑油

用户指南上都会标明润滑油的黏度，甚至会为你推荐品牌。比如说，如果你看见上面推荐 Mobil1，也不必就神经过敏，想着那都是广告，很可能那种润滑油就最适合你的爱车，有了它，你的爱车才能实现最优性能。

10.有疑问就检查

要是你的爱车刚修过不久，又没什么大毛病，发动机自检灯也没亮，你也别想着潜在的问题就会自动没了。不要有侥幸心理，因为它很可能就在 15000、10000 甚至是 3000 公里的时候出毛病了。哪怕你觉得有可能不对劲的地方，都要去检查检查。一定要记得这点，未雨绸缪，总好过亡羊补牢。

怎样降低养车开支？

了解汽车的隐性费用成本，平时多注意这些隐性用车成本，那么我们就可以避免不必要的汽车费用支出，降低养车开支。

在人们总是抱怨养车费用节节高升的同时，大家却忽略了一些很重要的问题：一次普通的交通违章罚金 200 元大家都觉得太贵，但却也不乏听说有人因迟交罚款多交了数百元甚至上千元的滞纳金；车辆维修保养费用居高不下，但一旦车辆缺乏应有的维护而发生严重故障，在支付高额维修费用时，很多车主也只是自叹倒霉。其实很多时候，都是因为车主的无意或不慎导致了用车成本增高，这笔费用与正常的用车支出相比，其实不在少数。下面就拨开迷雾来看看你不可不知道的四个隐性用车成本。

1.交强险与违章联动

新费率的实施，将让驾驶者的违章成本成倍放大，一次违章或责任事故所导致的支出，不止包括当时的罚款和维修费用，同时意味着第 2 年交强险数百元的涨价，如果再和"连续 3 年及以上没有发生违章行为的机动车交强险下浮 30%"的费用相比，你可能会惊讶地发现，少违章一次，原来差别是

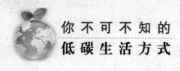

这么大。

2.罚款、规费滞纳金惊人

交通违章罚款或是养路费等规费,一旦逾期未交,在大多数滞纳金不封顶的地区,完全可能形成天价。一张 200 元的交通违章罚单,3 年后就能滚动到 7000 元;一辆大货车拖欠 3 年养路费,连本金加滞纳金更是天价:49 万元!

这些钱不要说是拿来养车、修车,就是买辆新车也绰绰有余。先不去探讨这每日 1%(养路费)至 3%(交通违章罚款)滞纳金的设定是否合理,但只要意识到这动辄可能等同于全年的停车或是保险费用的高额滞纳金,我们就应该意识到,如果不把按时缴费当作一件非常重要的事情来看待,甚至是故意拖延缴费,那就是和自己的钱包过不去。面对每年的高额养车费用,也就只能抱怨自己的不是了。

3.疏于保养花大钱

也许是处于节约养车费用的目的,很多车主日常用车的支出可谓"抠到家":擅自延长保养周期,实在要保养了也使用最便宜的机油和三滤;刹车皮早就磨损过度发出警报了,还将就着用,刹车油、方向助力泵油、变速器润滑油不到万不得已绝对不花钱添加;水箱水太贵了,就用自来水凑合着用;甚至厂家标明了要用 93 号以上的燃油,为了省钱,就加 90 号的。

这些看似精明的做法其实带有相当大的隐患,到头来花大价钱买单的还是自己。疏于保养,车辆机件的快速损耗还是小事,乱用自来水冒充水箱水、使用低标号的燃油,更是可能让一些车辆部件提前退休,到时候更换配件可绝对不是一笔小数目。其实,按厂家要求进行保养,平时多注意车况,不要错过厂家组织的一些免费检测保养,钱也多花不了多少,却可以做到既安全又省心,何乐而不为?

4.买保险莫因小失大

说起当前的交通形势,保险费用真省不得。有了交强险,按理可以不用购买第三者保险，但如果万一发生不测，在交通事故中导致他人死亡或重伤，而责任又在自己的话，面对几十万元的天价赔偿，交强险区区几万元的险额只是杯水车薪；为了省几百元的不计免赔险，一年到头来，发现其实日常的小修小补日积月累早就数倍于这一金额；明知道自己的车电路、油路都有问题，却对价格不高的自燃险嗤之以鼻，哪天老爷车不争气忽然"上火"，开销最起码也得几千元。

所以说，买保险是个学问，不考虑目前让人头痛的交通形势、自己的驾驶技术以及爱车的真实车况，一味地压缩保险费用，其实不仅省不了钱，其带来的经济损失严重的可能导致家财尽失，早已超出了养车支出的范畴。

怎样用家庭用品保养家用汽车？

日常生活中一些常用的家庭用品如肥皂、牙膏、风油精、滑石粉等也可以用来保养家用汽车，不仅简单易行，而且省钱。

家庭用品也可以保养爱车，下面我们就介绍日常生活中几种常见的家庭用品在汽车保养上的妙用。

1.以肥皂清洗真皮座椅

真皮座椅怕硬物划伤，更怕化学清洗剂的腐蚀。到汽车美容店去做清洗，多用泡沫类去污剂，干燥后皮面变硬，且有微小裂纹。但在家用腐蚀性极小的透明皂，不但去污性好，而且干燥后皮面柔软有光泽。

具体做法是把干净软毛巾用温水浸泡，将肥皂适量均匀打在毛巾上，然后轻轻擦拭座椅(褶皱处可反复擦拭)。此时，毛巾若会变脏，证明去污有了显著效果。擦完肥皂通风晾干，以清洗过后不含肥皂的湿毛巾擦拭两遍即可。此法不仅去污，而且皮面干净蓬松，清新如初。此法也适用门内饰和仪表

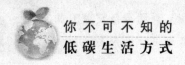
盘处塑料件。其原因是肥皂(香皂)去污性强,且对人体皮肤无刺激,对真皮物件更实用。

2.以牙膏去除划痕

光亮的车漆无意间常浮现道道划痕,车主为此到汽车美容店推沙腊划不来,采取牙膏打磨的方法去除较轻微划痕,效果也不错。

方法是,先把划痕处以清水洗净,然后取一干净布或毛巾,蘸牙膏少许在划痕处反复轻轻推擦,待划痕消失或减弱后即可用湿巾抹干。道理很简单,牙膏本身就是一种清洗牙齿的研磨剂,不伤人体更不会伤漆。

3.以风油精去不干胶贴

审车后贴在风挡玻璃上的各种证件极难去除。在不干胶贴背面涂上风油精(浓一点),片刻荫透后以干布用力擦即可脱落,不留痕迹。

此法适用于各种商品上粘贴的不干胶商标。原因是风油精能够融解不干胶有效成分。如无风油精,可以牙膏替代,只是效果稍差些。

4.滑石粉化解门封条粘连

雨后汽车门封条潮湿与漆面粘连,开门不顺伴有"吱啦"声。可用一把滑石粉(小孩用的痱子粉也可以)涂于门内橡胶缝条之上,症状即可消失,开闭自如,再无声响。

冬季家用轿车的低碳保养法

冬季是汽车较容易损坏的季节,因此,在冬季,有车一族更应该注意汽车的保养。

古代养生谚语说,"冬天动一动,少闹一场病;冬天懒一懒,多喝药一碗"。像人一样,冬天对汽车来说,也是一个难熬的季节。进入冬季,有针对性地对爱车进行一定的保养必不可少。如果一些细节没做好，后果就不止让你的爱车"多喝药一碗"了。因此，掌握冬季爱车保养秘笈非常重要。

小吴是一位只有半年驾龄的"菜鸟"，结果遇上了一场突如其来的冰冻，让算好了上班时间的他手足无措。他的车停在架空露台上，一摊积水将两只前轮扎扎实实"焊"住。小吴忙乎了半个小时将车窗的冰除掉，然而起步不久只听车外"刺刺"作响，方向盘随即向右偏转。停车检查，他才发现右前轮毂已经贴在了地上。无奈他只能就近找了一个停车场，拦了辆的士先去上班了。

下班后，他赶紧换了备胎，将坏胎送到附近的汽车维修站。维修站师傅告诉他，轮毂已有多处轻微变形，如果再多行驶一两百米，连轮毂都可能一起报废。这让小吴吃惊不小，赶紧去学习爱车冬季保养的知识。

维修站师傅分析，由于轮胎橡胶在低温下会变硬，韧度大大下降，损坏的可能性增大。可能是因为小吴的车胎本来就有伤，又停在水中冷冻了一夜，让伤口处失去弹性，被碎冰一扎就彻底穿透了。在冬天胎被扎坏或撕胎的情况并不多见，不过冬季轮胎的保养也不容忽视。

首先是冬季汽车轮胎的维护方面。轮胎花纹中难免会卡上小石头之类的杂物，这些杂物在冬季橡胶弹性变小的情况下，更加容易扎破轮胎经纬线层，造成穿孔。及时用钥匙、起子等工具清除花纹中的杂物显得更为重要。

其次是在汽车的停靠方面。在停车方面，除了尽量避免停在风口外，特别要注意不能停在低洼积水的地方，以避免轮胎被冻住，强行启动车辆造成撕胎爆胎。停在户外的车辆，晚间在挡风玻璃上挡一层旧报纸，可防止早晨结露结冰。

再者，冬季要注重汽车的发动机保养。发动机保养最重要的是机油，机油黏度会随着气温的降低而增大。原则上说，机油黏度过高，将造成车辆启动困难，进入冬季后，应该及时更换低黏度机油。

冬季的汽车维护也应注重汽车蓄电池的维护。现在的轿车，一般使用的

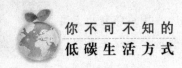

是免维护铅酸电池，质量一般，一旦使用不当蓄电池在2年左右就需要更换。车辆启动所耗电量巨大，如果车辆长期超短途运行，没有足够时间给蓄电池充电，就会造成蓄电池长期亏电。关闭发动机后使用大功率用电器、长时间忘记关大灯等，造成蓄电池过度放电等，都会直接影响蓄电池的使用寿命。因此，入冬后如果出现不易发车的现象，可检查一下蓄电池连接线是否稳固，是否有氧化物产生。如果是蓄电池使用时间较长，可到专业维修站检测一下性能，蓄电能力不足的应该即时淘汰。对于经常开一两公里就停的车辆，最好定期跑一次远路或用充电器充电。另外，在车内常备一对电瓶线，万一因为电瓶原因无法启动，无需拨打救援电话，可以随便找一辆汽车借电发车。

冬季多阴雪天，内外温差大易使车窗结露，造成驾驶时可视性差。对车窗，雨刷的保养也是有必要的。

应该重点检查有关加热装置，如风挡、侧窗出风口、后窗电热器等，使其处于良好状态。车内可常备一瓶专门的防雾剂。也有资深人士介绍，直接用中性洗涤剂涂抹在玻璃内侧，涂抹一次可保一周玻璃不起雾。

平时，很多车主用清水加洗涤剂代替玻璃水，加入雨刷喷壶内，但冬季有冻裂管道和水泵的危险。专业人士表示，专业冬季玻璃水除了有清洁玻璃、润滑雨刷的效果，更重要的是它含有防冻成分，低温玻璃水能抵御-50度的严寒不结冰。不便购买玻璃水的车主，可在清水中按照5:1的比例，加入75%的酒精，就足以应付南方一些地区的冰冻气候。

整个冬季，汽车始终在车窗紧闭，日照不足的情况下行驶，车厢内空气混浊；内饰件色泽灰暗，细菌滋生；坐垫、地毯等绒毛位置遍布螨虫。随着天气转暖，这些螨虫将大量繁殖，会引发过敏、鼻炎、哮喘等多种疾病。所以在春季到来前，一定要给爱车做一次内饰清洁杀菌护理。

专业的车内清洁美容程序严谨复杂。首先，要用大功率的真空吸尘器吸去表面及深层尘土，我们一般的家用或车用吸尘器的吸入功率小，深层尘土无法吸出。做完吸尘,再把专用的绒毛清洗药液喷洒到汽车顶篷、地毯、绒座椅、门帮等绒布位置,用毛刷彻底刷洗,并用纯棉毛巾将污迹吸收。由于绒毛清洗剂性质温和,清洗后,绒布位置膨松柔软,不留污痕。如果是真皮座椅的话,就要用皮塑护理剂进行清洁和护理,才能达到既清洁又保持皮质柔软的效果。像仪表台、方向盘、挡位区等塑胶件部位也要进行彻底刷洗,如风道口尘土过厚还要拆下清洗。

车内清洗完,还要把后备箱清洗干净。许多司机把后备箱当成储物箱,后备箱成了全车最脏、细菌最多的地方。清洗时要把所有杂物取出,用药液彻底刷洗干净。

全车清洗完成后,就要进行第二步:高温杀菌,即我们常说的汽车桑拿。因为许多细菌,比如螨虫,肉眼看不到,也刷洗不掉,只有用汽车蒸汽机将杀菌药液加温到 100 度再雾化喷出。当车厢及后备箱内充满雾化药液后封闭10 分钟,药液全部渗透到车体里,才能达到消毒杀菌的作用,并可留下淡淡的芳香。

杀菌完成后,就要进行下一步程序:上光护理。车内塑胶部件在清洗后还要打上保护剂,即增亮增艳,同时防止饰件褪色、老化。一些美容店为图省事,会用罐装表板蜡喷到塑胶件上,这样做,既不利于保护剂的渗透,还会溅到挡风玻璃或汽车漆面上,形成油点痕迹。为最后一步的玻璃清洁工作带来困难,造成很长一段时间内前风挡玻璃油污一片的现象。正确的方法是,用软毛巾将塑胶保护液轻轻涂抹到相应位置,最后用干净毛巾将浮油擦净。车内原有的座套、脚垫等如果过于陈旧,建议您一并更换,保证车内空气的彻底清新。后备箱里也要配好成型的后备箱垫和储物箱,防止油污或其他脏东西的再次污染。

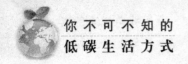

汽车的尾气有什么污染物?

汽车尾气中含有较强的致癌物等有害物质，无论是对人体还是植物都会造成严重的影响。

汽车尾气主要是指从排气管排出的废气。废气中含有 150~200 种不同的化合物，其中对人危害最大的有一氧化碳、碳氢化合物、氮氧化合物、铅的化合物及颗粒物。有害气体扩散到空气中会造成空气污染。汽车尾气的颗粒物中含有强致癌物苯并(a)芘，在一般情况下，1 克颗粒物含有约 70 微克苯并(a)芘，每燃烧 1 千克汽油可产生 30 毫克苯并(a)芘。当空气中的苯并(a)芘浓度达到 0.012 微克/立方米时，居民中得肺癌的人数就会明显增加。

据世界资源研究所和中国环境检测总站测算，全球 10 个大气污染最严重的城市中，我国就占了 7 个。因此，中国政府对治理汽车尾气排放造成的城市环境污染非常重视，积极支持清洁燃料汽车的发展。国家环保部门和汽车企业目前正在加速推进欧Ⅲ、欧Ⅵ的达标工作，为的就是保护环境、减少污染。

汽车尾气不仅对人产生危害，对植物也有毒害作用，尾气中的二次污染物臭氧、过氧乙酰基硝酸脂，可使植物叶片出现坏死病斑和枯斑，乙烯可影响植物的开花结果。研究证明，公路两侧的农作物减产与汽车尾气的污染明显相关。

由于汽车废气的排放主要在 0.3~2 米之间，正好是人体的呼吸范围，对人体的健康损害非常严重——刺激呼吸道，使呼吸系统的免疫力下降，导致暴露人群慢性气管炎、支气管炎及呼吸困难的发病率升高、肺功能下降等一系列症状。尾气中所含的强致癌物质——苯类物质，会引发肺癌、甲状腺癌等疾病。

什么是汽车排放与欧洲标准?

世界各国早在 20 世纪六七十年代就对汽车尾气排放建立了相应的法规制度,通过严格的法规推动了汽车排放控制技术的进步,而随着汽车排放控制技术的不断提高,又使更高标准的制订成为可能。

汽车排放是指从废气中排出的 CO(一氧化碳)、HC+NOx(碳氢化合物和氮氧化物)、PM(微粒、碳烟)等有害气体。它们都是发动机在燃烧作功过程中产生的有害气体。

这些有害气体产生的原因各异,CO 是燃油氧化不完全的中间产物,当氧气不充足时会产生 CO,混合气浓度大及混合气不均匀都会使排气中的 CO 增加。HC 是燃料中未燃烧的物质,由于混合气不均匀、燃烧室壁冷等原因造成部分燃油未来得及燃烧就被排放出去。NOx 是燃料(汽油)在燃烧过程中产生的一种物质。

PM 也是燃油燃烧时缺氧产生的一种物质,其中以柴油机最明显。因为柴油机采用压燃方式,柴油在高温高压下裂解,更容易产生大量肉眼看得见的碳烟。

为了抑制这些有害气体的产生,促使汽车生产厂家改进产品以降低这些有害气体的产生源头,欧洲和美国都制定了相关的汽车排放标准。其中欧洲标准是我国借鉴的汽车排放标准,目前国产新车都会标明发动机废气排放所达到的欧洲标准。

欧洲标准是由欧洲经济委员会(ECE)的排放法规和欧共体(EEC)的排放指令共同加以实现的,欧共体(EEC)即是现在的欧盟(EU)。排放法规由 ECE 参与国自愿认可,排放指令是 EEC 或 EU 参与国强制实施的。

249

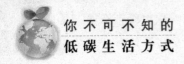

汽车排放的欧洲法规（指令）标准 1992 年前已实施若干阶段，欧洲从 1992 年起开始实施欧 I （欧 I 型式认证排放限值）；1996 年起开始实施欧 II（欧 II 型式认证和生产一致性排放限值）；2000 年起开始实施欧 III（欧 III 型式认证和生产一致性排放限值）；2005 年起开始实施欧 IV （欧 IV 型式认证和生产一致性排放限值）。

以前，我国新车常用的欧 I 和欧 II 标准等术语，是指当年 EEC 颁发的排放指令。例如适用于重型柴油车（质量大于 3.5 吨）的指令 "EEC88/77" 分为两个阶段实施，阶段 A（即欧 I）适用于 1993 年 10 月以后注册的车辆；阶段 B（即欧 II）适用于 1995 年 10 月以后注册的车辆。

从 2004 年 1 月 1 日起，北京对机动车的尾气排放标准由现在的欧洲 I 号改为欧洲 II 号，到 2008 年，则正式实施欧洲 III 号标准。

我国汽车排放标准也就是国 3 和国 4 与欧 2 和和欧 3 的区别

国家第三阶段的排放标准相当于欧洲 III 号的排放标准，也就是说，尾气污染物含量相当于欧 III 的含量，不同的只是新车必须安装一个 OBD 车载自诊断系统。该系统特点在于检测点增多、检测系统增多，在三元催化转化器的进出口上都有氧传感器。完全通过实时监控车辆排放来控制达标，可以更加保证欧 III 排放标准的执行。当车辆因为油品质量等因素，造成排放没有达到欧 III 标准的时候，OBD 系统将自行报警，转而进入系统默认模式，发动机将不能正常工作，车辆只能进入特约维修站进行检查和维护。并且 OBD 系统不能在车辆出厂之后经过改造加上，所以实施国三标准会使单车成本上涨 1000~2000 元左右。机动车污染物排放要稳定达到欧 III 机动车排放标准，车辆必须装备使污染物排放达到欧 III 标准的技术措施，同时使用达到欧 III 标准的油品。

"黄标车"和"绿标车"的概念是什么？

黄标车是不符合汽车排放标准的不环保汽车，而绿标车则是符合汽车排放标准的环保汽车。

黄标车是高污染排放车辆的简称，是连欧 I 排放标准都未达到的汽油车，或排放达不到欧 III 的柴油车，因其贴的是黄色环保标志，因此称为黄标车。

粗略地区分就是，国产车基本在 1996 年以前出厂的车辆，进口车在 1998 年以前出厂的车辆属于黄标车，但是这些车辆有一部分可以改装，另外的则不能。1999 年起，北京开始执行机动车欧 I 排放标准，在此之前购买的车辆基本都属于黄标车范畴，其平均车龄都在 13 年左右，以京 A、京 E 号段的车辆居多。从 2003 年起，北京禁止黄标车进入二环。

还有的消费者认为"化油器车"就是"黄标车"。其实不然，黄标车主要是电喷型车辆、化油器加装三元催化器的车辆，所以化油器车也不是绝对的"不环保"，主要看这些车辆是否加装三元催化器。

"绿标车"指由环保部门发给绿色环保标志的载客汽车。这些汽车的尾气排放量达到欧洲 I 号或 II 号标准。 欧 I 和欧 II 的尾气排放标准要求采用闭环控制系统加三元净化装置，欧 II 标准要求控制系统的精度更高，净化器的性能更好。

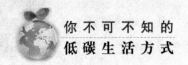

乙醇汽油和普通汽油有什么区别?

　　相比较于普通汽油,乙醇汽油对环境和车辆都有好处。一方面乙醇汽油减少有害气体的排放,另一方面乙醇汽油更有利于车辆的维护。

　　乙醇,俗称酒精,乙醇汽油是一种由粮食及各种植物纤维加工成的燃料乙醇和普通汽油按一定比例混配形成替代能源。按照我国的国家标准,乙醇汽油是用90%的普通汽油与10%的燃料乙醇调和而成。它可以有效改善油品的性能和质量,降低一氧化碳、碳氢化合物等主要污染物的排放。它不影响汽车的行驶性能,还减少有害气体的排放量。

　　而车用酒精与工业酒精、食用酒精相比最大的区别是水和杂质的含量少,国家标准规定必须小于0.8%。所以,车用乙醇出厂时都必须加变性剂,让它从颜色或味道上区别于食用酒精。在我国,车用乙醇出厂前加3%~5%的汽油,让它在味道上区别于食用酒精。而欧洲一些国家则在其出厂前加颜色,如蓝色、红色等。

　　改用乙醇汽油对环境和车辆都有好处。一方面,减少有害尾气的排放。因为乙醇汽油含氧量的提高,能够使工况燃烧更充分,从而更有效地降低和减少了有害尾气的排放。

　　据国家汽车研究中心所做的发动机台架试验和行车试验结果表明,使用车用乙醇汽油,发动机无需改造,动力性能基本不变,尾气排放的 CO 和 CH 化合物平均减少 30%以上。

　　另一方面,改用乙醇汽油可消除积炭。因为乙醇汽油的燃烧特性,能有效地消除火花塞、燃烧室、气门、排气管消声器部位积炭的形成,优化工况行为,避免了因积炭的形成而引起的故障,延长部件使用寿命,延长发动机机油的使用时间,减少更换次数,减少油耗。虽然从机理上讲,燃料乙醇热值比汽油热值低,然而,乙醇汽油因加入 10% 的乙醇,其热值理论上降低了 3%,会使动力性能下降,但因乙醇中含氧,使汽油中氧含量增加 3.5%,将原汽油不能完全燃烧的部分充分燃烧,使尾气中的 CO 降低 33%,从而使油耗相应减少。两者相抵,使总体油耗持平或略有下降。

乙醇汽油可以和普通汽油混合使用,但不能长时间混用。因为长时间的混用会影响汽车的性能。如果你的车已经长时间混用了乙醇汽油和普通汽油,应该立即检查汽车的相关零件,看有没有问题。

乙醇汽油的使用和普通汽油的使用操作是一样的,无论是电喷式或化油器式的任何一款的汽油发动机,都不需要做任何改动,即可正常使用。但我们在给自己的爱车改用乙醇汽油之前,别忘了以下几道工序。

首先彻底清洗燃油系统和油箱。这是使用乙醇汽油前所必须做的一项工作,否则会在使用过程中因原汽油中垢质脱落堵塞油路而熄火。

其次更换泡沫塑料件、橡胶件。把燃油系统中易变形的泡沫塑料质的油浮子更换为不易变形的不锈钢质或铜质的油浮子;对汽油泵泵膜要及时检查、更换;橡胶垫圈要选用材质好、耐溶涨的,或备足配件,发现有溶涨、变形时,及时更换。

另外,根据车型车辆的不同特点,对点火时间略做提前调整,一般调整量为 2~5 度。适当调浓可燃混合气的混合比,可通过调整进气螺钉提高混合气的浓度,以提高车辆的动力性和经济性。

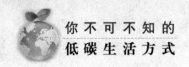

怎样清除和降低新车内空气污染?

为了自己和家人的健康，拥有新车的一族更应注意清除和降低新车内的空气污染。

随着人民生活水平的提高，一些消费者纷纷购买了自己心爱的新车，但新车内的空气污染也越来越引起人们的担心，为了清除和降低新车内的空气污染，购车族应注意以下几点：

1.在驾驶新车的半年内，切勿在行驶时紧闭车窗，应该尽量少用空调，以加强车内通风换气，使车内有害物质尽快释放。

2.如果车主有自家车库，可以在不开车的时候经常打开车门和车窗通风。

3.进行车内装饰要严格选择，防止把一些含有有害物质的地胶、座套垫装饰到车内。

4.新购买的车内座套等纺织品里面容易含有甲醛，最好先用清水漂洗以后再用。

5.可以选择一些能够释放香味的植物、花卉或者水果放在车内，但是，这样只能起到遮盖新车内令人不快的气味的作用，不能清除车内空气污染。

6.许多车主喜欢在自己的车内放香水以改善新车内的气味，要注意选择天然材料制作的，目前许多香水是化学合成品，本身就具有一定的污染，要慎重选择。

7.采用车内空气净化器和其他净化剂一定要慎重。目前一些厂家生产了一些净化车内空气的产品，能够在一定程度上降低车内污染，但是一定要注意选择有效果和副作用小的。

8.如果车主自己驾驶新车一段时间以后发现有体症反应,比如感觉熏眼睛、呼吸刺激甚至头晕,如果在三个月甚至六个月内气味都不能完全散发,就应该进行一下车内空气质量检测,以尽快发现和清除车内污染源。

9.四类人要特别注意新车内污染物质的危害:体质较弱者、妇女、儿童和有过敏性体质的人,这些人要尽量避免长时间驾驶和乘坐新车。研究证明:妇女对苯、甲醛的吸入反应格外敏感,特别是妊娠期妇女长期吸入苯会导致胎儿发育畸形和流产。

汽车噪音是怎样产生的?

汽车行驶时会产生噪音,那么这些噪音究竟是怎样产生的,又是如何传递的? 这一小节,我们就为大家一解困惑。

行驶中的车辆会产生噪音,尤其当车辆高速行驶的时候,会产生各种动态噪音:

1.发动机噪音:车辆发动机是噪音的一个来源,它的噪音产生是随着发动机转速的不同而不同。发动机噪音主要通过:前叶子板、引擎盖、挡火墙、排气管产生和传递。

2.路噪:路噪是车辆高速行驶的时候风切入形成噪音及行驶带动底盘震动产生的,还有路上沙石冲击车底盘也会产生噪音,这是路噪的主要来源。路噪主要通过:四车门、后备箱、前叶子板、前轮弧产生和传递。

3.胎噪:胎噪是车辆在高速行驶时,轮胎与路面摩擦所产生的,视路况车况来决定胎噪大小,路况越差胎噪越大,另外柏油路面与混凝土路面所产生的胎噪有很大区别。胎噪主要通过:四车门、后备箱、前叶子板、前轮弧产生和传递。

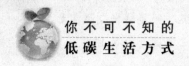
4.风噪:风噪是指汽车在高速行驶的过程中迎面而来的风的压力已超过车门的密封阻力进入车内而产生的,行驶速度越快,风噪越大。风噪主要通过:四门密封间隙、整体薄钢板产生和传递。

5.共鸣噪和其他:车体本身就像是一个箱体,而声音本身就有折射和重叠的性质,当声音传入车内时,如没有吸音和隔音材料来吸收和阻隔,噪音就会不断折射和重叠,形成共鸣声。共鸣噪的产生主要通过噪音进入车内,叠加、反射产生。

电动自行车的选购与保养

电动车的选购应从"品牌、性能、质量、服务、价格"方面全面衡量,电动车的保养需从充电器、电池、电控部分元件、电机方面进行维护和保养。

据有关部门统计,到 2005 年底,全国生产电动自行车的厂家已经接近 1000 家,电动车品牌更是超过了 1200 个。现在市场上各种各样的电动车令人眼花缭乱,如何挑选一辆称心的电动车,如何保养和维护电动车,成了所有消费者必须面对的问题。

电动车的选购应该从品牌、性能、质量、服务、价格这五个方面全面衡量和挑选:

1.品牌。品牌是企业及产品实力的综合体现,著名品牌在使用中会让您时刻感受到名牌车在品质和售后服务上的优点,而没有品牌的电动车无论在使用和后续服务上都无法保证消费者的合法权益。

2.性能。电动车是一种带有部分机动车属性的自行车,电池、充电器、电动机、控制器、刹车系统是电动车的核心部件,这些部件的技术含量高低,决定了使用性能的好坏,消费者要在充分了解电动车核心部件的性能以后再决定购买何种品牌的电动车。

3.质量。产品质量对于用户而言就是"产品故障率",故障率越低,产品质量则越好。

4.服务。电动车是一种户外交通工具,在各种气候交错,行驶路况复杂的今天,有可能产生故障或意外损坏,能否提供及时周到的售后服务是对电动车生产企业实力的检验。消费者如果要消除后顾之忧,对"三无产品"的电动车应该避而远之。

5.价格。价格是消费者最关心的问题之一,相对便宜的电动车在性能上、售后服务上可能会大打折扣;而一些"豪华"的电动车,可能会让你在没有使用价值的装饰上浪费金钱。消费者应选择中档实惠、性能良好的电动车产品。

电动自行车的使用与保养应注意以下几点:

1.充电器的使用与保养

充电之前先确认充电器插头(正负极)与整车电池的插座是否配套,禁止使用非标的和质量低劣的充电器对电池进行充电,以免对电池造成不必要的损坏。

充电时先关闭电动车上的电源锁,将充电器输出插头插入充电插座,再将充电器输入电源插头插入 AC220V 电源插座。充电完成,先拔掉交流电源插头,然后再断开充电器和电池的连接,避免由于逆向操作产生短路或接触电火花,影响使用安全。

由于充电过程中充电器产生一定的热量,故电池最好放在空旷通风处进行充电,严禁在充电时用外物覆盖充电器,否则容易损坏充电器与电池,甚至造成火灾事故;另外也严禁充电器被水浸或雨淋。

2.电池的使用与保养

电池是一种易耗品,随着使用的深入,整车的续行里程会逐渐降低。一般情况下(25±5℃气温条件,正常的路况与载重),36V 电源电动车的续行里

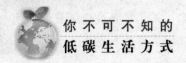
程小于 15Km 或 24V 电源电动车的续行里程小于 10Km 的状态时,该电瓶的正常使用寿命已将终结。为保证电动车的正常使用,在使用过程中对铅酸蓄电池应进行必要的维护与保养:

（1）选择优质并且匹配的充电器。

（2）严禁亏电使用与存放。每次使用后不论电量消耗多少,在可能的情况下应及时给电池充足电,这有利于延长蓄电池寿命。如果蓄电池长期不使用,请务必将蓄电池在充足电的状态下保存,并且每月充电一次。

（3）尽可能地养成脚踏助力启动的良好习惯,减少大功率放电几率,这对控制器、电机和电池都很有好处（特别是 24V 车型）。

（4）注意检查充电器在对电池充电时,电池盒表面有无过高的温度,充电器指示灯是否会转换,若充电 12 小时以后还不能转换,请对充电器和电池进行检修,避免由于过充电或充电器故障造成电池的充胀或损坏。

（5）电池不能接近明火或高温热源,高温季节严禁电池在阳光下直接曝晒或曝晒后充电。

（6）严禁擅自打开电池封盖,以防危险和避免由于漏液对车辆造成损坏。

3.电控部分元件的使用与保养

（1）电动车停放时不要在阳光下曝晒,也不要长时间淋雨,避免控制器内元气件损坏造成操作失灵。

（2）调速转把使用时要求轻旋轻放,无须用力旋转,对 1:1 助力有刷车型最好使用巡航定速开关。

（3）雨天骑行,应尽量避免开关与电气连接插件等的淋湿,防止漏电、短路。

（4）暴露在外面的触点（包括三角插座）是带电的,严禁用手或金属物同时接触正负两极。

4.电动车电机的使用与保养

（1）不管是有刷电机还是无刷电机,在运行过程中都会产生一定的机械噪声（有刷）或电磁共振（无刷）,这均属于正常现象。但若无刷电机在运转过程中产生"咯、咯"的异常振动和声响时应及时关闭电源锁并进行检修。

（2）电动车倒退移动时,感觉后轮倒退较重,这属于正常现象。但凡电动车正向推行时感觉阻力很大时,首先使电机电源断开（可以消除正向阻力）,然后及时进行检修。

（3）电机正常使用过程中一般无需特别保养,平时注意检查电机轮毂轴端与电机端盖的紧固件状态,若发现有螺丝或螺母松动现象应及时拧紧,防止由于引出电线绞断等原因造成车辆故障,影响使用安全（有刷齿轮减速高速电机正常使用半年以上一般需加齿轮油进行润滑,行星齿轮减速除外）。

（4）下雨天行驶在积水路面时,积水深度不能超过电动轮毂下沿,避免由于电机渗水而造成电机故障。

5.刹车制动与传动系统的使用与保养

（1）应经常检查前后车闸制动性能是否良好,雨雪天和下坡行驶时注意增加制动距离,减速缓行,发生情况提前刹车,防止意外。

（2）应经常检查前后刹车的断电刹把是否有效,特别是后刹车的左刹把,如果断电失效很可能在使用过程中损坏控制器。

（3）与保养普通自行车一样,对电动车的前轴、中轴、飞轮、链条等传动部件作定期的检查、擦拭和润滑,防止由于锈蚀或咬死影响正常使用。电机为用户免维护部件,内部一般不必自行擦洗与润滑,只是在出现异常情况时到维修点进行保养与维修。

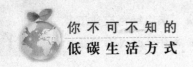
怎样延长电动自行车电池的"寿命"?

如何提高电动自行车电池的寿命，如何改进电池的使用环境等都是大家非常关心的问题。

决定电动自行车质量的关键是电机和电池的质量。优质的电机油耗小，效率高，续驶里程远，对电池有好处；至于电池，几乎是一台电动自行车好坏的决定因素。市面上销售的电动自行车基本上都是采用的免维护铅酸蓄电池，它具有价格低、电气性能优良，无记忆效应，使用方便等特点。但要想延长电动自行车电池的"寿命"，我们还应注意以下事项：

1.用完后要及时充电，不能在没电的状态下长时间放置，否则电池极板就硫酸盐化了。

2.绿灯亮了，表示电池可以使用或基本上充足电了，但离100%还有差距，建议每周或每两周对电池作一次长时间充电，即绿灯亮了以后继续充，时间可以控制在16小时左右，这样可提高电池寿命。

3.注意检查胎压，夏天可适当低一些，其他季节可以高一些，胎压高比较省电。

4.将电完全放掉后再充电的观念是不正确的，放电深度越大，电池使用寿命越短。

5.如果电动自行车长时间不使用，要注意对电池充电后再放置，每月检查一下电量。

6.如果不是电摩，最好不要加防盗器，效果不大，且增加电池的负担。

7. 如果你每天骑行的距离为15公里左右，估计你的电池可以使用2年；如果充电中发现电池特别热，别再充了，应赶快去检修。

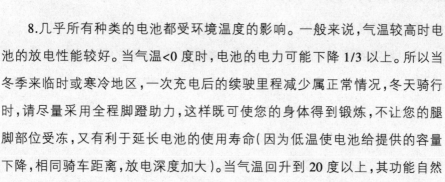

8.几乎所有种类的电池都受环境温度的影响。一般来说,气温较高时电池的放电性能较好。当气温<0 度时,电池的电力可能下降 1/3 以上。所以当冬季来临时或寒冷地区,一次充电后的续驶里程减少属正常情况,冬天骑行时,请尽量采用全程脚蹬助力,这样既可使您的身体得到锻炼,不让您的腿脚部位受冻,又有利于延长电池的使用寿命(因为低温使电池给提供的容量下降,相同骑车距离,放电深度加大)。当气温回升到 20 度以上,其功能自然恢复。但当温度超过 60 度(如夏天阳光下暴晒时间过长),可能影响本车电器的正常使用。

9.电动自行车所用铅蓄电池属消耗品,其寿命只有 1.5~2.5 年,寿命长短与用户的日常使用维护有很大的关系,一般来说,要注意如下几点:①电池每次使用的放电深度越小,电池的使用寿命越长,所以不管使用多大容量的电池组,用户都应养成随用随充的良好习惯;②电池需长时间放置时必须先充足电并定期补充电量,一般 1~2 个月补充一次;③大电流放电对电池有一定的损害,所以在起步和上坡时,请用脚蹬加以助力。

环保出行工具——自行车的保养

自行车出行既环保又方便,是大多数人出行的不二之选。正因为这样,自行车这一环保出行工具的保养更为重要。这一小节,我们就介绍了一些自行车保养的注意事项。

中国是自行车的"王国",自行车已成为家庭必备的交通工具。那么,怎样保养自行车,才能促使它长寿呢? 下面我们就来介绍自行车的保养方法。

1.注意保护自行车上的电镀层

自行车上的电镀层是铬镀层,不仅增加自行车美观,还可延长使用寿

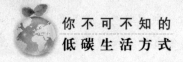
命,平时应注意加以保护。

（1）经常擦拭。一般来说,每周宜擦拭1次,应用棉纱或软布把灰尘擦掉,再加些变压器油或机油擦拭,如果遇上雨淋水泡时,应及时用清水洗净,擦干,再加点油。

（2）骑车不宜太快。平时,飞快的车轮会将地面上沙砾掀起,对车圈形成很大的冲击力,使车圈受损。车圈严重的锈洞,大都是这种原因造成的。

（3）自行车电镀层不能与食盐、盐酸之类物质接触,也不宜放在煤烟熏烤的地方。

（4）电镀层如有锈迹可用少许牙膏轻轻拭去。自行车镀锌层如幅条等不要擦拭,因为表面生成的一层暗灰色的碱式碳酸锌,能保护内部金属不受腐蚀。

2.延长自行车轮胎的使用寿命

马路的路面大都是中间高两边低,自行车行驶时,必须靠右侧。因此,轮胎的左侧常比右侧磨损得厉害。同时,由于重心靠后,后轮一般比前轮磨损快。如果在新轮胎使用一段时间后,把前后轮胎调换使用,并调换左右方向,这样便可延长轮胎使用寿命。

3.保养好自行车外胎

自行车外胎耐磨性好,承受负荷大。但是,使用不当常常会加速磨损,出现龟裂、爆破等现象。平时,使用自行车时应注意以下几点:

（1）充气要适量。内胎充气不足造成的瘪胎,不仅阻力增大,骑车费力,而且加大了车胎与地面摩擦面积,使外胎加速磨损折裂。充气过足,加上日晒,胎内空气膨胀,胎内帘线容易被胀断,会缩短使用寿命。因此,打气要适量,寒冷天气可足些,夏天要少些;前轮气少些,后轮气要足些。

（2）不要超载。各种外胎的侧面都标有它的最大载重量。如普通外胎最大载重量为100公斤,加重外胎最大载重量为150公斤。自行车载人和车子本身重量是由前后两个车胎分担的。前轮承受总重量的1/3,后轮为2/3。后车架上载重几乎全部压在后胎上,超载过重,加大了车胎与地面摩擦,特别是由于胎侧的橡胶厚度比胎冠(花纹处)要薄得多,经常重载易变薄出现裂口,在胎肩处爆破。

4.自行车链条打滑处理法

自行车链条使用时间长了会出现滑牙的现象。这是由于链条孔的一端磨损造成的,如采用以下方法,可以解决滑牙问题。

由于链条孔有四个方向受摩擦,所以只要打开接头,翻个圈,把链条的内圈变做外圈,受损的一面不直接同大小齿轮接触,就不再打滑了。

5.几种自行车保养小窍门

(1)自行车骑一段时间后,各部件应进行检查与调整,以防零件松动脱落,滑动部位应定期注入适量机油,以保持其润滑。

(2)车辆被雨水淋湿或受潮后,电镀零件应及时擦干拭净,再涂上一层中性油(如家用缝纫机油),以防生锈。

(3)涂罩光漆的零件不可抹油揩擦,以免损伤漆膜,使其失去光泽。

(4)自行车内外胎及刹车橡皮都是橡胶制品,应避免接触机油、煤油等油类制品,以防橡胶老化变质。新车胎要打足气。平时车胎打气要适当,打气不足,外胎易折裂;打气太足,易伤车胎和零件。

(5)自行车载重要适量。普通自行车,载重量不得超过 120 公斤;载重自行车,载重量不得超过 170 公斤,由于前轮按设计只承受全车 40%的重量,因此不要在前叉上挂重物。

(6)骑车速度要适当。起动不要过猛,遇到不平的路面要慢速行驶。

(7)自行车不用时,应放在干燥通风处,以免锈蚀;同时,车胎要打足气,以免车胎被长时间挤压而裂开或变形。

第九章

人人之力举手之劳

——你也可以成为"低碳"功臣

想要做"低碳"生活的先行者其实并不是一件很难的事,很多时候,往往只需要我们的举手之劳就可以做到。也许,你只是参加一次低碳旅游,也许你只是参加了一个环保组织,也许你只是利用假期做做环保义工,也许你只是在饲养自己的宠物时多注意一点点,也许你只是基于自身的健康成为一名"食素"的低碳人,又或者你只是无聊时种棵树或者在家种植一些绿色植物等等,然而这些微不足道的小事却也使得空气中的二氧化碳少了一些,你也因此在践行着"低碳"生活,为"低碳"的实现贡献出一份力量。

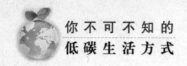
及时检查反省自己的生活细节

节约一滴水,节约一度电等都是我们日常生活中微不足道的细微之处,却都符合"低碳"生活的理念,践行"低碳"生活没有你想象的那么难。

"低碳"生活也体现在我们生活中的细节之处,日常生活中的举手之劳如节约用水,节约用电等都符合"低碳"生活的理念。因此,只要我们在日常生活中及时检查反省自己的生活细节,那么践行"低碳"生活不再是难题。

1.节约用水

循环利用,养鱼的水可以用来浇花,洗脸水用后可以洗脚,也可以用来洗手、擦家具、擦地板;洗脸、洗手、刷碗的时候并不是把水量开到最大就一定洗得干净;收集废水:家中应预备一个收集废水的大桶,收集洗衣、洗菜后的废水冲马桶。

2.节约用电

随手关灯,不用的家用电器及时拔掉插头,节约能源,也是个人修养的表现;在午餐休息时和下班后关闭电脑及显示器,这样做除省电外还可以减少这些电器的二氧化碳排放量;购买和使用低能耗的家用电器(洗衣机、空调、冰箱等);办公室的人总抱怨自己的身体状况,没时间锻炼,其实你完全可以不坐电梯而去爬楼梯,省下大家的电,换自己的健康;不着急穿的衣服不用洗衣机甩干,而是让衣服自然晾干;晚饭后没事多出去走走,全当锻炼身体了,宅在家里是很费电的;用节能灯代替白炽灯(60W),日常需求足够用了;在厨房做饭时,应合理安排抽油烟机的使用时间,以避免长时间空转而浪费电。如果每台抽油烟机每天减少空转 10 分钟,1 年可省电 12.2 度,相应减少二氧化碳排放 11.7 千克。如果对全国保有的 8000 万台抽油烟机都采取这一措施,那么每年可省电 9.8 亿度,减排二氧化碳 93.6 万吨。

3.养成低碳的生活习惯

少用纸巾,重拾手帕,保护森林;尽量避免用一次性筷子、一次性餐具等一次性物品。用手帕代替纸巾,每人每年可减少耗纸约 0.17 千克,节能 0.2 吨标准煤,相应减排二氧化碳 0.57 千克。如果全国每年有 10% 的纸巾使用改为用手帕代替,那么可减少耗纸约 2.2 万吨,节能 2.8 万吨标准煤,减排二氧化碳 7.4 万吨。绿化不仅是去郊区种树,没条件的就在家种些花草,还无须开车;纸张双面打印、复印,既可以减少费用,又可以节能减排。如果全国 10% 的打印、复印做到这一点,那么每年可减少耗纸约 5.1 万吨,节能 6.4 万吨标准煤,相应减排二氧化碳 16.4 万吨。每张纸都双面打印,相当于保留下半片原本将被砍掉的森林;一只塑料袋几毛钱,但是它造成的环境污染却不是几十块钱能挽救的,所以购物自带环保袋;其实利用太阳能这种环保能源最简单的方式,就是尽量把工作放在白天做;出门尽量乘坐公共交通工具。

来一次低碳旅游吧!

越来越多的游客把"低碳"作为旅游的新内涵,采用公共交通工具出行依然是大多数人的选择,自驾游则有更多人采取拼车的方式,在旅游目的地,许多人步行和骑自行车游玩。绿色旅游、"低碳旅游"正在成为更多游客的自觉选择。

我们每个人的衣食住行对地球都有很大的影响,如果仔细算下来,会发现每个人的碳消耗都需要很大一块土地来供养,我们称之为"生态足迹",我们所有的活动足迹带来的消费,都需要地球来供养,旅行带来的过度消费,人的欲望越来越强,环境问题始终是人的问题。

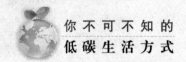

"低碳"是一个相对的概念,我们的旅行不可能绝对不产生垃圾,比如以前一个人开一辆车,现在4个人可以拼一辆车,这就比以前低了3/4的消费,或者也可以开小排量的车,这些都很容易做到。比如旅行时享受当地风土,吃当地食物,而不是从旅行者所在的城市运输过去的。比如喝的可口可乐是从城市长途运输过去的,旅行者本身交通已经有碳的排放,还消费其他物品增加了碳排放,碳排放就会成倍增加。

"低碳旅游"就是在旅游活动中,旅游者尽量降低二氧化碳排放量,是环保旅游的深层次表现。据介绍,"低碳旅游"包含了政府与旅行机构推出的相关环保低碳政策与低碳旅游线路、个人出行中携带环保行李、住环保旅馆、选择二氧化碳排放较低的交通工具甚至是自行车与徒步等内容。不要把垃圾留在当地,这是自然原本没有的东西,它也没有衍生出消化这种垃圾的能力,在当地花几百年都消化不了,所以我们可以把自己生产的垃圾带回来。

乘飞机少带行李、不驾驶大排量汽车远距离出游、旅途中少用空调、不用一次性餐具、住酒店时不用每天更换床单被罩……作为全新的出游理念,"低碳旅游"已受到越来越多游客的关注,部分游客已经开始身体力行。

去过欧美旅游的游客都知道,出行前旅行社通常会提醒游客带上牙刷、牙膏、拖鞋等物品,因为境外很多酒店并不提供这些物品。导游小刘说,以前给游客提示带牙刷等物品时,游客常常会质疑,是不是旅行社在境外安排的酒店档次太低,连这些基本的东西都没配备。而现在,游客都能理解,境外酒店这些做法是出于环保的考虑。据了解,目前国内九寨沟等地也出现了不提供一次性用品的酒店,这表明"低碳"意识正在走进大众旅游。

其实"低碳旅游"做起来并不难,而且可以节约不少出行成本。比如,避开热点或过度开发的旅游目的地,避开旅游旺季和公共假期,因为旺季旅游会增加对环境的负担,而且大概会花费双倍于平时的费用。选择目的地住宿时多考虑小规模酒店或青年旅馆,虽然仅提供最基本的设施,但意味着能够消耗更少的资源。在星级酒店中住宿时,不妨使用一些减排的小窍门,如集中使用一条毛巾或浴巾、洗浴用品自带，如果连续住宿几天，还可以不每天更换床单被罩等，离开的时候手动关掉电视机和空调等电器。

加入一个环保组织

正所谓"众志成城"，环保组织能够集合众人之力，热爱环保的人士不妨选择加入环保组织。

各类环保民间组织通过组织和发动环保志愿者加大环境保护宣传力度。2005 年，79% 的环保民间组织动员志愿者共 857 万人次，参与"保护母亲河行动"、"索南达杰藏羚羊自然保护站服务"、"北京动物园志愿者导游"等多项宣传服务活动。环保志愿者的兴起，将促进社会环境的大改观。而加入一个环保组织，倡导"低碳"理念，为环境保护出一分力，对于大多数人来说只不过是举手之劳。

先后 6 次受到江泽民、胡锦涛两位总书记接见的 78 岁高龄老军人朱再保同志，离休后坚持 22 年从事环保宣传教育工作，先后在湖南岳阳市中小学、城镇、农村、社区等，组织开展了 140 多项次、累计 3000 多万人次参加的各类环保宣传教育活动。

此外，大多数环境保护组织也通过组织各种各样的志愿者活动，来宣传自己的政策和主张。爱好环保，希望为环保作出一份贡献的人士不妨多参加一些这样的活动。

1999 年底，重庆绿色志愿者联合会组织志愿者徒步嘉陵江两岸环保行，历时 45 天，行程 1170 多公里，途径 4 省（市）、23 个县、120 多个乡镇，通过发放环保宣传材料、演讲等形式，广泛传播环保理念，开展环保教育活动。他们还举办了 8 期教师培训班，对 600 多名教师进行了环境教育培训。

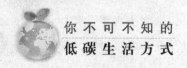

　　北京地球村在中央电视台开设了专栏《环保时刻》。武汉绿色环保服务中心在当地广播电台开播专栏宣传环保。中国环境文化促进会每年组织万人参与环境文化节，宣传人与自然和谐的环境文化。

　　活跃在中国的环保组织包括：世界自然基金会（WWF）、美国自然资源保护委员会（NRDC）、全球环境研究所（GEI）、自然之友、山水自然保护中心、中国青年应对气候变化网络（CYCAN）、绿色和平——中国，世界资源研究所（WRI），和中华环保联合会国际部、阿拉善 SEE 生态协会、绿十字生态文化传播中心、天下溪教育研究所、绿驼铃等。50%以上的环保民间组织都建立了自己的网站，目的是向社会和公众传播环境知识、宣传环境主张、提高全社会的环境意识。我们可以通过环境保护组织建立的网站来了解环境保护组织的主要主张以及最新动态，进而选择适合自己的环保组织。

假期去做做环保义工

　　周末别窝在家里睡懒觉，也别只想着逛街、购物、看电影。环保志愿者主张：我们可以走近大自然，做环保义工，过一个"生态工作假期"。

　　"生态工作假期"是一种新形态的休假形式和志愿工服务形式，参与者既服务社会，又得到了休闲放松。假期义工的关注对象不仅限于有需求人群，也包括我们所居住的地球。利用假期参加志愿环保活动也是一种新兴的度假方式。

　　总部设在英国的慈善机构"拉练探险"专门组织这种以环保为目的的志愿旅行。"拉练探险"向中美洲国家伯利兹或者东南亚国家马来西亚派出志愿者，协助当地开展自然资源保护工作。在马来西亚婆罗洲的丛林地带，"拉练探险"派出的志愿者在当地修建游客中心、清理枯枝败叶、种植树苗，帮助

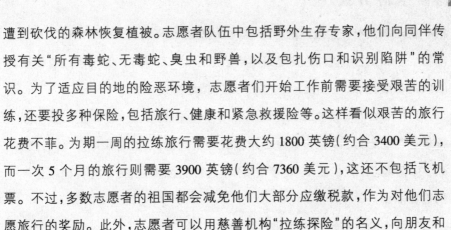

遭到砍伐的森林恢复植被。志愿者队伍中包括野外生存专家,他们向同伴传授有关"所有毒蛇、无毒蛇、臭虫和野兽,以及包扎伤口和识别陷阱"的常识。为了适应目的地的险恶环境,志愿者们开始工作前需要接受艰苦的训练,还要投多种保险,包括旅行、健康和紧急救援险等。这样看似艰苦的旅行花费不菲。为期一周的拉练旅行需要花费大约 1800 英镑(约合 3400 美元),而一次 5 个月的旅行则需要 3900 英镑(约合 7360 美元),这还不包括飞机票。不过,多数志愿者的祖国都会减免他们大部分应缴税款,作为对他们志愿旅行的奖励。此外,志愿者可以用慈善机构"拉练探险"的名义,向朋友和同事筹集资金。

"生态工作假期"在国外非常流行,有些环保组织每逢周末都会组织各种类别的"生态工作假期",供愿意为环保事业贡献力量的人选择。"生态工作假期"的重要意义在于:参与者亲身体验,感受更深,对其今后行为的指导作用更大。

每年都要种种树

有时间种种树,也许这只是你看似不经意的举动,但却是在践行着低碳理念。

森林植物通过光合作用吸收二氧化碳,放出氧气,把大气中的二氧化碳以生物量的形式固定在植被和土壤中, 这个过程和机制实际上就是消除已排放到大气中的二氧化碳。如果有时间我们可以种种树,也不失为践行低碳理念的一种方式。

有个名词叫碳汇林,究竟什么是碳汇呢? 说通俗一点,碳汇也就是植树造林。因为植物进行的光合作用,会吸收二氧化碳,那么以这个名义建造的

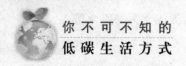

树林就是碳汇林了。这样的行为,最初是在温州兴起的。报纸报道了某某市场实现了碳的零排放,也就是每年市场放出的二氧化碳,等于通过植树造林吸收的二氧化碳,互相抵消,就是所谓的碳零排放了。

1棵树1年可吸收二氧化碳18.3千克,相当于减少了等量二氧化碳的排放。如果全国3.9亿户家庭每年都栽种1棵树,那么每年可多吸收二氧化碳734万吨。让我们每个"负债者"承担起应有的责任,每年种种树就是最好的选择。

下面介绍一些适合荒漠种植的树种:

1.沙枣:是西北沙荒、盐碱地区护林及城镇绿化的主要树种,常作行道树,可植篱,也可与小叶杨等树种配置。沙枣耐盐碱、抗旱、抗寒、管理粗放,成为西北地区植树造林首选树种之一。采用以下两种方法,沙枣发芽率在90%以上。

（1）碾压法:早春,把需要播种的沙枣种子装在编制袋中,放于水池中或水渠中,浸泡一昼夜捞出,倒在水泥地面用机动车反复碾压后,在水池中或水渠中淘干净即可催芽播种。优点是简便易行,种粒无损伤。

（2）扬场法:早春,把需要播种的沙枣种子摊晒在场上晾晒风干,种皮晒干后用机动车反复碾压,把压碎后的沙枣种子皮扬干净,收集种子进行催芽处理。优点是简易便行,种粒无损伤,果肉可喂家畜。

2.沙棘:目前我国在水土流失地区大面积种植的即是这种沙棘。落叶灌木或乔木,高5～10m,有粗壮棘刺。枝幼时密被褐锈色鳞片。叶互生,线性或线状披针形,两端钝尖,下面密被淡白色鳞片;叶柄极短。花先叶开放,雌雄异株;短总状花序腋生于头年枝上;花小,淡黄色,雄花花被2裂,雌花花被筒囊状,顶端2裂。果为肉质花被筒包围,近球形,橙黄色。花期3～4月,果期9～10月。生于河边、高山、草原。

3.沙柳:习性特点:抗逆性强,较耐旱,喜水湿;抗风沙,耐一定盐碱,耐严寒和酷热;喜适度沙压,越压越旺,但不耐风蚀;繁殖容易,萌芽力强。

繁殖方法：扦插

应用：生长迅速，枝叶茂密，根系繁大，固沙保土力强，利用价值高，是我国沙荒地区造林面积最大的树种之一。

沙柳为沙漠植物，也是极少数可以生长在盐碱地的一种植物。其幼枝黄色，叶线形或线状披针形，枝条丛生不怕沙压，根系发达，萌芽力强，是固沙造林树种，其天敌为沙柳毒蛾，生长在西北地区。近来用于作北方防风沙的主力，是"三北防护林"的首选之一。

4.沙蒿：沙蒿为超旱生沙生植物，具明显的旱生解剖结构和水分生理特征，主要表现在它的叶具有较厚的角质层，以抑制蒸腾失水，有发达的栅栏组织，而海绵组织极为退化，有利于增大叶绿体对光照和 CO_2 的吸收面，提高光合作用的活性。在水分关系上，它水势和蒸腾强度降低，在水分关系上，它水势和蒸腾强度降低，而提高水分饱和亏缺的比值以及束缚水同自由水比例的比值，束缚水/自由水的比值越大，原生质的保水能力就越强。这些均反映植物对水分的节约，以及利用水分效率的提高。这些均反映植物对水分的节约，以及利用水分效率的提高。生长在半流动沙丘上，也可生长在半固定和固定沙丘、平沙地、覆沙戈壁和干河床上。土壤质地为砂质、砂砾质，土类为风沙土、棕钙土和漠钙土。

5.柠条即锦鸡儿：柠条是中国西北、华北、东北西部水土保持和固沙造林的重要树种之一。耐旱、耐寒、耐高温，是干旱草原、荒漠草原地带的旱生灌丛。在黄土丘陵地区、山坡、沟岔也能生长。在肥力极差，沙层含水率2%~3%的流动沙地和丘间低地以及固定、半固定沙地上均能正常生长。即使在降雨量100毫米的年份，也能正常生长。柠条为深根性树种，主根明显，侧根根系向四周水平方向延伸，纵横交错，固沙能力很强。柠条不怕沙埋，沙子越埋，分枝越多，生长越旺，固沙能力越强。柠条寿命长，一般可生长几十年，有的可达百年以上。播种当年的柠条，地上部分生长缓慢，第二年生长加快。柠条的生命力很强，在-32℃的低温下也能安全越冬；又不怕热，地温达

273

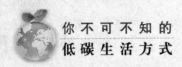

到 55℃时也能正常生长。柠条的萌发力也很强，平茬后每个株丛又生出 60～100 个枝条，形成茂密的株丛。平茬当年可长到 1 米以上。柠条适应性强，成活率高，是中西部地区防风固沙，保持水土的优良树种。它在经济效益和防护效益上所发挥的巨大作用，越来越引起人们的高度重视。

6.蒙古扁桃：蒙古扁桃是蒙古高原古老残遗植物之一，其分布北界在蒙古国南部的戈壁-阿尔泰山，南界在贺兰山南段至河西走廊中部一带，东界在阴山山脉的九峰山，西界大体与阿拉善荒漠西界一致。蒙古扁桃极耐干旱和贫瘠，在年降雨量不足 200 毫米、七八级大风每年吹袭 80-100d 的恶劣条件下仍能顽强生长。

7.花棒：花棒是荒漠和半荒漠耐旱植物。花棒耐瘠薄，只有根瘤，能固定空气中的氮以供给自身需要，因而在瘠薄的沙地上能旺盛生长，有良好的改土效果。

8.梭梭：材质坚重而脆，燃烧火力极强，且少烟，号称"沙煤"，是产区的优质燃料，又是搭盖牲畜棚圈的好材料。嫩枝是骆驼赖以度冬、春的好饲料，又为重要药材肉苁蓉的寄主，还可用来防风固沙，故具有重要的经济价值。

9.胡杨：胡杨是荒漠地区特有的珍贵森林资源。它对于稳定荒漠河流地带的生态平衡，防风固沙，调节绿洲气候和形成肥沃的森林土壤，具有十分重要的作用，是荒漠地区农牧业发展的天然屏障。

10.红柳：红柳是高原上最普通、最常见的一种植物。红柳遍地生根、开花、结果。沙丘下的红柳，根扎得更深，把触须伸得很长，最深、最长的可达 30 多米，以汲取水分。红柳把被流沙掩埋的枝干变成根须，再从沙层的表面冒出来，伸出一丛丛细枝，顽强地开出淡红色的小花。春天红柳火红色的老枝上，发出鹅黄的嫩芽，接着会长出一片片绿叶。高寒的自然气候，使高原人很容易患风湿病，红柳春天的嫩枝和绿叶是治疗这种顽症的良药，使很多人摆脱了病痛的折磨。因此，藏族老百姓又亲切地称它为"观音柳"和"菩萨树"。据悉，红柳亦称柽柳，落叶小灌木，叶绿花红，枝叶可供药用，为沙漠盐碱地造林树种。

11、白刺：白刺的适应性极强，耐旱、喜盐碱、抗寒、抗风、耐高温、耐瘠薄，为荒漠地区及荒漠平原典型植物，是我国寒温、温和气候区的盐渍土指示植物。白刺为旱生型阳性植物，不耐庇荫、不耐水湿积涝。自然生长于盐渍化坡埂高地和泥质海岸滩垄光板裸地上，耐盐性能极强。多生长在干燥、多风、盐碱重、土壤贫瘠、植物稀疏的严酷环境中，往往自成群落，伴生植物较少，在土壤含盐量 1.2% 以上的地方偶见有盐地碱蓬、翅碱蓬、柽柳、中华补血草等混生。

按如下方法操作，就可以提高树苗的成活率：

第一，挖坑。根据根系的长、宽挖大小适宜的树坑。深度一般以 50 厘米为宜。挖坑时要将表面的熟土、下面的黄土分倒在坑两侧。

第二，回填。种树前应该按树根的长、宽及其根系顶端长度的情况，在坑内先回填部分熟土。一般情况下，回填熟土 20~30 厘米。

第三，栽植。谨记一句话"三二一"——三埋、两踩、一轻提。放置树苗时要将根部扶正、枝要展开，这是前提。栽树时，须分三次填土。第一次填土少许，在距坑顶一定距离的地方先停止填土，在已填的土上绕树一周，用均力踩实，然后轻提树茎、抖松，以保证树根的呼吸畅通。第二次填土后，再绕树踩实。在第三次填土后，尽量保证与坑面平齐。树根放位时要与南北、东西方向的树对齐。然后，在坑面上围一个大圆盘，便于日后浇水养护。

第四，覆土、保墒。将树苗栽好后，覆盖一层薄土，以保持水分。

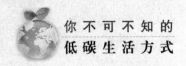

养一个"绿色宝宝"

绿色植物是很多人生活中的一部分乐趣,养一个"绿色宝宝",生活会有不一样的精彩。

绿色植物为房间里带来了新鲜的活力,带来了绿色的气息。让人感觉房间里一切都是那么清新,那么生气勃勃,给人一种大自然的感觉。"绿色宝宝"价钱实惠,花样好看,耐活耐养,最主要的是很环保。

花卉中的"吸毒"能手:吊兰能吸收空气中 95% 的一氧化碳,85% 的甲醛;天南星能吸收空气中 80% 的苯,50% 的三氯乙烯;玉兰能吸收二氧化碳和氯气;惠兰则可有效吸收空气中的氟和二氧化硫;而金橘、四季橘和朱沙橘这些芸香科植物富含油苞子,可以抑制细菌,还能有效预防霉变,预防感冒。

小小的绿植,为我们的生活增添了无数的乐趣,对它们的关怀和呵护,成了我们生活中的调味品,为它们浇水,为它们晒太阳,为它们通风,一切的一切都能让人感觉很轻松,心情很愉悦。只要我们稍稍辛劳一下,种植一些绿色植物,我们就都生活在美丽的无污染的"绿色世界"里。

养错了"绿色宝宝"不仅达不到绿化空气的作用,反而害人害己。下面就揭示那些有害绿宝宝的庐山真面目,大家一定要注意啊!

1.忌多养散发浓烈香味和刺激性气味的花卉。如兰花、玫瑰、月季、百合花、夜来香等都能散发出浓郁的香气。一盆在室,芳香四溢,但室内如果摆放香型花卉过多,香味过浓,则会使人的神经产生兴奋,特别是人在卧室内长时间闻之,会引起失眠。圣诞花、万年青散发的气味对人不利;郁金香、洋绣球散发的微粒接触过久,皮肤会过敏、发痒。

2.忌摆放数量过多。夜间大多数花卉会释放二氧化碳,吸收氧气,与人

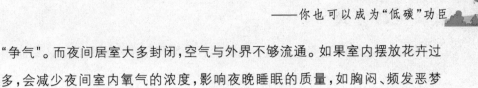

"争气"。而夜间居室大多封闭,空气与外界不够流通。如果室内摆放花卉过多,会减少夜间室内氧气的浓度,影响夜晚睡眠的质量,如胸闷、频发恶梦等。

3.忌室内摆放有毒性的花卉。如夹竹桃,在春、夏、秋三季其茎、叶乃至花朵都有毒,它分泌的乳白色汁液含有一种夹竹桃苷,误食会中毒;水仙花的鳞茎中含有拉丁可毒素,如果小孩误食后会引起呕吐等症状,叶和花的汁液使皮肤红肿,若汁液误入眼中,会使眼睛受害;含羞草接触过多易引起眉毛稀疏、毛发变黄,严重时引起毛发脱落等。

不宜放在居室内的花卉:

夜来香——在夜间停止光合作用后会排出大量废气,这种废气闻起来很香,但对人体健康不利。如果长期把它放在室内,会引起头昏、咳嗽,甚至气喘、失眠。因此,白天把夜来香放在室内,傍晚就应搬到室外。

郁金香——花中含有毒碱,人和动物在这种花丛中呆上 2~3 小时,就会头昏脑胀,出现中毒症状,严重者还会使毛发脱落,家中不宜栽种。

紫荆花——它所散发出来的花粉人接触过久,会诱发哮喘或使咳嗽症状加重。

松柏——此类花木所散发出来的芳香气味对人体的肠胃有刺激作用,如闻之过久,不仅影响人的食欲,而且会使孕妇感到心烦意乱,恶心欲吐,头晕目眩。

月季花——所散发的浓郁香味,会使个别人闻后突然感到胸闷不适,呼吸困难。敏感者不宜在室内栽培。

兰花——其香气会令人过度兴奋而引起失眠。

含羞草——含羞草碱是一种毒性很强的有机物,人体过多接触后会使毛发脱落。

夹竹桃——可以分泌出一种乳白色液体,接触时间一长,会使人出现昏昏欲睡等症状。

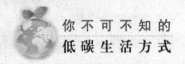

在阳台上种花是要经过精心设计的，既要便于浇水和管理，又要使各种花卉都能充分吸收到阳光。以下几种方法，您不妨借鉴。

1.镶嵌式。这种方法一般在已修且面积较小的阳台使用，方法是利用墙壁镶嵌特制的半边花瓶式花盆，然后用其栽植观叶植物。

2.垂挂式。用小巧精致的容器，栽种些吊兰、蟹爪莲等植物，悬挂在阳台顶板上，也可栽植藤蔓或其他有缠绕能力的观叶植物悬挂在阳台外，还可在围栏外的阳台周围用竹竿和绳子制作一种造型，使整个阳台得到美化。

3.阶梯式。为扩大种植面积，在阳台搭起阶梯，进行立体盆花布置，一般的植物都可利用这种形式栽培。

4.自然式。利用阳台外的盆架，栽种一些木本藤蔓植物，使植物自然下垂，形成一种自然景观。

宠物也要养得很低碳

饲养宠物能给人带来快乐，但事实上领养宠物才符合"低碳"的理念。

很多人都爱饲养宠物，觉得饲养宠物是有爱心的表现，而且饲养宠物能给饲养者带来快乐。然而宠物固然给饲养者带来快乐，但一条宠物狗的"碳足迹"比一辆汽车还高。

新西兰维多利亚大学建筑学教授布伦达·瓦特和罗伯特·瓦特通过测算得出结论，一条体型中等的宠物狗一年的碳排放量是一辆排量4.6升的丰田陆地巡洋舰行驶1万公里碳排放量的两倍。布伦达和罗伯特使用多种测算方法，把宠物带来的生态影响与汽车和家用电器对比。与以往测算二氧化碳排放总量的方式不同，两人通过计算为宠物提供足够食物所需土地面积来计算"生态足迹"。

英国约克大学斯德哥尔摩环境研究所研究员约翰·巴雷特基于自身研究计算出动物生态的"生态足迹"数据和瓦特的结论几乎一致。

"养条狗确实是件奢侈的事，因为（生产）肉制品的'碳足迹'很高。"巴雷特说。

动物是否"环保"取决于体型大小、食物消耗量和它们对人类的贡献。一条体重30公斤的大狗不如一条7.5公斤重的小狗"环保"。照此逻辑，平均体重5公斤的猫对环境的威胁就更小。一对兔子一年可产36只后代，可向人类提供72千克兔肉，以此抵消饲养者的部分"碳足迹"。至于鸡和蜜蜂，它们不但体积小，还能向人类提供食物，是更"环保"的动物。

为测算宠物猫狗的"生态足迹"，布伦达和罗伯特分析了几种常见宠物食品成分。

一条中等体型的宠物狗每天标准食量为300克干狗粮，其中包括90克肉类和156克谷类。据测算，这些食物干燥前相当于450克鲜肉和260克谷类，即一年内这条宠物狗要吞下164千克鲜肉和95千克谷物。

按每年产出1千克鸡肉需要43.3平方米土地，获得1千克谷物需要13.4平方米土地来算，这条宠物狗的年"生态足迹"为8400平方米。对于德国牧羊犬这样的大型犬，年"生态足迹"可达1.1万平方米。而一辆排量4.6升的丰田陆地巡洋舰，按年行驶1万公里计算，"生态足迹"为4100平方米。

此外，一只猫的年"生态足迹"为1500平方米，一只宠物鼠的年"生态足迹"为140平方米，一只金丝雀的年"生态足迹"为70平方米，一条金鱼的年"生态足迹"为3.4平方米。

如果非常想养宠物，那么我们可以领养宠物，这在中国，虽然已经废除了收容遣送制度，但是对流浪的小动物（狗和猫，其他家禽不算）还是会毫不留情的送到收容所的。人们一直不愿意承认，收容站里的动物们，只有三周时间等待自己的主人，所以如果你想养一只宠物，那就请领养一只，而不要让朋友的猫猫狗狗生一只，因为你不领养，就意味着有一只猫猫狗狗将要消失掉。

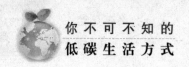
为自己建立一个低碳统计账目

为自己建立一个低碳统计账目，时刻在心中警示自己，做低碳生活理念的先行者。

所谓"碳足迹"，是指一个人的能源意识和行为对自然界产生的影响，简单而言，就是指个人的"碳耗用量"。

目前已有许多网站提供了专门的"碳足迹计算器"，只要输入你的某种生活数据，就可以计算出相应的"碳足迹"。岛城"低碳族"梁女士已率先体验了这一新型计算器。她告诉记者，她每天会用网络上的"碳足迹计算器"来计算自己的"低碳生活"。"走楼梯上下一层楼能减少 0.218 千克碳排放，少开空调一小时减少 0.621 千克碳排放，少用一吨水减少 0.194 千克碳排放……"她还时常向家人和朋友推广低碳理念和减少能源消耗的妙招，"现在很多人都已经了解到低碳生活的重要，我身边很多朋友都已把自己的低碳行动逐步深入。"

事实上，为自己建立一个低碳统计账目，时时刻刻在心中进行反省，更有助于我们在日常生活中履行低碳生活的理念。下面介绍一下我们计算碳排放简易公式：

家居用电的二氧化碳排放量（公斤）= 耗电度数×0.785

开车的二氧化碳排放量（公斤）=油耗公升数×0.785

乘坐飞机的二氧化碳排放量（公斤）：

短途旅行：200 公里以内=公里数×0.275；中途旅行：200～1000 公里=55+0.105×（公里数−200）；长途旅行：1000 公里以上=公里数×0.139。

我们可以遵循以上介绍的计算碳排放的简易公式，时刻做好低碳统计账目，时刻在心中给自己以警戒，进而时刻履行"低碳"生活的理念。

打造低碳金融的"绿领"生活

在我们的金融理财生活中,也越来越多地出现了"低碳"、"环保"的身影,做这些事未必需要支付多大的成本,只是一种态度的转变,就可以打造出低碳金融的"绿领"生活。

金融生活的逐渐丰富,使与之相关的各种对账单、清单也越来越多。公用事业费的对账单、信用卡账单、房贷还款对账单、基金投资明细、证券公司对账单……它们已经成为了家庭信箱中的绝对主角。不容忽视的是,纸质账单也耗费着大量的社会资源,如账单和信封所使用的纸张,印刷过程中的墨粉、电能,邮递过程中的人工、耗能等等。因此,拒绝纸质账单,提倡电子账单同样是金融"绿领"们基础的生活方式。

事实上,利用网上银行的平台,个人使用者不仅可以方便快速地查询到自己的账户信息和历史交易记录,还可以通过订制信息的方式,通过电子邮件获得自己的综合对账单,这些都为我们告别纸质账单提供了很好的替代产品。

某银行曾对其企业网银进行了统计和测算。客户通过网上银行可办理绝大多数柜面业务,该银行网上对账客户数超过了5万户。如果按照每位客户每月节省1公斤纸计算,那么5万客户全年可节省600吨纸,每年可使600立方米树木免遭砍伐,可减少340吨碳排放;若这些客户利用企业网上银行进行转账汇款,以每位客户每周减少往返银行一次、平均每次10公里路程计算,累计全年可减少碳排放近5000吨。因此,尽可能多地使用网上银行业务,也是打造低碳金融"绿领"的一大重要内容。

事实上,这几年网上银行的容量大幅度扩展,对于大部分非现金业务来

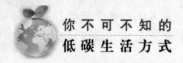

说,几乎都可以通过网上银行来实现,如转账汇款、常规性投资计划等等,使用网银的同时,可降低柜台办理业务的能耗。

此外,支付平台、网银支付功能的畅通,也为足不出户的网上购物创造了便利的支持条件,从这个意义上,减少出行也是"绿领"生活的一部分。减少碳排量,为自己的"碳足迹"买单,这样的理念已经为越来越多的普通人所理解。在我们的金融理财生活中,也越来越多地出现了"低碳"、"环保"的身影,这些事未必需要支付多大的成本,只是一种态度的转变,就可以打造出低碳金融的"绿领"生活。

尝试去使用一次"碳足迹"计算器,得到的结果恐怕会让你有些吃惊——如果你乘飞机旅行 2000 公里,那么你就排放了 278 千克的二氧化碳;如果你用了 100 度电,那么你就排放了 78.5 千克二氧化碳;如果你自驾车消耗了 100 公升汽油,那么你就排放了 270 千克二氧化碳。除了自己去种树外,你也可以通过"碳补偿"的方式,用这部分钱请别人去种树。虽然听上去还有点遥远,但实际上已经有了简捷的途径。

兴业银行是国内首家推出"低碳信用卡"的银行,除了信用卡本身的功能外,兴业银行低碳兴业卡最大的亮点就在于为个人购买碳减排量提供首个银行交易平台。也就是说,低碳信用卡的客户可以以信用卡来购买碳减排量。具体地说,兴业的这张低碳信用卡,在申请办理时对于申请人的一项额外要求就是承诺首年购买定额碳减排量,如金卡用户承诺的购买量为 2 吨,普卡用户承诺的购买量为 1 吨,如果有额外的需求也可以在申请表上填写。目前,国内主要从事碳排放交易的是北京环境交易所,每吨碳减排量的价格是 35 元。所购买的碳减排量来自于北京环境交易所提供的水力发电、农村沼气利用等碳减排项目。此外,在 2010 年 12 月 31 日前,持卡人每刷卡 1 笔,兴业银行将出资 1 分钱,于 4 月 22 日世界地球日集中向环境交易所购买碳减排量。据兴业银行信用卡中心介绍,未来兴业银行还将推出以信用卡积分换购的方式,用于购买碳减排量。

继兴业银行的这张低碳信用卡之后,光大银行也推出了一张"绿色零碳信用卡"。从 2010 年 3 月 31 日起至 2010 年 6 月 30 日,凡使用光大的"绿色零碳信用卡"的客户刷卡金额达到 1.5 万元,就可获赠 1 吨碳减排量,由光大银行为你支付购买碳减排量的费用。据介绍,光大信用卡中心还将不定期给客户发送短信或致电,邀请客户进行碳额度的购买。如果客户愿意购买的话,金额将由信用卡进行扣除。作为额外回报,光大银行将赠出 3.5 万信用卡积分作为对客户支持环保事业的感谢。

另外,光大和兴业银行都为客户推出了"碳信用档案"的活动,持卡人购买的碳额度累计到 1 吨,就可在北京环境交易所拥有自己的"碳信用档案"。通过自己的碳信用档案可以随时查询所购买碳额度的项目信息。

尽管看上去更像是明星与企业家的"做秀",但是随着"低碳"概念的推广,减少碳排量,为自己的"碳足迹"买单,这样的理念已经为越来越多的普通人所理解。一个新的词汇再度活跃起来——绿领。很难用某一个特定的标准来界定"绿领",它更主要的是一种对待生活的方式,绿工作、绿生活,当然也有我们的绿金融。

渐渐成为一名"食素"低碳人

"低碳饮食"的素食生活方式不仅能够减肥,而且有利于环境保护,想要减肥的人士不妨试一试。

制造肉类产生的碳远远超过蔬菜水果,所以减少肉类的摄入就是减少碳的排放。如果每个人都减少肉类的摄入,那么将会对环境产生许多积极的影响。有研究表明,一个人如果每天吃肉,每年造成的排碳量是吃素者的两倍。《全民节能减排手册》中指出,每人每年少浪费 0.5 千克猪肉,可节能约

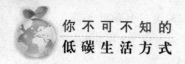

0.28 千克标准煤,相应减排二氧化碳 0.7 千克。如果全国平均每人每年减少猪肉浪费 0.5 千克,每年可节能约 35.3 万吨标准煤,减排二氧化碳 91.1 万吨。因此"低碳饮食"的素食生活方式是符合"低碳"生活理念的生活方式。

不知道什么时候起在白领间流行起了一种以避开淀粉、糖等碳水化合物类食物摄入,改吃海鲜、瘦肉和清淡果蔬的"低碳饮食"生活方式。王女士就是这种"低碳饮食"的践行者。当初王女士加入这种生活方式是以控制体重保持身材为目的。"每天都要去健身房跳操,还要在跑步机上慢跑半小时。一日三餐以牛奶、蔬菜、鱼和少量肉类为主,但不沾米饭、面条、面包、蛋糕和甜食等高碳水化合物。"王女士得意地晒着自己的生活方式。这一年多以来,王女士每天坚持"低碳饮食"和身体锻炼,身材的确比以前苗条了很多。谈到这种生活方式,王女士很推崇:"以前我是节食保持身材,自从了解这种生活方式后,既保持了身材也保证了每天的饮食。现在周围的几位密友都在学我啦。"

据了解,王女士这种生活方式在国外很早就开始流行起来。1972 年,面对体重普遍超标的美国人,美国医学专家阿特金斯医生提出了这一全新的饮食方式。这种低碳水化合物的饮食方式有两个要点,一是要减少和限制对糖和淀粉的摄入。碳水化合物主要可分为简单及复合两种。复合碳水化合物主要存在于淀粉类食物中,例如谷物、马铃薯、麦、豆和部分蔬菜。简单碳水化合物比复合碳水化合物更易被身体吸收,主要存在于蔗糖、蜜糖、糖果以及水果和奶制品等当中。减少碳水化合物的摄入,是因为碳水化合物在人体内消化、吸收速度比较快,使人容易产生饥饿感而增加食量,进而容易导致人体发胖。并且过量的碳水化合物能在人体内转化为脂肪贮存,结果导致体重增加;二是增补多种维生素、矿物质、蛋白质等营养素。在中国的饮食结构里,碳水化合物是主食,如果减少了摄入就要增加蛋白质和蔬果类的摄入,肉类、蔬菜、水果反而成为主食。

过过农家低碳生活

低碳生活不仅改善了农村的生活条件，也在无形中减少了空气中二氧化碳的排放量。

"低碳"生活是什么？听起来似乎离我们很遥远，其实，在农村推广和利用清洁能源，不仅可以让广大农民从身边一点一滴地节约煤、电、油、水、柴等有限资源，"低碳"生活更是让许多农民实实在在地感受着幸福的。下面，我们就来一一细数农家低碳生活。

1.太阳能：农村生活新时尚

太阳能是我国重点发展的清洁能源。一座农村住宅使用被动式太阳能供暖，每年可节能约 0.8 吨标准煤，相应减排二氧化碳 2.1 吨。如果我国农村每年有 10% 的新建房屋使用被动式太阳能供暖，全国可节能约 120 万吨标准煤，减排二氧化碳 308.4 万吨。

在农村，高兴地说，以前村里人每年冬闲的季节，总要到离家几十里外的山上去砍草砍柴，烧火做饭。现在农村多数家庭都安装了太阳能热水器，"只要一拧开水龙头，热水哗哗地就来了，用来洗衣、洗澡，不仅舒服方便，还节能环保。光这一项一年就能省下 600 多元的煤气费呢。"一位农民高兴地说。

太阳能热水器节能、环保，而且使用寿命长。1 平方米的太阳能热水器 1 年节能 120 千克标准煤，相应减少二氧化碳排放 308 千克。

2.小沼气：农村致富新能源

建一个 8~10 立方米的农村户用沼气池，一年可相应减排二氧化碳 1.5 吨。按照 2005 年达到的推广水平(1700 多万农户用沼气池，年产沼气约 65

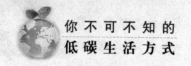

亿立方米），全国每年可减排二氧化碳 2165 万吨。

3.节能砖：农村住宅新石材

与粘土砖相比，节能砖具有节土、节能等优点，是优越的新型建筑材料。在农村推广使用节能砖，具有广阔的节能减排前景。使用节能砖建 1 座农村住宅，可节能约 5.7 吨标准煤，相应减排二氧化碳 14.8 吨。如果我国农村每年有 10% 的新建房屋改用节能砖，那么全国可节能约 860 万吨标准煤，减排二氧化碳 2212 万吨。

4.节能灯：农民生活新品位

过去家家户户都用的白炽灯，容易坏不说，昏黄的灯光还影响人的眼睛健康，但如今农家用上了节能灯，房间亮堂，同一瓦数的节能灯，在市场上购买能省一半钱；1 只 20W 的节能灯与 1 只 100W 的白炽灯相比，可以省电 4/5。

如今越来越多的村民已经过起了"低碳"生活。从使用节能灯泡到用太阳能热水器、太阳灶，从家家建起沼气池到户户修起卫生厕所，清洁能源、清洁设备的使用大大提高了人们的生活质量，而"低碳"生活不仅带来的是方便和省钱，更多的是带来了生态效益。

相亲、结婚也能很"低碳"

打造一场时尚简约的环保婚礼，告别喧嚣的城市，远离冰冷的水泥森林。在一片葱郁繁茂的绿色中，享受自由自在的婚礼时光，体验低碳爱情并不难，三个步骤即可成就低碳结婚。

在泰国南部的一些地方，当地男子年满 21 周岁都要举行与大树"成亲"的仪式。然后出家当和尚，直到还俗后才同女子恋爱结婚，建立家庭。在当地的传统观念中，树木具有旺盛的生命力，同大树结婚，可以得到佛祖的保佑，获得忠贞的爱情，建立幸福美满的家庭。泰国人亲近自然，看重婚姻的幸福本质而不太爱讲排场。如果从降低碳排放的角度来看,这些做法无疑是非常"低碳"的。他们的恋爱效率高,因为大家都相信,跟大树结过婚的人都善良、可信,从而又获得了出色的婚姻稳定性。另外,仪式花费也被降到很低,整个过程的碳排放也相当低。

这样的"低碳爱情",如今被越来越多的时尚男女所追捧。正准备恋爱和结婚的"潮人"们,也在低碳这一价值观念的影响下,迫切希望降低整个婚恋过程的碳排放。下面的三步骤结婚无疑也是一种新型的低碳结婚。

低碳结婚第一步:选择

选择环保婚礼,回归毫不矫饰的自然本色,婚礼中处处渗透着细节的考究,让客人宾至如归,即将走进婚姻的人要做好选择,这些选择可以包括以下两方面:

1.浪漫草坪

喜爱大自然的人往往对绿色情有独钟,衬着蓝天白云,春天的绿地,呼吸着新鲜空气。我们可以选择的场地有很多——郊区的有机农庄、度假村,如果你的别墅后花园面积够大,那也是不错的选择。我们选择户外草坪婚礼的同时还做到:免去了室内的照明设施和空调使用的能源耗费与污染。

2.浪漫马车

想象着白马王子驾着马车来迎娶心爱的新娘,如此浪漫之举你也可以实现,用老式马车替代庞大的婚礼车队,不仅浪漫到极致,还最大限度地杜绝了尾气排放,保护了环境。

低碳结婚第二步:实施

纯天然感受环保风尚,大家仿佛置身于世外桃源的一片圣地,在忧无虑的聚餐气氛中大自然的气息扑面而来,伴着鲜花和草坪,不分性别和年龄,所有宾客都沉浸在美妙奇特的绿色婚礼中。绿色低碳婚礼的实施可以包括以下三方面:

1.健康饮品

婚宴现场多增加几台鲜榨果汁机,取代酒精饮品。另外在饮品器皿的选

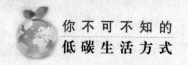
取上略作文章,多以玻璃为主,真实呈现饮品鲜艳色彩,尽量降低一次性餐具的使用。

2.无农药玫瑰

预定无农药玫瑰,这种玫瑰可以食用,你可以放心地把它的花瓣点缀在蛋糕和甜点上。餐桌上还可摆放装满了干花的造型独特的花瓶摆放,增加田园氛围,还可减少鲜花的使用。桌布的选取多以棉布为主。

3.可被收藏的香袋桌卡

原本摆在桌上的普通纸张座位卡,只印有这次婚宴的简单的号码和名称,用完后便毫无用处,随之便被遗弃。其实只需花费一点心思,将原本普通的纸片折成香袋,放入清香的干花,既避免纸张浪费,又凸显新人的巧妙创意,环保原来就是这么简单。

低碳结婚第三步:将环保进行到底

生活原本就应该充满了简单的快乐,一场简约但不简单、环保又时尚的婚礼结束了,快乐的生活还应继续,将环保进行到底的低碳结婚还包括以下三方面:

1.温馨购物袋

全棉、原生,未经过任何染色处理的帆布环保购物袋,印上新郎新娘小小的 LOGO 或者照片,赠予参加婚礼的宾客,既环保实用又有意义。

2.创意糖果

用纯棉质地的布料制成零钱袋,装满可爱的糖果和巧克力,节省了包装糖果的纸盒材料,也充满了创意。或者是用可爱的钥匙包代替糖果包装盒,既特别又环保。

3.蜜月旅行

如今,有为数不少的旅游胜地可供新人们作为蜜月之旅的选择。环保新人在选择目的地时,可尽量挑选以环保著称的城市,蜜月期的生活中也要降低对大自然的浪费。或者干脆利用度蜜月的时间去非洲做志愿者,体验不一样的生活。